KB117681

인조이 **규슈**

인조이 규슈 미니북

지은이 정태관 · 승필호 · 타미리
펴낸이 최정심
펴낸곳 (주)GCC

4판 1쇄 발행 2019년 4월 18일
4판 2쇄 발행 2019년 4월 22일 ②

출판신고 제 406-2018-000082호
주소 10880 경기도 파주시 지목로 5
전화 (031) 8071-5700 팩스 (031) 8071-5200

ISBN 979-11-90032-07-0 10980

www.nexusbook.com

여행을 즐기는 가장 빠른 방법

인조이
규슈 후쿠오카·나가사키
벳푸·유후인
KYUSHU

정태관·승필호·타미리 지음

넥서스BOOKS

Prologue

여는글

가이드북을 쓰는 저자이기 전에 2003년부터 여행 상품을 기획, 상담, 판매하는 여행사 직원이다. 여행사 직원의 입장에서 짧은 일정으로 여행을 가는 고객들을 위한 필수 정보를 중심으로, 저자뿐 아니라 고객들의 후기를 바탕으로 썼고, 지난 몇 년간 계속해서 조금씩 바뀌는 내용들도 최대한 빠르게 〈인조이 규슈〉에 적용했다. 하지만 초판이 나오고 10년에 가까운 시간이 흐르면서, 여행 트렌드도 바뀌고, 렌터카 여행을 하는 여행객들이 많아져 대중교통으로 찾아가기 힘들어 소개하지 못했던 부분까지 소개할 수 있게 되었다. 특히 2016년 이후 저비용 항공사들이 후쿠오카뿐만 아니라 지방 도시 취항을 늘렸기 때문에 개정을 하면서 그 부분도 보완을 했다.

SPECIAL THANKS

〈인조이 규슈〉 초판 및 개정판 작업을 하는 데 도움을 주신 가족, 여행사 동료들, 단골 고객인 권일, 김민욱, 김승헌, 김인경, 김일조, 박경미, 박지은, 심상구, 오혜미, 이성민, 이소연, 이재헌, 정미선, 조호정, 주현석, 홍숙경 님에게 감사의 인사를 드린다.

《인조이 규슈》를 읽은 분들이 규슈 여행에서 즐거운 추억을 남기고 편안한 여행이 되길 바라며, 여행사 직원답게 정말 중요한 것만 다시 정리해 보았다.

★ 항공권의 영문 철자가 여권과 동일한지 반드시 확인하자.

★ 공항에 항공편 출발 2~3시간 전에는 도착해서 수속을 하자.

★ 유후인과 구로카와의 료칸 숙박을 예약하면, 반드시 교통편도 미리 예약 하자.

★ 규슈는 우리나라 여행객이 가장 많이 가는 지역이고, 가이드북에 소개된 곳은 대부분 우리나라 여행객들이 많다.

★ 일본의 음식은 어느 음식점이나 기본 이상은 한다. 맛집을 찾느라 길을 헤 맨다면, 적당한 타협을 추천한다.

★ 가야할지 말아야 할지, 먹을지 말지 고민된다면 일단 가고, 먹자. 해보지 않고 후회하는 것보다 해보고 후회하는 게 낫다.

★ 여행지의 현지 사람들을 배려하고, 함께 여행하는 동반자를 배려하는 것. 여행은 누군가를 배려할 때 보다 즐거워진다.

이 책의 구성

Notice! 이 책의 정보는 2018년 1월 기준으로 작성되었습니다. 현지의 최신 정보를 정확하게 담고자 하였으나 현지 사정에 따라 정보가 예고 없이 변동될 수 있습니다. 특히 요금이나 시간 등의 정보는 시기별로 다른 경우가 많으므로, 안내된 자료를 참고 기준으로 삼아 여행 전 미리 확인하시기 바랍니다.

1 미리 만나는 규슈

규슈가 어떤 매력을 가지고 있는지, 주요 즐길 거리와 먹거리 그리고 쇼핑 리스트 등을 사진으로 보면서 여행의 큰 그림을 그려 보자.

2 추천 코스

어디부터 여행을 시작할지 고민이 된다면 추천 코스를 살펴보자. 저자가 추천하는 코스를 참고하여 자신에게 맞는 최적의 일정을 세워 본다.

3 근교 여행

규슈의 메인 도시 외에도 시간을 내어 찾아가도 좋은 매력적인 근교 소도시 여행지의 정보를 담았다.

4

지역 여행

규슈의 주요 지역에서 꼭 가 봐야 할 대표적인 관광지와 맛집, 료칸과 호텔 등을 소개하고, 상세한 관련 정보를 알차게 담았다.

도시별 특징과 교통편

가이드북 최초 자체 제작
인조이 맵코드

enjoy.nexusbook.com

주요 관광지 소개는 물론 문화적 배경 지식과 팁이 곳곳에 숨어 있다.

▶ '인조이맵'에서 맵코드를 입력하면 책 속의 스폿이 스마트폰으로 쏙!
▶ 위치 서비스를 기반으로 한 길 찾기 기능과 스폿간 경로 검색까지!
▶ 즐겨찾기 기능을 통해 내가 원하는 스폿만 저장!
▶ 각 지역 목차에서 간편하게 위치 찾기 기능!

*본문의 맵코드는 일본 현지 내비게이션과 인조이맵에서 사용할 수 있습니다.
*이용 방법: 표기 앞에 있는 8~9자리 숫자 입력

5

테마 여행

열차 여행과 수준 높은 로칸 체험, 규슈 올레길 등 규슈에서만 경험할 수 있는 특별한 테마를 소개한다.

6

여행 정보

규슈 여행을 떠나기 전, 일정을 짜고 여행을 준비하는 데 도움이 되는 알찬 정보를 담았다.

Contents

차례

미리 만나는 규슈

PREVIEW KYUSHU

다양한 매력의 온천 왕국

일본에서 가장 많은 온천이 솟아나는 벳푸(일본 1위, 세계 2위, 매분 95,167ℓ)
와 유후인(일본 2위, 매분 63,959ℓ)을 시작으로, 규슈는 일본에서 온천이 가장
많이 솟아나는 곳이다. 각 지역별로 온천의 분위기는 물론 효능도 다르다.

FUKUOKA

SAGA
● 유후인 온천 ● 벳푸 온천
● 우레시노 온천 OITA
NAGASAKI 구로카와 온천 ●
오바마 온천 ● ● 운젠 온천
KUMAMOTO

MIYAZAKI

KAGOSHIMA
● 기리시마 온천

● 이브스키 온천

01

유후인 湯布院

일본 전국에서도 순위에 꼽히
는 인기 온천 여행지로, 특히
여성에게 인기가 많다. 100여
개의 료칸이 있어 예산과 개인
의 취향에 맞춰 선택할 수 있다.
p.256

02 **구로카와** 黒川
숲속의 계곡을 따라 조성된 온천 마을로, 자연 그대로의 분위기를 잘 간직하고 있다. 숙박객이 아니어도 온천 마패를 구입하면 세 곳의 온천을 이용할 수 있다. p.322

벳푸 別府 **03**
온천 마크의 발상지로 알려진 벳푸는 일본에서 가장 많은 온천이 솟아나는 곳이다. 벳푸를 상징하는 스기노이 호텔은 온천을 즐길 수 있는 대형 리조트 호텔이다. 온천시설도 많지만, '벳푸 지옥 순례'라고 하는 보는 온천도 유명하다. p.286

우레시노 嬉野

일본 3대 피부 미용 온천으로, 부드러운 온천 수질이 자랑이다.
녹차로 유명한 지역답게 온천과 녹차를 이용한 비누 등의 입욕
용품도 유명하다. p.184

04

운젠 雲仙 **05**

일본 최초의 국립 공원인 운젠
은 온천이라 적고, 운젠이라 읽
었을 정도로 오랜 역사를 갖고
있다. 땅속에서 온천의 증기가
솟아나고, 강한 유황 냄새 때문
에 운젠 지옥으로 불렀다. 천주
교 성지 순례 코스이기도 하다.
p.242

06

이브스키 指宿

남규슈의 대표적인 온천 마을로, 검은 모래 찜질 온천으로 유명하다. 모래 해변에 누워 온몸에 모래를 덮어쓰는 독특한 입욕법으로, 온천의 열기와 모래의 무게가 기분을 좋게 해준다. p.362

기리시마 霧島

천손강림의 신화가 남아 있는 기리시마는 일본 근대화에 큰 활약을 한 사카모토 료마가 신혼여행을 왔던 곳으로 유명하다. 사카모토 료마가 일본에서 최초로 '허니문'이라는 말을 사용했다. p.368

07

08

오바마 小浜

미국의 전 대통령 이름과 똑같은 지명을 갖고 있다. 해변에는 일본에서 가장 긴 105m의 무료 족욕장이 있으며, 현지인들에게 나가사키 짬뽕만큼 인기 있는 오바마 짬뽕도 있다. 단, 대중교통으로는 찾아가기 어렵다.

규슈 7현의 즐길 거리

경상도 전체의 면적과 비슷한 규슈는 7개의 현으로 되어 있고, 각 현마다 공항이 있어 한 번 여행할 때마다 한 개의 현을 보는 것도 가능하다. 대도시부터 소도시 여행의 즐거움까지 느낄 수 있는 규슈 각 현의 대표적인 관광지를 확인해 보자.

야나가와 뱃놀이 柳川川下り

후쿠오카에서 약 50분 거리의 야나가와는 일본의 베니스라 불리는 마을이다. 길쭉한 나무 조각
배를 타고 촘촘하게 연결된 수로를 따라 마을을 둘러볼 수 있다. 장어 덮밥이 유명하다. p.154

아사히 맥주 공장 アサヒビール工場

일본의 대표적인 맥주 브랜드인 아사히 맥주에서 운영하는 공장이다. 예약할 경우
한국어 가이드 투어가 무료로 진행되며, 투어 후에는 세 종류의 맥주를 무료로 시음
할 수 있다. p.101

나카스 야타이 中津屋台
후쿠오카의 명물인 포장마차(야타이)
거리로, 나카스 강변에 조성되어 있다.
오뎅, 라멘, 교자 등의 먹거리와 함께 시
원한 맥주를 마실 수 있다. 일본에서만
맛볼 수 있는 오뎅 국물에 들어 있는 '무
(大根, 다이코)'도 판매한다. p.113

오호리 공원 大濠公園
호수가 있는 넓은 공원은 산책하기
좋으며, 특히 봄에는 예쁜 벚꽃이
피는 꽃놀이 명소이기도 하다. 일
본에 몇 개 없는 스타벅스 콘셉트
스토어도 있다. p.135

모지코 레트로 門司港 レトロ
1900년대 초, 항구 도시로 발달한
모지코의 옛 모습을 간직하고 있는
거리다. 야키 카레와 바나나가 유명
한 항구 도시로, 규슈와 일본 본섬 사
이의 칸몬 해협을 해저 터널로 걸어
서 건너갈 수 있다. p.170

우레시노 미인 온천 嬉野美人湯

일본의 3대 미용 온천으로, 미끌미끌한 온천수가 오랫동안 피부를 부드럽게 해주고, 보습 효과도 좋다. 녹차가 유명한데, 녹차로 만든 비누는 인기 기념품이다. p.184

우레시노 올레길 嬉野オルレ

우리나라 제주에서 일본으로 수출된 올레길로, 총 18개의 코스 중 가장 인기 있는 코스는 차밭과 온천이다. 숲길을 따라 놀고 쉬면서 걷고 나면 따뜻한 온천이 기다리고 있다. p.190

하우스텐보스 ハウステンボス

일본 속의 작은 네덜란드로, 풍차와 운하가 있는 테마파크이다. 다양한 즐길거리와 함께 꽃과 공원이 있어 모든 연령대가 즐길 수 있다. 겨울이면 꽃 대신 일루미네이션으로 가득하다. <u>p.232</u>

오우라 천주당 大浦天主堂

일본 천주교 성지 중 하나로, 정식 명칭은 '일본 26인 성 순교자 천주당'이다. 성물방에는 일본의 부적인 오마모리お守り 안에 마리아 상이 들어간 일본식 성물이 있다. <u>p.218</u>

이나사야마 전망대 稲佐山山頂展望台

일본의 3대 야경 중 하나인 나가사키의 야경을 감상할 수 있는 곳으로, 케이블카를 이용해 편하게 이동할 수 있다. 야경 감상은 일몰 30분 전후, 푸른빛이 도는 매직아워 시간이 가장 좋다. <u>p.229</u>

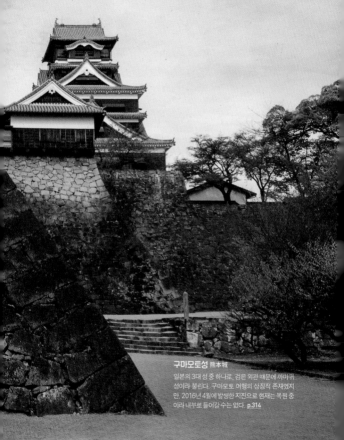

구마모토성 熊本城

일본의 3대 성 중 하나로, 검은 외관 때문에 까마귀
성이라 불린다. 구마모토 여행의 상징적 존재였지
만, 2016년 4월에 발생한 지진으로 현재는 복원 중
이라 내부로 들어갈 수는 없다. p.314

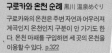

쿠마몽 스퀘어 くまモンスクエア

일본 전국에 있는 지역 캐릭터(ゆるキャラ, 유루카라) 중 압도적인 인기 1위 (2016년 캐릭터 매출액 1,280억 엔)의 '쿠마몽' 한정판을 구입할 수 있다. p.316

구로카와 온천 순례 黒川 温泉めぐり

구로카와의 온천은 주변 자연과 어우러져 계곡인지 온천인지 구분이 안 가기도 한다. 온천 마패를 구입하면 세 곳의 온천을 이용할 수 있다. p.322

아소산 阿蘇山

구마모토를 '불의 고장'이라 부르는 이유는 구마모토현 중앙에 있는 활화산인 아소산 때문이다. 화산 분화 레벨에 따라 방문을 통제하기 때문에 방문 전 경보 레벨을 확인하는 것은 필수이다. p.336

유후인 긴린코 호수 새벽 산책 湯布院 銀鱗湖散步

유후인은 신비로운 안개가 감싸는 온천 마을이라고 불린다. 유후인의 긴린코 호수는 온천수가 섞여 있어 새벽의 찬 공기와 만나면서 안개를 만든다. 안개 낀 유후인을 산책하고 싶다면 료칸 숙박이 필수이며, 계절적으로는 가을과 겨울에 안개가 짙다. p.274

벳푸 지옥 순례 別府 地獄めぐり

온천에 몸을 담그는 것이 아닌, 뜨겁게 솟아나는 온천을 보는 곳이다. 바다지옥, 산지옥, 도깨비 지옥, 피의 지옥 등 여덟 개의 지옥이 있으며, 지옥의 열기로 음식을 쪄 먹는 것도 흥미롭다. p.296

기츠키 기모노 체험 杵築 着物体験

오이타현 동부 해안에 자리한 기츠키는 기모노 체험으로 유명하다. 예스러운 분위기가 고스란히 남아 있는 거리를 기모노를 입고 산책하며 사진 찍기 좋다. 기모노를 입으면 주요 관광지 입장도 무료다. p.302

이브스키 모래찜질 指宿砂むし

이브스키 해변은 검은 모래도 특이하지만, 모래 해변 아래서 올라오는 열기를 이용한 모래찜질이 명물이다. 모래의 무게와 온천의 열기가 일반 온천과는 다른 느낌을 준다. 모래찜질 옆에 있는 타마테바코 온천은 아름다운 풍경으로 일본의 당일치기 온천 순위에서 4년 연속 1위를 차지하기도 했다. p.364

타마테바코 온천

사쿠라지마 桜島

계속해서 화산이 분출하고 있는 사쿠라지마는 가고시마의 상징으로, 화산 전망대에 오르면 광대한 용암의 벌판을 내려다볼 수 있다. 이곳에는 유치원생과 초등학생들이 등원과 등교할 때 헬멧을 쓰고 다닌다던다. p.354

26

아오시마섬 青島
아열대 식물로 뒤덮여 있는 작은 섬에는 결혼과 출산의 신을 모
신 신사가 있다. 그리고 섬 주변에서 '도깨비 빨래판'으로 불리
는 해식작용으로 생겨난 독특한 지형을 볼 수 있다. p.388

다카치호 협곡 高千穂峡
아소산에서 분출된 화산이 계곡을 따라가면서 급
격하게 냉각되어 생긴 아름다운 주상절리 계곡이
다. 유람선을 타고, 신비로운 분위기의 계곡과 폭포
를 감상할 수 있다. p.394

규슈 7현의 **먹거리**

일본의 음식점은 인기 맛집이 아니더라도 크게 실망하는 경우가 많지 않다.
하지만 모처럼 떠난 여행이니 각 지역별로 유명한 음식은 한 번씩 맛보자. 지
방 도시일수록 향토 요리에 대한 자부심이 강해, 여행객들에게 정성을 들여
음식을 제공한다.

돈코츠 라멘
豚骨ラーメン 돈코츠 라멘

돼지고기 뼈를 베이스로 하는 하얗고 진한 국물의 하카타 라멘이다. 사리 추가를 뜻하는 카에다마替え玉는 하카타 라멘의 특징이다. 이치란一蘭, 잇푸도一風堂가 유명하며 시내 곳곳에 체인점이 있다. <u>p.107,127</u>

곱창 전골
もつ鍋 모츠나베

일본식 곱창 전골인 모츠나베는 후쿠오카의 명물이다. 비릿한 냄새가 없어 우리나라에서 곱창을 먹지 않던 사람이라도 부담 없이 먹을 수 있다. 토쿠토쿠가 유명하며, 예산은 1인 2,500엔 이상이다. <u>p.113,115</u>

매운 명란젓
辛子明太子카라시 멘타이코

매운맛이 나는 명란젓으로, 후쿠오카의 명물이다. 기념품으로도 좋은데, 특히 공항에서 판매하는 튜브형 카라시 멘타이코가 인기이다. <u>p.109</u>

모지코항

야키 카레
焼きカレー 야키 카레

카레라이스를 팬에 올려 오븐에 구운(焼き, 야키) 음식이다. 야키 카레 지도가 있을 만큼 파는 곳이 많고 유명하다. <u>p.176</u>

고쿠라

꽁치 조림
鰯のぬか炊き 이와시노누카다키

기타큐슈의 대표 재래시장인 탄가 시장의 명물이나. 호불호가 상당히 강하다. 대학당에서 밥을 사고 시장을 돌아다니며 꽁치 조림 외에도 다양한 식재료를 구입해 직접 덮밥을 만들어 먹는 것이 인기이다. <u>p.168</u>

야나가와

장어 덮밥
うなぎ丼 우나기동

일본의 베니스라 불리는 운하의 마을, 야나가와를 찾는 이유는 뱃놀이와 함께 이곳의 명물 장어 덮밥을 먹기 위해서다. 야나가와까지 갈 시간이 없다면, 후쿠오카 시내의 요시즈카吉塚うなぎ屋를 방문해도 좋다. <u>p.114,157</u>

사가현 佐賀県

온천 두부
温泉豆腐 온센 토후

우레시노 온천에서 솟아나는 물을 이용한 두부 요리이다. 온천뿐만 아니라 물이 맑기로 유명한 우레시노 지역은 두부를 온천수로 끓인 두부찌개가 유명하다. p.188

사가 소고기
佐賀牛 사가규

분고규豊後牛와 함께 규슈를 대표하는 와규 브랜드이다. 사가시에 있는 키라季楽가 대표적인 사가규 레스토랑이며, 후쿠오카시내에도 매장이 있다. p.207

마루보우로
丸ぼうろ 마루보로

사가의 전통 디저트이다. 보리와 밀가루, 계란, 설탕을 이용해 만든 전통 빵이라고 하는데, 과자 같은 느낌이다. 사가시에는 유가로드라 불리는 마루보우로 전문점이 모인 거리도 있다.

나가사키현 長崎県

토루코 라이스
トルコライス 토루코 라이스

나가사키의 원조 먹거리로 스파게티, 돈가스, 필라프가 한 접시에 나온다. 1950년대 양식 요리를 접할 수 없었던 사람들에게 두 배, 세 배의 만족을 주기 위해 생겼다는 후문이 있다. p.224, 225

나가사키 짬뽕
長崎チャンポン 나가사키 찬폰

나가사키에 거주하는 가난한 중국 유학생과 노동자에게 영양가 많은 면 요리를 제공하기 위해 탄생한 중화요리이다. 하얀색 국물의 짬뽕은 음식점마다 다른 맛을 갖고 있다. 시카이로우四海樓가 가장 유명하다. p.216

카스텔라
カステラ 카스테라

16세기 중반 포르투갈 상인들에 의해 전해졌다. 나가사키 곳곳에 카스텔라 전문점이 있고, 대부분 무료 시식을 할 수 있다. 특히 오우라 천주당 근처에 시식할 수 있는 곳들이 많다. 빵의 바닥에 굵은 설탕이 있는 것이 특징이다. 분메이도文明堂가 가장 유명하다. p.222

사세보 버거
佐世保バーガー 사세보 바가

하우스텐보스 옆의 사세보는 미해군 기지가 있어 미국 식문화의 영향을 많이 받았다. 햄버거는 사세보의 마스코트로, 수제 버거 전문점을 소개하는 햄버거 지도가 있다. p.238, 239

말고기회 馬刺し 바사시

아소산 말고기는 구마모토의 명물이다. 다양한 말고기 요리가 있는데, 말고기회인 바사시가 가장 인기가 있다. 향토 요리 전문점인 우마사쿠라馬桜가 가장 유명하다. 곰돌이 쿠마몽이 구마모토의 마스코트가 되기 전에는 말이 마스코트였다. p.318, 319

오이타현 大分県

닭튀김
からあげ 가라아게

일본 내 닭고기 소비가 많기로 유명한 벳푸는 일본식 닭튀김인 가라아게가 유명하다.
p.295

지옥 찜 요리
温泉蒸し 온센무시

뜨거운 온천의 열기가 올라오는 벳푸 지옥 순례를 하면서 함께 먹기 좋은 음식은 지옥 찜 요리이다. 감자, 고구마, 옥수수는 물론 새우와 고기 등 다양한 음식을 온천 수증기로 쪄 먹는다. p.295

롤 케이크
ロールケーキ 로루 케키

롤 케이크는 금상 고로케와 함께 유후인의 명물이다. 크림이 가득한 롤 케이크는 비스피크(B-Speak)가 가장 유명하지만, 유후후나 유후인 롤 숍의 롤 케이크도 유명하다. p.267, 269

06 가고시마현 鹿児島県

흑돼지 黒豚 쿠로부타

일본의 흑돼지 중 최고급에 속하는 가고시마의 흑돼지는 샤브샤브, 라멘, 돈가스 등 다양한 요리로 만날 수 있다. p.349, 350, 373

고구마 サツマイモ 사츠마이모

일본어로 고구마는 사츠마이모이다. 사츠마는 가고시마의 옛 지명으로, 오키나와와 함께 고구마가 처음 재배되기 시작한 곳이다. 고구마를 이용한 디저트, 쿠키 등이 인기이다.

07 미야자키현 宮崎県

레터스마키 レタス巻き 레타스마키

양상추(레터스)를 이용하는 스시로 레터스와 새우, 마요네즈를 기본으로 하는 일본식과 양식이 조화된 맛이다. 1966년 창업한 잇페이가 레터스 마키의 원조이고, 잇파레 식당あっぱれ食堂에서 합리적인 가격에 맛볼수 있다. p.385

치킨 난반 チキン南蛮 치킨 난반

기름에 튀긴 닭고기를 감식초에 담근 뒤, 타르타르소스를 얹어서 먹는 음식이다. 지금은 일본 전역에서 맛볼 수 있는 음식이지만, 치킨 난반의 원조는 미야자키이다. 미야자키 시내의 오구라 본점おぐら 本店이 유명하다. p.383

규슈의 쇼핑 리스트

일본 여행에서 빼놓을 수 없는 쇼핑. 그중에서도 가장 인기 있는 쇼핑 아이템
은 소소한 먹거리와 인테리어 소품, 의약품이다. 편의점에서도 의약품을 판
매하고, 드럭 스토어에서도 과자나 음료를 판매하고 있어 규슈 여행 중 어디
서나 쉽게 쇼핑을 즐길 수 있다.

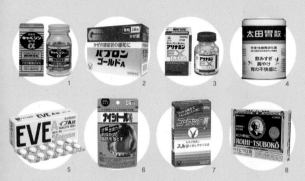

❶ 카베진 알파 キャベジンコーワα

양배추 추출 성분을 주원료로 하는 위장약으로, 우리나라 약국에서도 카베진S를 구입할 수 있다. 일본에서 S의 판매는 중단되었고, 2014년부터 업그레이드된 알파가 판매되고 있다.

❷ 파브론 골드A パブロンゴールドA

일본의 국민 감기약으로, 목의 점막에 붙은 원인 물질의 배출을 도와 감기 증상을 완화해 준다. 가루약顆粒[비류]과 알약錠劑[조자이] 두 가지 타입이 있다.

❸ 아리나민 EX 플러스 アリナミンEXプラス

비타민과 엽산이 들어 있는 종합 영양제이다. 눈의 피로, 어깨와 목덜미의 결림, 허리 통증에 효과를 나타내고, 혈액 순환 개선에도 도움을 준다.

❹ 오타이산 太田胃散

카베진의 뒤를 잇는 인기 아이템으로 1879년 발매되기 시작하여 오랜 역사를 갖고 있는 위장약이다. 소화 촉진뿐 아니라 속 쓰림과 위통에도 효과가 좋아 숙취 해소용으로도 인기이다.

❺ 이브A イブA錠

통증 완화제로 두통과 생리통에 효과가 있다. 효과가 빠른 'Quick', 효과가 더 센 'EX', 빠르고 센 'Quick EX'가 있다. 기본 약인 A도 효능이 좋고, 위에 부담이 없어 여성들에게 특히 인기가 있다.

❻ 나이시토루G ナイシトールG

18종의 생약 성분으로 복부 지방을 분해하고 연소하며 체내에 쌓인 노폐물을 배출한다는 약이다. 다이어트 보조제로 많이들 구입한다.

❼ 코랏쿠 コーラック

5겹 코팅으로 위에서 녹지 않고 장까지 도달한다는 변비약이다. 특히 만성 변비에 효과가 좋은 편이다.

❽ 파스 3종사

동전파스로이치츠보膏[로이히츠보코], 휴족시간休足時間[큐소쿠지칸], 사론파스사론パス는 우리나라 여행객들의 필수 쇼핑 아이템이다. 휴족시간은 여행 중 피로를 푸는 데 효과가 좋다. 크고 시원한 사론파스와 작고 뜨거운 동전파스는 취향에 따라 구입하면 된다.

뷰티 BEST

❶ 퍼펙트 휩 Perfect Whip

남성과 여성 모두에게 인기 있는 세안제이다. 퍼펙트 휩은 세안제이며, 동일한 패키지의 퍼펙트 더블 워시는 클렌징 기능까지 포함하고 있다.

✿ 드럭 스토어에서는 120g만 판매하는데, 편의점에서는 여행용으로 부담 없이 가지고 다닐 수 있는 40g 제품도 판매하고 있다.

❷ 이소플라본 두유 스킨
豆乳イソフラボン化粧水

두유에서 식물성 단백질인 이소플라본을 추출하여 만든 스킨케어 제품이다. 보습 효과가 좋으며, 피부에 탄력을 준다.

❸ 하다라보 고쿠쥰 肌ラボ 極潤

피부 연구소를 뜻하는 하다라보의 제품은 보습 효과로 정평이 나 있다. 구입할 때 스킨化粧水 인지 유액乳液 인지 확인하자.

❹ 허니체 Honeyce

꿀을 기본으로 하는 내추럴 케어 브랜드이다. 세안제와 핸드크림 등 다양한 제품이 있으며, 우리나라 여행객들에게는 특히 헤어 트리트먼트 제품이 인기 있다.

❺ 시세이도 아이랏슈 카라
SHISEIDO アイラッシュカーラー

일본 뷰티 제품 중 최고의 인기 아이템으로 꼽히는 뷰러이다. 뷰러(품번 213)를 구입하면서 리필 고무(替えゴム, 품번 214)도 함께 구입하는 것이 좋다.

❻ 히로인 마스카라

하늘까지 닿는다는 天まで届け 키스미 히로인 마스카라는 여성들의 빠지지 않는 쇼핑 아이템이다. 롱컬ロングカール, 볼륨컬ボリュームカール 등 다양한 라인을 갖추고 있다.

화장품 관련 주요 일본어

- 洗顔 [센간] 세안   · フォーム [호―무] 폼 (거품)   · シャンプー [샴푸] 샴푸
- リンス [린스] 린스   · トリートメント [토리트멘토] 트리트먼트
- ヘアパック [헤아팟쿠] 헤어팩   · 化粧水 [케쇼스이] 스킨
- ローション [로션] 로션   · クリーム [크리무] 크림   · オイル [오이루] 오일

36

① 우마이봉 うまい棒

일본 포털에서 맛있다면 입력하면 자동완성으로 추천하는 뜻의 식품이다. 우리나라에 수입되는 것도 있지만, 일본에는 정말 다양한 맛이 있다. 가격도 저렴하고 부피도 커서 여행 선물로 좋다.

② 곤약 젤리 蒟蒻畑

호불호가 갈리는 간식이지만 젤리를 좋아하는 사람들에게는 필수 아이템이다. 2017년 하반기부터 컵 형태의 곤약 젤리는 수입, 통관이 금지되었다. 튜브형은 국내 반입이 가능하고, 수하물로 보내야 한다.

③ 컵누들 カップヌードル

세계 최초로 개발된 닛신의 컵라면이다. 기본 맛보다는 시푸드나 카레 맛이 우리나라 입맛에 맞는 편이다. 닛신의 컵누들 외에 볶음 우동 〈야키 소바〉인 UFO, 미역이 들어있는 와카레라면わかめラーメン도 추천한다.

④ 줄줄이 과자 つり下げ菓子 4連お菓子

100엔숍이나 마트, 돈키호테에 가면 4~5개의 작은 패키지가 줄줄이 이어지는 과자들을 볼 수 있다. 조금씩 먹고 남기는 어린아이들의 간식으로 안성맞춤이다. 외출할 때 하나씩 뜯어가면 아이들에게 나눠 주기도 좋다.

⑤ 호로요이 ほろよい

'기분 좋게 살짝 취한(ほろよい)'이라는 뜻을 갖고 있는 알콜 함량 3%의 과실주이다. 우리나라 편의점에서도 판매하고 있지만, 일부 맛만 수입된다. 계절 한정으로 출시되는 제품도 많다. 일본 판매가는 100~150엔이지만 우리나라에서는 3,000원대에 판매되고 있다.

⑥ 편의점 빵 コンビニ パン

예능 프로그램 〈배틀 트립〉에서 성시경이 일본에 가면 가장 먼저 먹는다고 했던 것은 다름 아닌 세븐일레븐의 계란 샌드위치다. 일본 편의점 빵의 수준은 언제나 기대 이상이다. 와플로 유명한 도쿄의 마네켄 제과점은 로손과 손잡고 편의점에서 제품을 판매하기도 한다.

식재료 BEST

1
2
3
4
5
6

① 명란 튜브 チューブ入りの明太子

후쿠오카의 명물인 명란젓(明太子, 멘타이코)이다. 튜브에 들어 있는 명란젓은 밥에 짜서 먹기도 편하고, 다양한 요리에 활용할 수도 있다. 마트나 돈키호테뿐 아니라 후쿠오카 공항 면세점에서도 구입할 수 있다. 가격은 100g당 800엔선이며, 후쿠야ふくや 브랜드가 인기이다.

② 가츠오 간장 がつおつゆ

다시마 엑기스와 가다랑어 포를 배합해서 만드는 일본식 간장의 일종인 쓰유つゆ이다. 무침이나 볶음은 물론 국물 다시를 낼 때도 유용하다. 2배 농축2倍濃縮 제품을 사면 수하물의 부담을 줄일 수 있다. 미즈칸(MIZKAN)과 기코만(KIKKOMAN)의 제품이 인기가 많다.

③ 기코만 간장 KIKKOMAN

일본 간장 시장의 30%를 점유하고 있는 100년 역사의 유명한 간장 브랜드이다. 대부분의 스시집에서도 기코만 간장을 사용한다. 우리나라에서 구입하기 힘든 저염 제품이 인기이다. 무게가 제법 나가니, 구입 시 유의하자.

④ 나마 와사비 生わさび

겨자 가루에 와사비향이 첨가된 일반 인스턴트 와사비와 달리 생와사비 함량이 30% 이상인 튜브 타입의 생와사비이다. 초밥을 먹거나 집에서 삼겹살을 구워 먹을 때 함께 먹으면 매우 맛있다. 하우스(House)와 S&B의 제품이 인기가 많다.

⑤ 계란에 뿌리는 간장 寺岡家のたまにかけるお醤油

최근 큰 인기를 얻고 있는 쇼핑 아이템으로, 자취생들이 즐겨 먹는 계란 간장 밥을 해 먹을 때, 특히 유용한 조미 간장이다.

⑥ 돈가스 소스 とんかつソース

돈가스의 원조인 일본답게 소스도 맛있다. 불독(Bull-Dog)의 소스가 가장 인기가 있고, 가고메(KAGOME)의 소스도 꽹이 좋다. 두 가지 제품 모두 패키지에 돈가스가 아닌 야채가 그려져 있는데, 불독은 주황색 라벨, 가고메는 갈색 라벨의 용기가 돈가스 소스이다.

규슈 추천 코스

BEST
COURSE

유후인 + 후쿠오카 2박 3일

유후인 료칸 여행을 준비할 때 가장 먼저 고려해야 하는 것은 여행의 목적이다. 여행
의 목적이 편안한 휴식이나 부모님과의 온천 여행이라면 유후인에서 2박을 하는 것
을 추천한다. 하지만 쇼핑이나 도심의 시내 관광까지 생각한다면 유후인에서 1박, 후
쿠오카에서 1박을 하는 것이 좋다. 유후인 료칸의 숙박 요금이 호텔보다 훨씬 비싸기
때문에 유후인과 후쿠오카에서 각각 숙박을 하면 여행 경비도 저렴해진다.

1 DAY 여행 첫째 날

오전

후쿠오카 공항 국제선 터미널 → 유후인
고속버스로 1시간 40분 소요 / 하루 19편 운행 (편도
2,880엔, 왕복 5,140엔)

유후인 → 료칸
료칸 송영 버스 또는 택시 이용
(택시비는 어느 료칸이든 1,000엔 이내)

오후

유후인 상점가 관광 & 점심 식사 (또는 간식)
유후인 상점가는 현지 예술가들이 운영하는 아기
자기한 수공예품 전문점이 가득하다. 더불어 간
식 먹는 것도 잊지 말자!

★ 추천 상점
•블루발렌 : 나무 공예전문점
•금상고로케 : 인기고로케가게
•비스피크 : 유명한 롤케이크전문점

저녁

료칸 숙박
료칸 숙박에는 저녁 식사로 가이세키 요리가 포함
되어 있다. 때문에 유후인 상점가를 산책하면서
군것질을 너무 많이 하면 곤란하다.

료칸의 올바른 온천욕 세 가지!
1. 체크인 하고 온천하기
2. 저녁 먹고 자기 전에 온천하기
3. 아침에 일어나자마자 온천하기

오전

긴린코 호수 새벽 산책

긴린코 호수의 새벽의 안개는 료칸 숙박을 하지 않으면 절대로 볼 수 없는 풍경이다. 료칸 숙박 시, 반드시 긴린코 호수에서 새벽 산책을 즐기자. 참고로, 안개는 가을과 겨울에 많이 낀다.

만약 렌터카 여행이라면, 사기리다이 전망대에 올라 안개가 가득 찬 유후인 마을의 풍경을 감상하는 것도 좋다. 렌터카 여행자가 아니더라도 미리 택시를 예약하면 새벽에 사기리다이 전망대에 갈 수 있다. 택시비는 왕복 약 3,000엔정도다.

유후인 → 후쿠오카 시내
고속버스로 2시간 소요 / 하루 19편 운행 (편도 2,880엔)

오후

후쿠오카 시내 → 상점가

점심 식사 & 상점가 관광

★ 하카타의 추천 레스토랑
• 우오베이 : 하카타 지역의 대표적인 100엔 초밥집. 저렴한 예산으로 신선한 초밥을 즐길 수 있다.
• 규탄스미야키 리큐 : 우리나라에서 쉽게 맛볼 수 없는 우설을 먹을 수 있다. 기분은 이상할 수 있지만, 맛은 훌륭하다.
• 키친 글로리 : 40년 역사의 경양식집으로, 스미요시 신사 가까이에 있어 식사 후 자연스레 산책이 가능하다.

규탄스미야키 리큐

키친 글로리

★ 텐진의 추천 레스토랑
• 효탄 스시 : 우리나라 여행객에게 가장 많이 알려진 후쿠오카의 초밥집이다.
• 하카타 라멘 신신 : 우리나라 여행객이 많이 찾는 잇푸도, 이치란보다 맛있는 국물로 평가받는 라멘집이다.
• 키와미야 : 뜨거운 철판에 나오는 후쿠오카 함바그로, 세트 주문 시 밥과 미소된장국이 무제한이다.

하카타 라멘 신신

키와미야 함바그

저녁

캐널시티 하카타 → 나카스 포장마차 거리 또는 후쿠오카 타워

하카타와 텐진 사이의 복합 쇼핑몰인 캐널시티 하카타 구경 후 후쿠오카의 명물인 나카스 야타이(포장마차 거리)에서 하루를 마무리하면 좋다. 만약 연인이나 아이와 함께 여행한다면, 포장마차보다 후쿠오카 타워 방문을 추천한다.

> 후쿠오카 타워에서 꼭 해야 할 것
> 1. 후쿠오카 야경 감상
> 2. 타워 내 '연인의 성지' 포토존에서 연인 또는 부부 인증샷

43

오전

텐진 니시테쓰 후쿠오카 역 → 다자이후

열차로 30분 소요 / 5~10분 간격 운행 (400엔)

다자이후 관광

학문의 신을 모시고 있는 다자이후 텐만구에서 황소 동상을 만지며 학업 성취를 기원해 보자. 다자이후 텐만구 앞의 상점가를 산책하는 것도 반드시 해야 할 일이다.

★ 추천 상점
- 스타벅스 : 나무 소재의 독특한 인테리어가 인상적인 매장이다.
- 카사노야 사보 : 다자이후 명물인 매화 떡(우메가에모치)을 맛볼수 있는 전통 찻집이다.

다자이후 → 텐진 니시테쓰 후쿠오카 역

열차로 30분 소요 / 5~10분 간격 운행 (400엔)

오후

텐진 관광

텐진의 쇼핑가는 돈키호테와 100엔 숍부터 명품 브랜드 매장까지 가득하다. 후쿠오카 최대의 상업 지역에서 쇼핑을 즐겨 보자.

텐진 → 후쿠오카 공항

지하철로 10분 소요 (260엔)

후쿠오카 공항

지하철을 이용해 공항에 도착하면, 무료 셔틀버스(약 15분)를 타고 국제선 터미널로 이동

일정 Tip

1 후쿠오카와 유후인만 다녀올 예정이라면, 별도의 교통 패스를 살 필요는 없다.

2 호텔 및 료칸은 체크인 전, 체크아웃 후에도 프론트에 짐을 보관해 둘 수 있다.

3 2017년 7월 이후 유후인노모리의 임시 운행으로, 후쿠오카에서 유후인까지 4~5시간이 소요된다.

Plus 유후인 + 타 지역 일정

료칸에서 숙박을 하는 경우, 대부분 휴양을 목적으로 간다. 때문에 유후인과 함께 구로카와 온천이나 벳푸를 원하는 경우도 많다. 앞의 일정과 다음의 내용을 참고해서, 오직 나만의 일정을 만들어 보는 것도 좋다.

◆ 유후인 + 구로카와 2박 3일

이동	소요 시간	요금 (편도)
❶ 후쿠오카 – 유후인 간 고속버스 이용	100분	2,880엔(2인 5,140엔)
❷ 유후인 – 구로카와 간 고속버스 이용	90분	2,000엔 / 하루 2회 운행
❸ 구로카와 – 후쿠오카 간 고속버스 이용	180분	3,090엔(2인 5,550엔) / 하루 4회 운행

* 산큐 패스 북규슈 3일권(6,000엔) 구입 시, 1,970엔(2인일 경우, 1인 1,345엔) 절약이 가능하다.
* 버스 시간 주의! 첫날은 유후인에서 숙박하는 것이 항공 스케줄을 맞추기에 쉽다.

◆ 유후인 + 벳푸 2박 3일

이동	소요 시간	요금 (편도)
❶ 후쿠오카 – 유후인 간 고속버스 이용	100분	2,880엔(2인 5,140엔) / 하루 18회 운행
❷ 유후인 – 벳푸 간 노선버스 이용	50분	900엔
❸ 벳푸 – 후쿠오카 간 고속버스 이용	140분	3,190엔(2인 5,660엔) / 하루 19회 운행

* 산큐 패스 북규슈 3일권(6,000엔) 구입 시, 970엔(2인일 경우, 1인 300엔) 절약이 가능하다.
* 산큐 패스는 벳푸 지옥 온천 순례에서도 이용이 가능하다.
* 벳푸 고속버스 승하차 장소는 벳푸 역에서 도보 10분 거리의 기타하마 버스 센터(北浜バスセンター)이다.

➕ 교통 Tip

1. 주말 및 연휴 기간에 여행을 한다면, 고속버스는 인터넷 사이트(한글 지원)를 이용해 사전에 예약하는 것이 좋다.
   규슈 버스 네트워크 포털 사이트: www.atbus-de.com

2. 유후인-구로카와 간 고속버스는 '규슈 횡단 버스'이며, 필수 예약 구간이다. 그러나 유후인-벳푸 버스는 노선버스로 예약할 수 없기 때문에 짐이 많다면 열차를 이용하는 것이 좋다.
   요금: 1,100엔 / 오이타 역에서 1회 환승

3. 4인 이상의 유후인을 방문하거나 3인 이상이 구로카와나 벳푸를 간다면, 렌터카(소형차 또는 경차 기준)를 이용하는 게 저렴하다. 단, 후쿠오카 시내에서는 렌터카 이용을 최소화하는 것이 좋다.

JR 패스로 북규슈 3박 4일
나가사키+하우스텐보스

나가사키 짬뽕과 카스텔라 등의 먹거리 그리고 서양과 중국 문화가 융화된 나가사키는 후쿠오카를 기준으로 서쪽에 있다. 또한 가까이에 유럽과 꽃을 테마로 하고 있는 하우스텐보스와 일본 제일의 수제 버거 전문점이 모여 있는 사세보가 있다. 후쿠오카와 나가사키의 중간에는 오랜 역사를 갖고 있는 온천지이자 규슈 지역의 수많은 열차 도시락(에키벤) 중 1위에 선정된 소고기 덮밥 도시락을 판매하는 다케오 온천도 있다.

1 DAY 여행 첫째 날

오전

후쿠오카 공항 국제선 터미널 → JR 하카타 역
니시테쓰 버스로 15분 소요

JR 북규슈 레일 패스 구입 또는 교환

JR 하카타 역 → 다케오 온천 역
특급 카모메호(特急かもめ)로 70분 소요 (2,580엔)

오후

다케오 온천 역 도착

점심 식사 및 다케오 온천 관광
점심 식사는 에키벤으로 한 후, 다케오 온천을 산책하면 좋다.

★ 추천 온천과 도시락
• 로몬 : 다케오 온천의 상징으로, JR 도쿄 역의 건축가가 설계했다. 미야모토 무사시가 입욕한 온천이기도 하다.
• 카이로도 사가규 소고기 덮밥 도시락 : 규슈 지역 열차 도시락 3년 연속 우승의 명품 소고기 덮밥

로몬

다케오 온천 역 → 사세보 역
특급 미도리호(特急みどり)로 45분 소요 (1,880엔)

➕ **교통 Tip**

JR 북규슈 레일 패스 구입 또는 교환
열차 예약 센터에는 한국어 또는 응대 직원이 있다. 패스를 교환하면서 여행 일정에 맞춰 지정석권을 미리 발권해 두면 편하다. JR 패스로 특급 열차의 지정석을 무료로 예약할 수 있으며, 자유석보다 쾌적한 열차 여행을 즐길 수 있다.

저녁 🌙

사세보 버거 간식

★ 추천 레스토랑
- 로그킷 : 미국 해군 7함대 주둔지인 사세보의 대표 버거 중 하나이다. 사세보 역 구내에 매장이 있다.
- 히카리 : 1951년부터 반세기 동안 로그킷의 라이 벌로 자리매김하고 있다. 사세보 역에서 도보 5분 거리인 복합쇼핑몰 '사세보 5번가'에 매장이 있다.

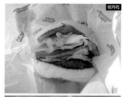

히카리

사세보 → 하우스텐보스

쾌속 시사이드라이너(快速シーサイドライナー)로 20분 소요 (280엔) / 일반열차로 사전 예약 불가

하우스텐보스 관광

유럽을 테마로 하고 있는 하우스텐보스는 봄부터 가을까지 꽃이 가득하고, 겨울에는 일루미네이션 으로 화려하다. 매일 밤 펼쳐지는 불꽃놀이를 보려 면 하우스텐보스 또는 사세보의 호텔에서 숙박하 는 것이 좋다. 하우스텐보스보다는 사세보의 호텔 이 저렴하다.

2DAY 여행 둘째 날

오전 ☀️

하우스텐보스 → 나가사키

쾌속 시사이드라이너(快速シーサイドライナー)로 85분 소요 (1,470엔) / 일반열차로 사전 예약 불가

오후 🌤️

나가사키 자유 여행

나가사키에서는 노면 전차 이용이 필수다.
(노면 전차 1일 승차권 500엔)

★ 추천 음식
- 나가사키 짬뽕 : 차이나타운에 짬뽕 전문점이 많 은데, 나가사키 짬뽕의 원조는 오우라 천주당 근 처의 시카이로이다.
- 도루코라이스 : 돈가스, 스파게티, 볶음밥이 함 께 나오는 나가사키 음식 문화의 결정체다.
- 카스텔라 : 나가사키는 카스텔라의 발상지이다. 기념품으로 구입할 때에는 공항을 이용하는 게 편하다. 나가사키에서는 무료 시식도 많다.

저녁 🌙

이나사야마 전망대 관광

일본의 3대 야경(나가사키, 하코다테, 고베) 중 하 나인 나가사키 야경을 반드시 감상하자.

나가사키에서 꼭 해야 할 것
1. 번화가인 '간코도리'에서 나가사키의 명물 음식인 도루코 라이스와 싯포쿠 요리 먹기
2. 나가사키 항구의 풍경과 역사를 볼 수 있는 '글로버 정원' 꼭 가 보기
3. 글로버 정원 근처의 오우라 천주당과 나가사키 짬뽕의 원조인 시카이로 가기

47

오전

평화 공원 산책

나가사키 → 구마모토

특급 카모메(特急かもめ)로 90분 소요 (7,990엔)
신토스(新鳥栖) 역에서 환승, 신칸센 사쿠라(新幹線さくら)로 25분 소요

오후

구마모토 자유 여행

헬로키티의 인기를 위협하는 구마모토현의 캐릭터 쿠마몽 영업 부장을 만날 수 있는 쿠마몽 스퀘어도 들러 보자.

★ 추천 레스토랑
• 우마사쿠라 : 말고기 육회, 말고기 덮밥 등 구마모토의 명물 말고기 요리전문점이다.
• 오카다 커피 : 창업 60년이 넘은 구마모토의 커피전문점으로, 디저트도 인기 만점이다.

구마모토 → 후쿠오카 하카타 역

신칸센 사쿠라로 40분 소요 (4,990엔)

후쿠오카 하카타 관광

★ 추천 레스토랑
• 야마나카 스시 : 3,000엔 전후의 예산으로 즐기는 중급 이상의 스시전문점이다.
• 비젠 무기야 나나쿠라 : 슈퍼푸드라 불리는 보리를 이용한 일본식 식사다.

저녁

후쿠오카 하카타 역 → 후쿠오카 타워

노선버스로 25분 소요 (230엔)

후쿠오카 타워의 야경 감상

모모치 해변의 후쿠오카 타워에서 야경을 감상한 후, 후쿠오카 타워 내 '연인의 성지' 포토존에서 연인 또는 부부끼리 사랑의 인증샷을 찍어 보자.

후쿠오카 타워 → 나카스 포장마차 거리

노선버스로 25분 소요 (230엔)

나카스 포장마차 거리

텐진과 하카타 사이의 복합 쇼핑몰인 '캐널시티 하카타'를 구경한 후, 후쿠오카의 명물인 나카스 포장마차 거리에서 하루를 마무리하자.

구마모토 여행 시 주의할 점
구마모토성은 2016년 지진 후 보수 공사로 내부 입장이 불가하다. 현재는 검은색의 웅장한 외관만 감상이 가능하다.

야마나카 스시

비젠 무기야 나나쿠라

4DAY 여행 넷째 날

오전

지하철 하카타 역 9번 출구 앞 ↔ 나가카와 세이류 온천

무료 셔틀버스로 50분 소요

나가카와 세이류 온천

숲속에 자리한 전통 료칸에서 노천 온천을 즐겨 보자. 왕복으로 무료 셔틀버스가 운행되어 편하다.

오후

하카타 역 도착 후 쇼핑 및 시내 관광

하카타 역 인근에 바다의 신을 모시는 스미요시 신사가 있다.

★ 추천 상점
• 100엔 숍 : 하카타 교통 센터 근처에 위치해 편리하다.
• 도큐 핸즈 : 하카타 역내에 위치한 생활 잡화 전문점이다.

하카타 역 → 후쿠오카 공항

지하철로 5분 소요 (260엔)

후쿠오카 공항

지하철을 이용해 공항 도착 후, 무료 셔틀버스(약 15분)를 타고 국제선 터미널로 이동

🚌 교통비

• 하카타 – 다케오 간 : 편도 2,580엔
• 다케오 – 사세보 간 : 편도 1,880엔
• 사세보 – 하우스텐보스 간 : 편도 280엔
• 하우스텐보스 – 나가사키 간 : 편도 1,470엔
• 나가사키 – 구마모토 간 : 편도 7,990엔
• 구마모토 – 하카타 간 : 편도 4,990엔

• JR 열차 비용 합계 : 19,190엔
 (북규슈 레일 패스 : 8,500엔)
• 그외 교통비
 공항 – 시내 왕복, 나가사키 + 구마모토 +
 후쿠오카 시내 교통 : 총 2,000엔 이하

JR 패스로 북규슈 3박 4일
벳푸+유후인

2017년 7월 폭우로 열차 노선이 유실되어 인기 관광 열차인 '유후인노모리'가 하카타 - 고쿠라 - 벳푸 - 유후인으로 우회하는 노선으로 임시 운행을 하고 있다. 북규슈 레일 패스를 이용해 유후인으로 이동하면서 기타큐슈 지역의 대표 도시인 고쿠라와 예스러운 항구 도시의 자취가 남겨져 있는 모지코 그리고 기모노를 입고 산책하기 좋은 기츠키, 일본 최대의 온천수량을 자랑하는 벳푸 등을 함께 볼 수 있다. 만약 티웨이항공을 이용한다면, 후쿠오카 in, 오이타 out의 일정도 가능해 왔던 길을 다시 돌아가는 수고를 덜 수도 있다.

1 DAY 여행 첫째 날

오전

후쿠오카 공항 국제선 터미널 → JR 하카타 역
니시테쓰 버스로 15분 소요

JR 북규슈 레일 패스 구입 또는 교환

JR 하카타 역 → 모지코
특급 소닉(特急ソニック)으로 45분 소요 (2,500엔)
유후인노모리 임시 운행편도 이용 가능. 고쿠라 역(小倉)에서 환승 후 JR 일반열차로 15분 소요

오후

모지코 자유 여행
1900년대 번화한 항구 도시의 아름다운 풍경이 그대로 남아 있는 모지코 레트로는 꼭가 보자.

★ 추천 음식
야키 카레 : 오븐에 구워서 나오는 카레로, 아인슈타인이 방문했던 구 모지 미츠이 구락부 레스토랑을 추천한다.

야키 카레

모지코 → 벳푸
일반 열차로 15분 소요 (4,230엔)
고쿠라 역(小倉) 환승, 특급 소닉(特急ソニック)으로 70분 소요

🌙 저녁 벳푸 시내 관광 및 저녁 식사

벳푸 타워는 벳푸 만의 풍경을 감상할 수 있는 전망
타워로, 저렴한 입장료도 인기 비결 중 하나이다.

★ 추천 온천
• 다케가와라 온천 : 벳푸 역 가까이에 있는 시영 온
천으로, 고풍스러운 목조 건물이 인상적이다.

★ 추천 레스토랑
• 로바타진 : 이자카야지만, 식사를 하기 위해 찾는
사람도 많다.
• 도요츠네 : 우리나라 여행객에게도 유명한 음식
점으로, 튀김 덮밥이 인기 메뉴다.

로바타진

도요츠네

---

2 DAY 여행 둘째 날

☀ 오전 벳푸 역 → 바다 지옥(우미지고쿠)

노선버스로 20분 소요 (330엔)

지옥 순례

• 지옥 순례 : 바다 지옥, 산 지옥, 도깨비 지옥, 피
의 지옥 등 지옥 순례를 하며 틈틈이 무료 족욕
을 즐기자.
• 지옥찜 공방 : 지옥 온천의 열기로 음식을 쪄 먹
는 곳으로, 감자와 고구마 그리고 옥수수는 물
론 해산물과 고기도 먹어 보자. 맛은 물론 재미
가 쏠쏠하다.

바다 지옥(우미지고쿠) → 벳푸 역

노선버스로 20분 소요 (330엔)

🌤 오후 벳푸 역 → 유후인

일반열차로 15분 소요 (1,110엔)
오이타(大分) 역 환승, 일반열차로 65분 소요
※ 유후인노모리 임시운행편도 이용 가능

유후인 상점가 관광 & 점심 식사 (또는 간식)

유후인 상점가는 현지 예술가들이 운영하는 아기
자기한 수공예품 전문점이 가득하다. 더불어 간
식을 먹는 것도 잊지 말자!

★ 추천 상점
- 유후마부시 신 : 그냥 먹을 수도 있지만, 녹차를 부어 말아먹는 새로운 방법을 시도해보자.
- 블루발렌 : 지중해 감성이 넘치는 나무공에 전문점이다.
- 비스피크 : 유후인 롤 케이크 전문점 중 첫 번째로 꼽히는 곳이다.

료칸 숙박

저녁

료칸 숙박에는 저녁 식사로 가이세키 요리가 포함되어 있다. 때문에 유후인 상점가를 산책하면서 군것질을 너무 많이 하면 곤란하다.

가이세키 요리

---

3 DAY 여행 셋째 날

긴린코 호수 새벽 산책

오전

긴린코 호수의 새벽 안개는 료칸 숙박을 하지 않으면 절대로 볼 수 없는 풍경이다. 료칸 숙박 시, 반드시 긴린코 호수에서 새벽 산책을 즐기자. 참고로, 안개는 가을과 겨울에 많이 낀다.
만약 렌터카 여행자라면, 사기리다이 전망대에 올라 안개가 가득 찬 유후인 마을의 풍경을 감상하는 것도 좋다. 렌터카 여행자가 아니더라도 미리 택시를 예약하면 새벽에 사기리다이 전망대에 갈 수 있다. 택시비는 왕복 약 3,000엔 정도이다.

유후인 → 기츠키

일반 열차로 65분 소요 (1,650엔)
오이타(大分) 역 환승. 일반 열차로 35분 소요

기츠키 자유 여행

오후

기츠키는 오래전 무사 마을로, 예스러운 돌담길과 기모노 대여로 유명한 곳이다.

기츠키 여행 시에는 기모노를 입으면 주요 관광지가 무료 입장!

기츠키 → 고쿠라

특급 소닉(特急ソニック)으로 65분 소요 (3,270엔)

고쿠라 관광 & 점심 식사

고쿠라 시내의 번화가와 연결되는 고쿠라성에 가보자. 정원과 함께 바라보이는 풍경이 멋지다.

★ 추천 레스토랑

탄가 시장 : 규슈에서 여행객들에게 가장 인기 있는 재래시장이다. 대학당에 가면 시장에서 산 재료로 만든 덮밥을 먹을 수 있다.

탄가 시장

고쿠라 → 후쿠오카 하카타 역

특급 소닉(特急ソニック)으로 45분 소요 (2,320엔)

저녁

후쿠오카 시내 관광 & 저녁 식사

★ 추천 레스토랑
• 우오베이 : 하카타 지역의 대표적인 100엔 초밥집. 저렴한 예산으로 신선한 초밥을 먹을 수 있다.
• 아마나카 스시 : 3,000엔 전후의 예산으로 즐기는 중급 이상의 스시 전문점이다.
• JR 하카타 시티 : 하카타 역과 연결된 복합 쇼핑몰로, 다양한 볼거리와 먹거리가 있다. 옥상 전망대는 휴식의 명소이다.

우오베이

---

4 DAY 여행 넷째 날

오전

하카타 역 → 오호리 공원

지하철로 7분 소요 (260엔)

오호리 공원

후쿠오카를 대표하는 공원으로, 계절에 따라 예쁜 꽃이 피는 곳이다. 특히, 봄의 벚꽃 관람 명소로 유명하다. 스타벅스 콘셉트 스토어도 방문 필수!

오호리 공원 → 하카타 역

지하철로 7분 소요 (260엔)

오후

후쿠오카 시내 관광 & 쇼핑

하카타 역 인근에 바다의 신을 모시는 스미요시 신사가 있다.

★ 추천 상점
• 100엔숍 : 하카타 교통센터 근처에 있어 편리하다.
• 도큐 핸즈 : 하카타 역내에 위치한 생활 잡화 전문점이다.

하카타 역 → 후쿠오카 공항

지하철로 5분 소요 (260엔)

후쿠오카 공항

지하철을 이용해 공항 도착 후, 무료 셔틀버스(약 15분)를 타고 국제선 터미널로 이동

🚌 교통비

• 하카타-모지코 간 : 편도 2,500엔
• 모지코-벳푸 간 : 편도 4,230엔
• 벳푸-유후인 간 : 편도 1,110엔
• 유후인-기초키 간 : 편도 1,650엔
• 기초키-고쿠라 간 : 편도 3,270엔
• 고쿠라-하카타 간 : 편도 2,320엔

• JR 열차 비용 합계 = 15,080엔
  (북규슈 레일 패스 8,500엔)
• 그 외 교통비
  공항-시내 왕복, 후쿠오카 시내 교통 :
  총 1,500엔 이하

BEST **4** COURSE

산큐 패스로 여행하기

대중교통을 이용할 예정이고, JR 열차로는 이동할 수 없는 구로카와 온천, 다카치호 협곡, 우레시노 온천 등을 방문할 예정이라면 고속버스와 노선버스를 무제한 이용할 수 있는 산큐 패스를 추천한다. 산큐 패스를 이용하면 주요 도시의 시내버스도 무제한으로 탑승할 수 있기 때문이다. 단, 버스는 도로 상황에 따라 출발과 도착 시간이 지연되는 경우가 있고, 운행 편수가 적기 때문에 일정을 여유 있게 정하는 것이 좋다.

북규슈 일주

1 DAY 여행 첫째 날

오전

후쿠오카 공항 국제선 터미널 → 나가사키

고속버스로 2시간 20분 소요
공항 출발 하루 19편, 시내 출발 약 60편 운행 (2,570엔)

오후

나가사키 자유 여행

나가사키에서는 노면 전차 이용이 필수 (노면 전차 1일
승차권 500엔)

나가사키의 명물 음식인 도로코 라이스와 싯포쿠 요리를 맛볼 수 있는 나가사키의 번화가 '간코도리'와 나가사키 항구의 풍경과 역사를 볼 수 있는 '글로버 정원'은 꼭 가보는 것이 좋다. 글로버 정원 가까이에 오우라 천주당과 나가사키 짬뽕의 원조인 시카이로도 있다.

★ 추천 음식
• 나가사키 짬뽕 : 차이나타운에 짬뽕 전문점이 많은데, 나가사키 짬뽕의 원조는 오우라 천주당 근처의 시카이로다.
• 도로코 라이스 : 돈가스, 스파게티, 볶음밥이 함께 나오는 나가사키 음식 문화의 결정체이다.
• 카스텔라 : 나가사키는 카스텔라의 발상지이다. 기념품으로는 공항에서 구입하는 게 편하고, 나카사키에서의 무료 시식도 즐겨보자.

싯포쿠 요리

저녁

이나사야마 전망대 관광

나가사키의 야경은 하코다테, 고베와 함께 일본의 3대 야경으로 꼽힌다.

2 DAY	여행 둘째 날

오전

나가사키 역 앞 버스 터미널 → 운젠

나가사키현의 현영 버스로 1시간 40분 소요
하루 3~4편 운행하고, 오전 출발편은 9시 10분에 단 1
편 운행 (1,800엔)

운젠 관광

천주교 성지이며 지옥 온천과 화산 박물관이 있는
운젠 계곡을 방문한다.

운젠 → 시마바라

시마테쓰 노선버스로 1시간 소요
하루 12편 운행, 낮에는 30분~1시간 간격으로 운행
(830엔)

오후

시마바라 관광

잉어가 헤엄치는 거리, 시마바라성 등 시내를 중
심으로 관광한다.

시마바라 → 구마모토항

구마모토 페리로 50분 소요
하루 7편 운항 (1,000엔, 산큐 패스 이용 불가)

구마모토항 → 구마모토 시내

구마모토 시내버스로 40분 소요 (550엔)

저녁

구마모토 자유 여행

구마모토성은 2016년 지진 후 보수 공사로 내부
입장이 불가하다. 현재는 검은색의 웅장한 외관
만 감상이 가능하다. 헬로키티의 인기를 위협하는
구마모토현의 캐릭터 쿠마몽 영업 부장을 만날 수
있는 쿠마몽 스퀘어도 들러 보자.

★ 추천 레스토랑
- 우마사쿠라 : 말고기 육회, 말고기 덮밥 등 구마
  모토의 명물 말고기 요리전문점이다.
- 오카다 커피 : 창업 60년이 넘은 구마모토의 커
  피전문점으로, 디저트도 인기다.

우마사쿠라

오카다 커피

오전

구마모토 → 유후인

규슈 횡단 버스로 4시간 30분 소요
오전과 오후에 각 1편씩 운행 (4,200엔)

오후

유후인 상점가 관광 & 점심 식사 (또는 간식)

유후인 상점가는 현지 예술가들이 운영하는 아기
자기한 수공예품 전문점이 가득하다. 더불어 간
식 먹는 것도 잊지 말자!

★ 추천 상점
• 블루발렌 : 지중해 감성이 넘치는 나무 공예 전문
  점이다.
• 금상 고로케 : 유후인 여행자 100명 중 99명이
  맛보는 인기 고로케다.
• 비스피크 : 유후인 롤케이크 전문점 중 일순위!

유후인 → 후쿠오카 공항

고속버스로 1시간 40분 소요 (2,880엔)

후쿠오카 공항

지하철을 이용해 공항 도착 후, 무료 셔틀버스(약 15분)
를 타고 국제선 터미널로 이동

금상 고로케

비스피크

🎫 교통비

• 후쿠오카 – 나가사키 간 : 편도 2,570엔
• 운젠 – 시마바라 간 : 편도 830엔
• 구마모토 – 유후인 간 : 편도 4,200엔

• 나가사키 – 운젠 간 : 편도 1,800엔
• 구마모토항 – 구마모토 간 : 편도 550엔
• 유후인 – 후쿠오카 공항 간 : 편도 2,880엔

• 버스 비용 합계 = 12,830엔 (산큐 패스 북규슈 3일 6,000엔 / 일본에서 구입 시 8,000엔)
• 그 외 교통비 : 구마모토 페리 및 시내 교통비 약 2,500엔 이하

다카치호, 구로카와 온천

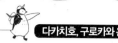

2박 3일 일정

* 후쿠오카 공항에 오전 10시 이전에 도착하는 항공편만 가능

1일차_구마모토 호텔 숙박

10:51 후쿠오카 공항 출발 ➡ 13:07 구로카와 도착(약 3시간 구로카와 온천 순례) ➡ 16:25 구로카와 출발 ➡ 19:15 구마모토 도착

2일차_후쿠오카 호텔 숙박

09:11 구마모토 출발 ➡ 12:35 다카치호 협곡 도착(약 4시간 다카치호 협곡 관광) ➡ 16:40 다카치호 협곡 출발 ➡ 18:40 후쿠오카 도착

3일차_후쿠오카 시내 관광 후 귀국

만약 귀국편 항공 시간이 오후 4시 이후 출발이라면, 후쿠오카 시내 ➡ 유후인 ➡ 후쿠오카 공항 일정으로 유후인까지 방문이 가능하다. 이때 산큐 패스를 이용하면 교통비 추가비용의 부담이 없다.

※ 후쿠오카 공항에 오후 입국, 오후 6시 이후 출국일 경우도 2박 3일 일정 가능 (1일차 후쿠오카 숙박, 2일차 후쿠오카 - 다카치호 - 구마모토 숙박, 3일차 구마모토 - 구로카와 - 후쿠오카 공항)

🔍 교통 Tip

1 다카치호 협곡을 가기 위해서는 산큐 패스 전규슈 3일권(10,000엔)을 구입해야 한다.

2 다카치호, 구로카와는 버스 운행 편수가 적기 때문에 사전 예약을 하는 것이 좋다.

3 항공과 버스스케줄을 잘 조합하면 2박 3일로도 여행이 가능하지만, 일정을 3박 4일로 하는 것이 좋다.

* 후쿠오카 공항에 12시 이전에 도착하는 항공편만 가능

1일차_구로카와 료칸 숙박

14:23 후쿠오카 공항 출발 ➜ 16:39 구로카와 도착 후 료칸 숙박(온천욕 & 가이세키요리)

2일차_구마모토 호텔 숙박

10:35 구로카와 출발 ➜ 13:25 구마모토 도착 후 시내 관광 및 숙박

3일차_후쿠오카 호텔 숙박

09:11 구마모토 출발 ➜ 12:35 다카치호 협곡 도착(약 4시간 다카치호 협곡 관광) ➜ 16:40 다카치호 협곡 출발 ➜ 18:40 후쿠오카 도착

4일차_후쿠오카 시내 관광 후 귀국

후쿠오카 공항에서 출국 시 오후 9시에 출발하는 티웨이항공이나 대한항공을 이용하면 2박 3일 일정도 가능하다.

♦ 버스 시간표

후쿠오카 ~ 구로카와 (3,090엔 / 2매 5,550엔)			구로카와 ~ 구마모토 (2,500엔)		구마모토 ~ 다카치호 (2,370엔)		다카치호 ~ 후쿠오카 (4,020엔 / 2매 7,200엔)	
후쿠오카(하카타) 博多	후쿠오카공항 福岡空港	구로카와온천 黒川温泉	구로카와온천 黒川温泉	구마모토 熊本	구마모토 熊本	다카치호협곡 高千穂峡	다카치호협곡 高千穂峡	후쿠오카(하카타) 博多
							09:00	12:51
							11:10	15:01
					09:11	12:35	16:40	18:40
							18:40	22:29
			10:35	13:25	15:31	18:55		
09:36	09:56	12:12						
10:31	10:51	13:07						
13:03	13:23	15:39	16:25	19:15				
14:03	14:23	16:39						

후쿠오카 ~ 다카치호 (4,020엔 / 2매 7,200엔)		다카치호 ~ 구마모토 (2,370엔)		구마모토 ~ 구로카와 (2,500엔)		구로카와 ~ 후쿠오카 (3,090엔 / 2매 5,550엔)		
후쿠오카(하카타) 博多	다카치호협곡 高千穂峡	다카치호협곡 高千穂峡	구마모토 熊本	구마모토 熊本	구로카와온천 黒川温泉	구로카와온천 黒川温泉	후쿠오카공항 福岡空港	후쿠오카(하카타) 博多
						09:30	11:44	12:04
				08:04	10:58	11:00		13:34
		08:46	11:58	12:15	15:09	14:00	16:14	16:34
08:00	12:03							
10:00	14:03	16:56	20:08			16:00	18:14	18:34
15:20	19:23							
17:20	21:23							

BEST **5** COURSE

JR 패스로 남규슈 3박 4일

미야자키+가고시마

2017년 동계 시즌부터 이스타항공이 미야자키 공항과 가고시마 공항에 신규 취항을 하면서 남규슈 여행의 일정이 보다 편해졌다. 미야자키 입국 - 가고시마 출국 또는 반대의 일정으로 하면 이동 시간을 편도 2시간이나 절약할 수 있다. 또한 남규슈의 매력적인 두 도시를 한 번의 여행으로 다 볼 수 있다. 남규슈 레일 패스로 구마모토도 이용이 가능해 가고시마에서 신칸센으로 쉽게 다녀올 수 있다.

1 DAY 여행 첫째 날

오전

미야자키 공항 → JR 미야자키 공항 역
공항에서 역까지 도보 3분 / JR 남규슈 레일 패스 구입 또는 교환(2일차부터 패스 사용)

JR 미야자키 공항 역 → 미야자키 역
공항선 일반열차로 12분 소요 (350엔)
미야자키 역 도착 후 호텔에 짐 보관

오후

미야자키 역 → 아오시마
니치난선 일반 열차로 30분 소요 (370엔)

아오시마 관광
일본 건국 신화의 무대인 아오시마 신사가 있는 섬으로, 섬 주변은 파도가 만든 기이한 풍경 '도깨비 빨래판'으로 유명하다.

아오시마 → 미야자키 역
니치난선 일반열차로 30분 소요 (370엔)

저녁

미야자키 시내 관광 & 저녁 식사
★ 추천 레스토랑
• 오구라 본점 : 60년이 넘는 오랜 역사를 갖고 있는 음식점으로, 치킨 난반의 원조다.
• 스기노코 : 히야지루(된장 냉국)를 비롯한 미야자키의 향토 요리를 맛볼 수 있는 고급 음식점이다.

도깨비 빨래판

스기노코

미야자키 → 가고시마

오전

특급 기리시마(特急きりしま) 2시간 10분 소요 (4,230엔)

가고시마 관광

17세기 가고시마 영주가 별장으로 이용한 아름다운 정원인 '센간엔'과 오래전 천문대가 있던 곳으로, 지금은 가고시마에서 가장 번화한 상점가인 '텐몬칸'을 둘러본다.

★ 추천 레스토랑
- 구로카츠테이 : 가고시마 명물 흑돼지를 이용한 돈가스집이다.
- 이치니산 : 가고시마추오 역과 텐몬칸 상점가에 매장이 있는 흑돼지 샤브샤브 전문점이다.

가고시마 → 사쿠라지마

오후

사쿠라지마 페리로 15분 소요 (160엔)

사쿠라지마 관광

가고시마의 상징적 이미지로, 바다 한가운데 솟아난 화산섬이다. 지금도 화산 연기를 뿜고 있다.

사쿠라지마 → 가고시마

저녁

사쿠라지마 페리로 15분 소요 (160엔)

가고시마에서 저녁 식사 & 휴식

가고시마 → 이브스키

오전

일반 열차로 75분 소요 (970엔) 또는 특급 이브스키노타마테바코로 55분 소요 (2,140엔)

이브스키 관광

오후

온천 마을 이브스키에서 온천은 필수! 해변에서 즐기는 검은 모래찜질 온천인 '스나무시 가이칸'과 여행을 좋아하는 사람들이 선택한 일본 당일치기 온천 중 4년 연속 1위를 차지한 '타마테바코 온천'을 추천한다.

이브스키 → 가고시마

일반 열차로 75분 소요 (970엔) 또는 특급 이브스키노 타마테바코로 55분 소요 (2,140엔)

저녁

가고시마에서 저녁 식사 & 휴식

---

4 DAY 여행 넷째 날

오전

가고시마 → 구마모토

신칸센 사쿠라(新幹線さくら) 45분 소요 (6,840엔)

오후

구마모토 관광

구마모토성은 2016년 지진 후 보수 공사로 내부 입장이 불가하다. 현재는 검은색의 웅장한 외관만 감상이 가능하다.

★ 추천 레스토랑
• 우마사쿠라 : 말고기 육회, 말고기 덮밥 등 구마모토의 명물 말고기 요리 전문점이다.
• 오카다 커피 : 창업 60년이 넘은 구마모토의 커피 전문점으로, 디저트도 맛있다.

구마모토 → 가고시마

신칸센 사쿠라(新幹線さくら)로 45분 소요 (6,840엔)

가고시마 → 가고시마 공항

공항 연결 버스 40분 소요 (1,250엔)

가고시마 공항

구마모토에서 가 봐야 할 곳
헬로키티의 인기를 위협하는
구마모토현의 캐릭터 쿠마몽
영업 부장을 만날 수 있는
쿠마몽 스퀘어도 들러 보자.

📷 교통비

• 미야자키 – 가고시마 간 : 편도 4,230엔   • 가고시마 – 이브스키 간 : 편도 970엔 (X2회)
• 가고시마 – 구마모토 간 : 편도 6,840엔 (X2회)

• JR 열차 비용 합계는 19,850엔 (북규슈 레일 패스 6,000엔)
• 그 외 교통비 : 공항 – 시내 왕복, 시내 교통, 사쿠라지마 페리 총 3,500엔 이하

후쿠오카 추천 하루 일정

후쿠오카에서 가장 번화한 하카타와 텐진은 지하철로 5분 거리이며, 그 사이에는 여행객에게 많이 알려진 캐널시티 하카타와 나카스 포장마차 거리가 있다. 하루면 충분히 둘러볼 수 있는 지역이기 때문에 후쿠오카에서 2박 3일 이상의 일정이라면, 시내 중심을 벗어나는 것을 추천한다. 다음의 두 가지 일정을 참고하면 후쿠오카를 여행하는 데 부족함이 없다.

> 아사히 맥주 공장, 우미노나카미치 공원, 후쿠오카 타워

후쿠오카 투어리스트 시티 패스를 이용하면 하루에 1만 원이 안 되는 교통비로 여행할 수 있으며, 관광지 입장 혜택도 받을 수 있다.

하카타 역

↓ JR 일반 열차로 4분 소요 (160엔)

다케시타 역

아사히 맥주 공장에서 맥주 3잔의 시음이 가능하고, 무료로 견학할 수 있다.

↓ JR 일반 열차로 45분 소요 (460엔, 카시이宮마에 역 1회 환승)

우미노나카미치 공원

바닷가에 조성된 공원으로, 돌고래 쇼와 펭귄 쇼 등을 관람할 수 있는 마린월드가 있다.

↓ 고속선(우미카 라인)으로 20분 소요 (1,030엔. 1시간에 1대 운행)

모모치(마리존) 해변

연인이나 가족 여행객들에게 특히 인기가 많은 후쿠오카 타워가 있고, 해변 리조트 분위기의 모모치를 산책하면 좋다.

↓ 후쿠오카 시내 버스로 20분 소요 (230엔)

텐진

후쿠오카에서 가장 번화한 거리로, 음식점과 쇼핑 등 다양한 즐길 거리가 가득하다.

↓ 지하철로 5분 소요 (260엔)

하카타 역

🎫 교통비

- 하카타–다케시타 간 : 편도 160엔
- 다케시타–우미노카미치 간 : 편도 460엔
- 모모치–텐진 간 : 편도 230엔
- 텐진–하카타 간 : 편도 260엔

- 고속선제외교통비 합계는 : 1,110엔
  (후쿠오카투어리스트 패스 820엔)
- 그 외 교통비
  우미노나카미치–모모치 간 고속선 편도
  1,030엔(투어리스트 패스 이용 불가)

※ 우미노나카미치에서 고속선 대신 열차를 이용할 경우, 투어리스트 패스 이용이 가능하다. 다만, 환승 시간을 고려하여 소요 시간을 90분으로 예상하는 것이 좋다.
  우미노나카미치 – 열차 40분(460엔) –
  하카타 – 버스 30분(230엔) – 모모치

※ 후쿠오카 투어리스트 패스 특전
- 우미노나카미치 마린월드
  2,300엔 ▶ 2,100엔
- 후쿠오카 타워
  800엔 ▶ 640엔

다자이후, 야나가와

후쿠오카 근교의 인기 관광지를 방문하는 코스다. 니시테쓰 열차 회사의 할인 티켓을 구매하면, 교통비 절약과 함께 관광지와 입장료의 할인 혜택도 있다.

니시테쓰 후쿠오카 역 (텐진)

⬇ 열차 30분 소요 / 5~10분 간격 운행 (400엔)

다자이후 역

학문의 신을 모시고 있는 다자이후 텐만구과 전통 분위기의 주변 상점가를 거닐기 좋다.

⬇ 열차 50분 소요 (670엔)

야나가와 역

일본의 베니스라 불리는 야나가와에서 뱃놀이를 즐기고 식사로는 명물 장어 덮밥을 추천한다.

⬇ 카와쿠다리(뱃놀이) 1시간 소요 (1,600엔)

오하나

뱃놀이 하선장 가까이에 있는 옛 영주의 저택으로, 오하나 안에는 온천 시설과 장어 덮밥 맛집이 있다.

⬇ 무료 셔틀 버스 10분 또는 도보 30분

야나가와 역

⬇ 열차 50분 소요 (850엔)

니시테쓰 후쿠오카 역 (텐진)

다자이후 역

카와쿠다리

 교통비

- 후쿠오카-다자이후 간: 편도 400엔
- 다자이후-야나가와 간: 편도 670엔
- 야나가와-후쿠오카 간: 편도 850엔
- 야나가와 뱃놀이: 1,600엔

- 열차+야나가와 뱃놀이 합계=3,520엔
- 그 외 교통비
  다자이후, 야나가와 관광 티켓: 2,930엔

※ 다자이후, 야나가와 티켓 특전
- 다자이후 텐만구 보물전 입장료
  400엔 ▶ 300엔
- 다자이후 역 자전거 렌탈 100엔 할인
- 야나가와 오하나 입장료 50엔 할인
- 야나가와 장어 덮밥 할인
  (지정 업체, 업체에 따라 할인율 다름)

다자이후 텐만구

후쿠오카현

사가현

나가사키현

오이타현

구마모토현

가고시마현

미야자키현

지역 여행

일본 전도

기타큐슈

후쿠오카　　후쿠오카현

다자이후

히라도　　　　　　사가현　　사가　　　　　벳푸

사세보　　　　　　다케오 온천　　　　　유후인

하우스텐보스　　　우레시노 온천　　야나가와　　　　오이타현

시마바라　　구로카와

나가사키현　　　　구마모토　　아소

나가사키　　운젠　　구마모토현

미야자키현

가고시마현　　미야자키

기리시마

가고시마　사쿠라지마

이브스키

규슈
기본 정보

1. 규슈는 일본을 이루고 있는 4개의 섬 중 남서쪽에 있으며, 일본에서 세 번째로 큰 섬이다. 오래전 9개의 나라가 있었기 때문에 규슈라 불리고 있으며, 지금도 9개 나라의 명칭을 곳곳에서 찾아볼 수 있다. 유후인 지역의 소고기인 분고규(豊後牛)는 오이타현의 옛 국가인 분고국(豊後国)의 소고기라는 뜻이고, 사츠마이모(サツマイモ)는 가고시마 지역의 옛 국가인 사츠마국(薩摩国)의 고구마라는 뜻이다.

2. 행정 구역은 7개의 현으로 이루어져 있다. 재미있는 것은 현과 현청 소재지의 이름이 동일하다는 점이다. 후쿠오카현의 현청 소재지는 후쿠오카시, 나가사키현의 현청 소재지는 나가사키시이다. 현 이름과 소재지가 동일한 건 일본 전국에서도 극히 드문 편인데, 우리나라 여행객들이 많이 찾는 지역인 효고현의 현청 소재지인 고베시와 아이치현의 현청 소재지 나고야시처럼 대부분의 현이 현청 소재지와 이름이 다르다.

3. 규슈 여행이 처음이라면 후쿠오카만 돌아보는 것도 좋지만, 규슈는 일본 내에서도 온천이 가장 유명한 지역이다. 단, 후쿠오카에는 마땅한 온천이 없어서, 유후인 온천, 구로카와 온천 등 일본 전국적으로 유명한 온천지를 일정에 넣는 것이 좋다.

4. 규슈는 교통비가 비싼 일본에서 교통 할인 패스가 가장 실용적으로 잘 되어 있는 지역이다. 열차를 이용한다면 JR 규슈 레일 패스, 버스는 산큐 패스가 있다. 그리고 렌터카로 여행을 할 경우, KEP를 이용하면 교통비를 많이 절약할 수 있다. 만약 후쿠오카 시내에만 있더라도 후쿠오카 투어 리스트 패스를 이용하면 많은 혜택을 받을 수 있다.

화폐

동전(1엔, 5엔, 10엔, 50엔, 100엔)

화폐는 일본 엔(JPY, ¥)을 사용한다. 일본의 부가 가치세(소비세)는 8%이며, 상품가에 포함이 안 되어 있는 경우가 많기 때문에 동전이 많이 생긴다. 때문에 일본 여행 전에 동전 지갑을 준비하면 조금 편리하다. 귀국 후 동전은 다시 원화로 환전할 수 없으니, 귀국하기 전에 모두 사용하고 오는 게 좋다. 공항 면세점에서 남은 동전을 모두 내고 모자라는 돈은 신용 카드로 계산하면 동전을 남김없이 사용할 수 있다.

> 계산할 때 "나머지는 카드로 결제해 주세요.(後はカードで, 아토와 카도데)"

지폐(1,000엔, 2,000엔, 5,000엔, 10,000엔)

인물이 아닌 오키나와의 수리성이 그려진 2,000엔권은 2000년도에 8개국 정상 회담을 기념하기 위해 발행된 지폐다. 발행 매수도 적고 ATM에서 사용이 안 되는 경우도 있었기 때문에 유통량이 더욱 줄었다. 2,000엔권 지폐는 현재 발매가 중지된 이후로 쉽게 볼 수 없어 행운의 상징이 되었다. 간혹 우리나라 은행에서 환전해 주는 경우도 있다.

전압

일본의 전압은 100V로 우리나라 220V와 다르다. 하지만 휴대폰, 카메라 충전기 등 대부분의 소형 가전과 전자기기는 프리 볼트(100~240V)이기 때문에 콘센트 플러그만 준비하면 문제없이 사용할 수 있다. 만약 준비하지 못했다면, 호텔 프런트에서 빌리거나 편의점 또는 돈키호테 등에서 구입할 수 있다.

로밍, 인터넷 사용

무제한 데이터 로밍

하루 평균 약 1만 원으로 가격이 가장 비싸지만 편리하다. 통신사의 고객 센터에 전화해서 요청하면 된다. 휴대폰은 자동 로밍되어 문자 및 전화 송수신도 가능하다. 휴대폰을 편하게 이용하고 싶다면 데이터 로밍을 추천한다.

유심칩 구입

혼자 5일 이상 여행을 한다면 유심칩을 구입하는 것이 좋은 방법이다. 유심칩을 교체하면 국내의 번호가 아닌 일본 전화번호(090 또는 080으로 시작함)가 되기 때문에, 우리나라에서 걸려 오는 전화와 문자는 수신할 수 없다. 최근에는 유심 업체에서 부가 서비스로, 기존에 사용하던 국내 전화번호로 오는 연락을 착신 전환해 주기도 한다. 국내에서 사용하던 유심칩을 분실하지 않도록 주의하자.

일본 에그(와이파이 라우터) 대여

와이파이 신호를 중계하는 에그를 이용하면 우리나라에서 보내는 문자나 전화 수신이 가능하며, 데이터 이용도 자유롭다. 가장 큰 장점은 여러 인원이 여행할 때 함께 데이터를 이용할 수 있다는 것이다. 또한 노트북 등에서도 와이파이 신호를 이용할 수 있다. 충전을 신경써야 하고 짐이 될 수도 있지만, 2인 이상의 여행 인원이라면 에그를 이용하는 것이 가장 유리하다.

국내 업체를 통해 미리 예약하고, 국내 공항에서 수령 및 반납하는 것이 가장 저렴하며, 만약 미처 준비하지 못했다고 하더라도 후쿠오카 공항에 도착하여 로비에서 대여할 수 있다. 지방 공항에는 없고, 후쿠오카 공항에서만 대여가 가능하다.

무료 와이파이

대부분의 호텔에서 무료 와이파이를 제공하기 때문에 스마트폰과 노트북 이용에 어려움이 없다. 공공시설과 카페 등에서 무료 와이파이를 제공하는 곳이 많아 쉽게 이용할 수 있지만, 회원 가입을 해야 하거나 한글 지원이 안 되는 곳에서는 이용하기 어렵다.

남쪽 지역에 위치한 규슈는 일본에서 가장 따뜻한 기후이며, 남쪽의 가고시마와 미야자키 일대는 아열대 기후가 나타난다. 하지만 아소산과 구주연산이 있는 규슈 중앙의 고지대는 겨울에 기온이 영하로 내려가는 경우가 많으며, 적설량도 상당하다. 후쿠오카, 나가사키, 고쿠라, 구마모토 등의 도심 여행은 우리나라 남부 지역의 날씨, 규슈 중앙의 고산 지역은 강원도, 규슈 남부는 제주도의 날씨를 생각하면서 여행을 준비하면 된다.

벚꽃이 피는 기간은 매년 조금씩 변한다. 3월 초에 구글에서 'SAKURA MAP'이란 단어로 검색하면 가장 정확한 정보를 확인할 수 있다. 단풍은 'MOMIJI MAP'으로 검색하면 된다.

유후인과 구로카와 온천은 한여름에도 아침과 저녁에 쌀쌀한 기운이 돌아 시원하여 온천을 즐기기에 좋다. 단풍 시즌인 10월과 11월에는 일본의 공휴일이 많고, 일본 현지인들의 여행 수요가 많아 료칸 예약이 어려울 수 있다.

태풍이 불어오는 시기는 우리나라와 비슷하다. 태풍으로 인해 항공사와 선사에서 운항 취소를 공식 발표하면, 교통비와 숙박비를 모두 환불받을 수 있다. 단, 현지에서 귀국을 못 하는 경우에는 자비로 숙박비 등을 지불해야 한다.

후쿠오카를 비롯한 도시에 눈이 내리는 경우는 거의 없다. 여행 중에 후쿠오카에 눈이 온다면 정말 특별한 경험이라 생각해도 좋다. 설경을 보며 온천을 하고 싶다면 유후인 온천보다는 구로카와 온천을 선택하자. 유후인 온천도 눈이 쌓이는 경우가 있지만 구로카와 온천보다는 상대적으로 적다.

후쿠오카시

면적	343km²		인구		1,560만 명		벚꽃		3월 말		단풍	11월 중순
시기	1월	2월	3월	4월	5월	6월	7월	8월	9월	10월	11월	12월
최고 기온	9.9	11.1	14.4	19.5	23.7	26.9	30.9	32.1	28.3	23.4	17.8	12.6
최저 기온	3.5	4.1	6.7	11.2	15.6	19.9	24.3	25.0	21.3	15.4	10.2	5.6

구로카와 온천 ♨

면적	115km²		인구	3천 9백 명			벚꽃		4월 중순		단풍	10월 말	
시기	1월	2월	3월	4월	5월	6월	7월	8월	9월	10월	11월	12월
최고 기온	7.4	9.2	13.0	19.1	23.5	25.9	29.3	30.3	26.7	21.4	15.7	10.1
최저 기온	-3.2	-2.3	0.7	5.2	10.3	15.6	19.9	19.8	16.0	8.7	3.1	-1.6

유후인 온천 ♨

면적	127km²		인구	1만 2천 명			벚꽃		4월 초		단풍	10월 말	
시기	1월	2월	3월	4월	5월	6월	7월	8월	9월	10월	11월	12월
최고 기온	7.0	8.6	12.3	18.3	22.6	25.3	28.9	29.5	25.8	20.7	15.3	9.7
최저 기온	-2.5	-1.7	1.0	5.4	10.7	15.9	20.0	20.1	16.3	9.3	3.8	-1.0

벳푸시

면적	125km²		인구	12만 명			벚꽃		3월 말		단풍	11월 중순	
시기	1월	2월	3월	4월	5월	6월	7월	8월	9월	10월	11월	12월
최고 기온	12.8	14.3	17	21.6	25.2	27.6	31.9	32.5	30.1	25.4	20.3	15.3
최저 기온	4.6	5.7	8.4	12.7	17.1	21	25.3	25.6	22.8	17.5	11.9	6.7

미야자키시

면적	643km²		인구	40만 명			벚꽃		2월 중순		단풍	11월 말	
시기	1월	2월	3월	4월	5월	6월	7월	8월	9월	10월	11월	12월
최고 기온	12.7	13.8	16.7	20.7	24.1	26.8	31.4	31.0	28.1	24.3	19.5	15.1
최저 기온	2.6	3.4	7.2	11.5	15.9	19.7	23.9	24.1	21.1	15.1	9.6	4.7

기리시마 온천 ♨

면적	603km²		인구	12만 명			벚꽃		3월 중순		단풍	10월 말	
시기	1월	2월	3월	4월	5월	6월	7월	8월	9월	10월	11월	12월
최고 기온	10.5	12.6	15.5	20.3	24.2	26.1	30.1	30.9	28.5	23.8	18.1	12.9
최저 기온	0.7	1.6	4.5	8.8	13.5	18.0	21.9	22.2	19.2	13.5	7.6	2.4

가고시마시

면적	547km²		인구	60만 명			벚꽃		2월 중순		단풍	11월 말	
시기	1월	2월	3월	4월	5월	6월	7월	8월	9월	10월	11월	12월
최고 기온	12.8	14.3	17	21.6	25.2	27.6	31.9	32.5	30.1	25.4	20.3	15.3
최저 기온	4.6	5.7	8.4	12.7	17.1	21	25.3	25.6	22.8	17.5	11.9	6.7

규슈로 **이동하기**

저가 항공사의 일본 노선 취항이 급격히 증가하면서 서울과 부산, 대구에서 규슈의 여러 지방 공항에 취항하고 있다. 가장 많은 항공편이 취항하는 후쿠오카(FUK) 공항 외에 기타큐슈(KKJ), 오이타(OIT), 미야자키(KMI), 가고시마(KOJ), 구마모토(KMJ), 사가(HSG), 나가사키(NGS)도 취항 중이다. 저가 항공은 출국과 귀국 항공편이 서로 다르더라도 요금의 차이가 크지 않기 때문에, 저렴한 항공편을 찾는다면 여행 동선에 따라 출국과 귀국편의 공항을 다르게 이용할 수도 있다. 각 공항별 시내로 이동하는 방법에 대해 알아두면, 보다 알찬 규슈 여행 일정을 정할 수 있다.

TIP

후쿠오카 공항의 면세점에는 바오바오 매장과 다양한 브랜드는 물론 간식 등을 살 곳이 많다. 후쿠오카 공항을 이용할 경우, 공항 면세점에서 쇼핑하면 무거운 짐을 들고 다니지 않아서 편하다.

규슈 공항별 취항 항공사

공항명	공항 코드	취항 항공사(인천 공항 기준)
후쿠오카	FUK	인천 공항: 티웨이항공, 이스타항공, 진에어, 제주항공, 대한항공, 아시아나 김해 공항: 에어부산, 제주항공, 대한항공 대구 공항: 티웨이항공, 에어부산
기타큐슈	KKJ	진에어, 대한항공
오이타	OIT	티웨이항공, 이스타항공, 대한항공
미야자키	KMI	이스타항공, 아시아나
가고시마	KOJ	이스타항공, 대한항공
구마모토	KMJ	티웨이항공, 에어서울
사가	HSG	티웨이항공
나가사키	NGS	에어서울, 아시아나

후쿠오카 공항에서 시내 가기

후쿠오카 공항(IATA 코드: FUK)은 일본의 대도시 중에서 시내와 가장 가까이에 있는 공항이다. 공항에서 시내까지 지하철도 연결되어 있고, 버스와 택시를 이용할 수도 있다. 국제선 터미널과 국내선 터미널 간 이동은 무료 셔틀버스를 이용하는데, 활주로를 따라 돌아가기 때문에 이동하는 데 시간이 많이 소요된다.

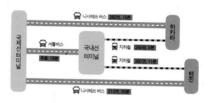

🚇 지하철

무료 셔틀버스를 이용해 국내선 터미널로 간 후 지하철역으로 이동해야 한다. 하카타 역까지는 두 정거장, 텐진 역까지는 다섯 정거장이다. 지하철 1일 승차권은 630엔이다.

🚌 버스

국제선 터미널 2번 승강장에서 니시테쓰 버스를 이용해 하카타 역이나 텐진 역으로 이동할 수 있고, 배차 간격은 15~20분이다. 하카타 역에서 공항으로 갈 때는 버스 터미널에서 출발하는 것보다 치쿠시 출구(筑紫口)로 나가 길 건너편의 미야코 호텔의 버스 정류장에서 탑승하는 것이 빠르다. 단, 비가 오는 날은 버스 터미널에서 탑승하는 것을 추천한다.

국제선–국내선 간 무료 셔틀

🚕 택시

공항에서 하카타 역까지 택시로 약 10분 정도이고, 요금은 1,500엔이다. 공항에서 텐진까지는 약 20분가량 소요되며, 요금은 2,000~2,500엔 정도이다. 본인을 포함한 일행이 2명 이상이라면 택시를 이용하는 것도 크게 부담스럽지 않다.

각 소도시 공항에서 시내 가기

후쿠오카 공항을 제외한 규슈의 소도시 공항은 그 규모가 작다. 인천 공항에 익숙한 우리나라 여행객들이라면 바로 체감할 수 있는데, 귀국하면서 공항 면세점에서 여행 선물과 기념품을 구입할 생각은 하지 않는 것이 좋다. 출국 수속을 하고 탑승구까지 가는 데 2분이면 충분하다. 물론 그 안에도 상점이 있지만 원하는 것을 구매하지 못할 확률이 높으니 공항에 도착하기 전에 미리 구입하는 것이 좋다.

대부분의 소도시 공항의 국제선 터미널은 수속 시간대에 한 편의 항공편만을 처리한다. 그만큼 수하물 체크도 원칙적으로 하기 때문에 조금이라도 무게를 초과하면, 어김없이 추가 수하물 비용을 지불해야 한다.

구마모토 공항(공항 코드 KMJ)

구마모토 공항에 도착해서 시내로 이동할 때는 국내선 터미널로 이동하여 버스에 탑승하면 된다. 시내에서 공항으로 돌아올 때는 국제선 터미널에 도착한다. 공항버스도 입석이 있을 수 있으니, 여유로운 여행객이라면 한두 대 정도 버스를 보내고 타는 것이 편하다. 시내까지는 약 1시간이 소요된다. 유후인과 구로카와까지 갈 수 있는 규슈 횡단 버스가 정차하지만, 하루 두 편뿐이다.

사가 공항(공항 코드 HSG)

사가 시내로 이동한다면 공항 리무진을 이용하고, 우레시노 온천으로 이동한다면 출발 전에 미리 '사가 공항 셔틀버스'를 예약하자. 온라인투어와 여행박사 같은 국내 여행사에서 미리 예약할 수 있으며, 사전 예약으로 진행된다. 3인 이상의 여행객이라면 사가 공항 셔틀버스와 공항 리무진 대신 셔틀 택시를 이용하는 것을 추천한다.

오이타 공항(공항 코드 OIT)

온천 여행의 성지(聖地)라고 할 수 있는 벳푸, 유후인과 가까운 공항이다. 공항 리무진으로 약 1시간 정도 소요되므로, 오이타 공항에 오후 도착 스케줄이라면, 후쿠오카 공항으로 가는 아침 비행기를 이용하는 것이 여행 일정에는 훨씬 유리하다.

미야자키 공항(공항 코드 KMI)

후쿠오카 공항과 함께 시내와 가까운 공항 중 하나다. 하지만 미야자키 시내에는 볼거리가 많지 않다.

〔규슈 각 공항에서 도시별 교통 네트워크〕

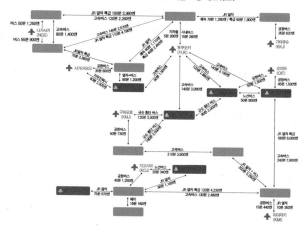

버스 50분 1,250엔 / 버스 55분 900엔	JR 열차 특급 100분 3,360엔 / 고속버스 120분 2,260엔	JR 열차 쾌속 70분 1,290엔 / 특급 분 1,900엔
고속버스 80분 1,400엔	고속버스 140분 2,570엔 / JR 열차 특급 110분 4,190엔	공항버스 35분 620엔

나가사키(NGS) · 지하철 5분 260엔 · 사철버스 15분 260엔 · 기타규슈(KKJ)

한밭락 특급 75분 3,800엔 · 버스 10분 210엔 · JR 열차 100분 · 1,110엔 / 쾌속 40분 · 후쿠오카(FUK)

시가(HSG) · 공항버스 35분 600엔 · 열차버스 60분 1,200엔

고속버스 120분 3,100엔 · 고속버스 140분 3,090엔 · 공항버스 45분 1,500엔 · 오이타(OIT)

노선버스 50분 900엔

구마모토(KMJ) · 규슈 왕단 버스 120분 2,000엔 · 규슈 왕단 버스 90분 2,000엔 · 규슈 왕단 버스 90분 1,500엔

공항버스 50분 730엔 · JR 열차 특급 180분 6,000엔

고속버스 210분 3,600엔 · 고속버스 240분 2,800엔

가고시마(KOJ) · 노선버스 20분 340엔 · JR 신간센 150분 10,110엔 / 330분 3,700엔

공항버스 1,250엔 · JR 열차 90분 1,100엔

JR 열차 특급 120분 4,230엔 / 고속버스 130분 2,480엔 · 공항버스 15분 440엔 · JR 열차 10분 360엔 · 미야자키(KMI)

페리 15분 160엔

하카타항에서 시내 가기

하카타항으로 도착한 경우 11, 19, 50번 버스와 굴절 버스(BRT)로 하카타 역까지 약 20분(230엔) 소요되며, 텐진까지는 80번 버스 또는 굴절 버스(BRT)로 약 15분(190엔) 소요된다. 시내에서 항구로 돌아갈 때, 국제선 페리가 출발하는 곳은 중앙 부두의 국제 터미널(中央ふ頭博多港国際ターミナル)이니 다른 곳에 내리지 않도록 주의하자.

하카타항 — 버스(11, 19, 50번), 굴절 버스(BRT) 230엔, 약 20분 → 하카타 역

하카타항 — 버스(80번), 굴절 버스(BRT) 190엔, 약 15분 → 텐진

후쿠오카
시내 교통

하카타 역에서 캐널시티 하카타까지 도보로 15~20분, 캐널시티 하카타에서 텐진까지 도보로 15~20분이 걸린다. 때문에 후쿠오카 시내 중심은 대부분 도보로 이동할 수 있지만, 저렴한 요금의 버스를 효율적으로 이용한다면 보다 알찬 여행을 할 수 있다.

🚌 캐럴시티 라인 버스(100엔 버스)와 시내버스

기존 운행하던 100엔 버스의 노선과 명칭이 변경되었다. 하지만 여전히 100엔 버스로 통용되며, 하카타 – 캐널시티 – 텐진 구간을 운행하는 것은 예전과 같다. 단, 돈키호테 나카스점과 호빵맨 박물관 앞의 정류장은 100엔 버스 노선에서 제외되었다.

100엔 버스뿐만 아니라 후쿠오카의 시내버스는 뒷문으로 승차하면서 번호표를 뽑고, 내릴 때 차의 전면에 있는 요금표에 맞는 금액을 번호표와 함께 낸다. 시내에서 버스를 많이 이용할 것 같다면 후쿠오카 시내 1일 프리 승차권(福岡市内1日フリー乗車券)을 구입하는 것도 좋은 방법이다. 하카타 역 옆의 후쿠오카 교통 센터 1층, 텐진 버스 센터 또는 시내버스의 차내에서 살 수 있다.

ⓦ 100엔(구간 확인) / 후쿠오카 시내 1일 프리 승차권(성인 1명당 유아 1명은 무료) 성인 900엔, 유아(6~11세) 450엔

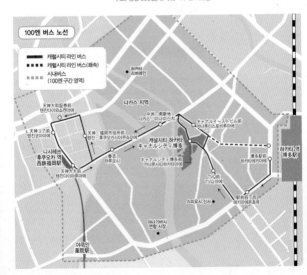

100엔 버스 노선

■■■ 캐럴시티 라인 버스
■■■ 캐럴시티 라인 버스(쾌속)
••• 시내버스
(100엔 구간 영역)

하카타
리버레인

나카스 지역

天神大和証券前
텐진다이와쇼켄마에

天神コア前
텐진코아마에

니시테쓰
후쿠오카 역
西鉄福岡駅

天神下
텐진다이마루마에

中洲 御幸地
나카스 미나미신치

天神・福岡市役所前
텐진 · 후쿠오카시야쿠쇼마에

春吉
하루요시

キャナルイースト ビル前
캐널이스트 빌루마에

캐널시티 하카타
キャナルシティ博多

キャナルシティ博多前
캐널시티하카타마에

TVQ前
TVQ마에

博多駅前
하카타에키마에

하카타 역
博多駅

駅前西 丁目
에키마에온돔메

스미요시 신사

야쿠인
薬院駅

야나기바시
연합시장

76

🚌 굴절 버스(BRT) 連節バス

길이 18m, 최대 130명까지 탈 수 있는 굴절 버스는 최근 운행 편수를 크게 늘렸다. 운행 구간은 하카타항 국제선 터미널을 기점으로 하카타 역과 텐진을 양방향으로 순환하고 있다. 20~30분 간격으로 운행하며, 일반 노선버스와 동일하게 1일 승차권을 이용할 수 있다. 하카타에서 텐진 구간은 100엔으로 이용할 수 있다.

🚌 후쿠오카 오픈탑 버스

2012년 3월 일본 최초로 도입된 오픈형 2층 관광버스로, 버스를 타고 후쿠오카 시내 투어가 가능하다. 오픈탑 버스 루트 정류장 어디에서든 승하차가 자유로우며, 후쿠오카 시내의 노선버스도 하루 동안 무제한 이용할 수 있다. 단, 공항에서 시내까지의 노선은 이용할 수 없다. 버스 노선 및 운행 시간은 계절에 따라 변동이 있으며, 여름에는 4가지 코스가 하루 10편 이상 운행된다. 아래의 코스는 여름 기준이며, 여행 시기에 맞춰 운행하는 노선 및 운행 시간을 홈페이지에서 확인하는 것이 좋다. 안전을 위해 4세 미만 어린이는 탑승할 수 없다.

📍 후쿠오카 시청 1층(텐진 중앙 공원 방향, 09:00~20:00)
🕐 09:30~19:00(시기에 따라 다름)
📞 +81-92-734-2727(예약)
💰 성인 1,540엔, 4세~초등학생 770엔/1코스 기준
🌐 fukuokaopentopbus.jp

코스	코스 설명	출발 시간
시사이드 모모치 코스 シーサイドももちコース	도시 고속도로에서 해안을 따라 펼쳐지는 경치를 보며, 야후 돔과 후쿠오카 타워 등 후쿠오카 도심부를 둘러보는 코스. (60분 소요)	10:00 12:00 14:30 16:00 17:00
하카타 중심지 코스 博多街なかコース	베이사이드 지역에서 JR 하카타 시티, 쿠시다 신사 등 유서 깊은 하카타 지역을 둘러보는 코스. (60분 소요)	09:30 13:00
후쿠오카 반짝반짝 코스 福岡きらめきコース	석양부터 야경으로 이어지는 하카타와 텐진 지역의 거리 풍경을 만끽하는 코스. (60분 소요)	18:00 19:00
하카타 구시가 코스 博多旧市街コース	후쿠오카의 역사를 산책하는 코스로 버스에서 내려 산책하는 시간이 포함되어 있음. (60분 소요)	11:30

🚇 지하철

후쿠오카에는 3개의 지하철 노선이 있다. 보통 후쿠오카 공항에서 하카타 역과 텐진 역을 지나 이노하마까지 운행하는 공항선(空港線, 구코센) 외의 노선은 이용 빈도가 낮다. 지하철 요금은 기본 260엔이며, 한 정거장만 이동할 때는 '오토나리킷푸(おとなりきっぷ)'로 100엔이면 이동할 수 있다.

🕐 06:00~24:00 ₩ 260엔~ (1일 승차권 620엔)

(TIP)

후쿠오카 투어리스트 시티 패스

후쿠오카 시내버스와 전철을 자유롭게 이용할 수 있는 외국인 여행자 대상의 1일 승차권이다. 820엔 패스와 1,340엔 패스로 나뉘어져 있다. 820엔 패스는 네 가지 교통수단을, 1,340엔 패스는 다섯 가지 교통수단을 이용할 수 있다. 후쿠오카 타워, 박물관, 미술관, 아사히 맥주 가든 등 약 20개 시설에서 할인 및 기념품 증정 등의 특전이 포함되어 있다.

판매장소
후쿠오카 공항버스 안내 센터, 하카타항 국제 터미널 종합 안내소, 텐진 버스 터미널, 텐진 관광 안내소, 하카타 역 종합 안내소, 하카타 버스 터미널 매표소

이용방법
① 스크래치식이며 해당 월, 일을 스크래치로 긁고 사용한다.
② 버스와 지하철, 열차 등 자동 개찰기는 이용할 수 없으며 기사 또는 역무원에게 보여 줘야 한다.

구분		820엔	1,340엔
이용 가능한 교통수단		니시테쓰 버스, 쇼와 버스, 지하철, JR 노선	니시테쓰 버스, 니시테쓰 전철, 쇼와 버스, 지하철, JR 노선
주요 노선		공항~시내, 우미노나카미치	다자이후

78

규슈의
유용한
세 가지
패스

규슈 내의 2~3개 도시를 여행할 예정이라면 열차, 고속버스, 렌터카 중에서 하나의 교통수단을 선택해야 한다. 교통비가 비싼 일본이지만, 여행객을 위한 다양한 교통 할인 패스가 있다. JR 열차, 버스, 렌터카(유료도로)에서 사용이 가능한 각각의 할인 패스가 있으며, 이동이 많지 않더라도 상당한 금액을 절약할 수 있다.

단, 후쿠오카 공항을 이용해 후쿠오카 시내만 여행하듯 한 개의 공항과 한개의 도시만 여행한다면 교통 패스를 구입할 필요가 없다. 후쿠오카 시내만 이용할 예정이라면 '후쿠오카 투어리스트 시티 패스'를 이용하자.

🚆 JR 규슈 레일 패스	🚌 산큐 패스	🚗 KEP 패스
남 규슈 3일 7,000엔 북 규슈 3일 8,500엔 5일 10,000엔 전 규슈 3일 15,000엔 5일 18,000엔	북 규슈 3일 6,000엔 전 규슈 3일 10,000엔 전 규슈 4일 14,000엔	2일권 3,500엔 3일권 4,500엔 +1일당 1,000엔 (최대 10일)
JR규슈의 모든 열차 · 특급 및 신칸센 지정석 이용 가능 · 산요신칸센(하카타~고쿠라) 이용 불가	고속버스, 시내버스 이용 가능 · 북 규슈 약 1,500개 노선 · 전 규슈 약 2,400개 노선	NEXCO 운영 고속도로 이용 · 도심 고속화 도로 등 일부 구간 이용 불가
국내 교환권 구입 후 일본에서 패스 교환 규슈 내 주요 역에서 구입	국내에서 패스 구입 규슈 내 패스 구입 시 북규슈 3일권 8,000엔 (환불 불가)	렌터카 수령 시 요청 ETC(하이패스) 사용 필수
jrkyushu.co.jp/korean	www.sunqpass.jp/hangeul	global.w-nexco.co.jp/kr/kep

🚆 JR 규슈 레일 패스 JR Kyushu Rail Pass

일반적으로 JR 패스라 하면 일본 전국을 이용할 수 있는 열차 패스를 말하며, JR 패스의 종류 중에는 지정된 지역에서만 이용할 수 있는 것도 있다. 규슈를 시작으로 일본 전 지역을 방문할 계획이 아니라면, 규슈에서만 사용할 수 있는 JR 규슈 레일 패스(Kyushu Rail Pass)를 구입하면 된다. 규슈 레일 패스는 구마모토에서 벳푸 위쪽 지역에서만 이용할 수 있는 북 규슈 레일 패스와 규슈의 모든 지역을 갈 수 있는 전 규슈 레일 패스로 구분된다.

JR 패스 이용하기

우리나라에서 JR 패스를 구입할 때 받는 것은 교환권이다. 교환하자마자 패스를 바로 개시하지 않고 다음 날 또는 며칠 후부터 패스를 사용할

JR 규슈 레일 패스 지정석권

수도 있지만, 일본에 도착하자마자 JR 패스를 개시하는 것이 좋다. JR 패스의 개시는 규슈의 주요 역에 있는 열차 안내 센터 '미도리노 마도구치(みどりの窓口)'에서 하고, 여권과 교환권을 제시하면 된다.

JR 패스는 개찰구 통과 시 역무원에게 패스를 제시하여 유효 기간을 보여 주면 열차에 탑승할 수 있다. JR 패스는 특급 열차의 자유석에 탑승이 가능하므로, 모든 좌석이 지정석으로 운행되는 '유후인노모리호' 등의 열차를 타기 위해서는 안내 센터에서 지정석권(指定席券, 시테이시키켄)을 받아야 한다. JR 패스로는 특급 열차 및 신칸센의 지정석을 이용할 수 있으며, 지정석권은 무료이다. 지정석권에 대한 내용은 아래의 내용을 읽어 보면 이해하기 쉬울 것이다.

일본의 열차 종류

일본의 열차는 운행 형태에 따라 보통(普通, 후츠으), 쾌속(快速, 카이소쿠), 특쾌(特快, 톳카이), 특급(特急, 톳큐우), 신칸센(新幹線)으로 구분된다.

쉽게 이야기하면, 보통은 우리나라의 1호선과 같은 국철 열차라 생각하면 되고, 쾌속과 특쾌는 보통과 같은데 주로 출퇴근 시간 등에 운행되면서 일부 역만 정차하는 우리나라의 용산-인천 구간의 직통 열차와 같은 개념이다. 특급 열차는 주로 도시 간 연결을 목적으로 운행되는 열차이며, 우리나라의 무궁화호와 새마을호 정도라고 생각하면 된다. 보통, 쾌속, 특쾌 열차와 비교할 수 없는 편안한 좌석이 있으며, 야간 특급 열차에는 침대칸이 있기도 하다.

좌석은 빈자리가 있으면 앉을 수 있는 자유석과 사전에 예약한 사람만 앉을 수 있는 지정석으로 나뉜다. 1등석에 해당하는 그린차(グリーン車, 그린샤)도 자유석과 지정석으로 나눠져 있다.

일본 열차표의 종류

JR 열차의 표(きっぷ, 킷푸)는 승차권(乗車券, 조샤켄), 자유석 특급권(自由席 特急券, 지유세키 톳큐켄), 지정석 특급권(指定席 指定券, 시테이세키 톳큐켄), 그린차권(グリーン車件券)으로 구분된다. 승차권은 A에서 B까지 가는 보통, 쾌속, 특쾌 등급의 열차에 탈 수 있다. A와 B 구간에 운행하는 특급 열차를 이용하기 위해서는 자유석 또는 지정석 특급권을 구입해야 한다.

🚌 **산큐 패스 SUNQ Pass**

JR 패스는 외국인 관광객만 이용할 수 있지만, 버스 패스인 산큐 패스는 일본인도 이용할 수 있다. 일본에서도 구입할 수 있지만, 우리나라에서 구입하는 것이 더 저렴하기 때문에 미리 구입하는 것이 좋다. 열차 패스에 비해 저렴하지만 버스 정류장을 찾는 어려움과 예약해야 탑승할 수 있는 구간이 상당수 있기 때문에, 여행의 목적지가 열차로 갈 수 있는 지역이라면 JR 규슈 레일 패스를 구입하는 것을 추천한다.

산큐 패스
사전에 예약해야 하는
주요 구간
❶ 후쿠오카, 후쿠오카 공항 -
구로카와 · 벳푸 · 유후인 ·
나가사키
❷ 나가사키 - 구마모토
❸ 구마모토 - 구로카와 - 유후
인 - 벳푸 (규슈 횡단 버스)

예약 전화
국내
+81-92-734-2727

일본
0120-489-939,
092-734-2727

접수 시간(연중무휴)
일본어
08:00~20:00

한국어, 영어, 중국어
09:00~19:00

산큐 패스 이용하기

JR 패스와 달리 산큐 패스는 우리나라에서 구입하면서 사용하는 날짜를 정해야 하며, 교환권이 아니라 바로 사용할 수 있는 패스를 받는다. 사용 방법은 산큐 패스 로고가 붙은 버스를 타고 내릴 때 패스를 제시하면 된다. 주의해야 할 점은, 반드시 사전 예약해야 탑승할 수 있는 노선이 있다는 것이다. 사전 예약은 승차일 1개월 전부터 가능하며 예약은 무료다. 예약할 때에는 승차일, 승차 구간, 희망 버스 편명, 남녀별 인원, 이용객 전화번호, 이용객 이름을 말하면 된다. 예약 후에는 별도로 예약 번호가 나오는 게 아니라, 예약 시 남긴 이용객의 전화번호가 예약 번호가 된다. 우리나라에서는 일본에 직접 전화를 걸어서 예약해야 하는데, 한국어 및 영어 서비스가 있어 편리하다. 예약한 후에는 버스 탑승 15분 전까지 가서 승차권(乗車券, 조샤켄)을 받아야 하며, 승차권을 받지 않으면 탑승할 수 없기 때문에 사전 예약 구간의 버스를 타기 30분 정도 전에는 미리 도착하자.

🚌 규슈 고속도로 패스 KEP : Kyushu Expressway Pass

외국인 여행객을 대상으로 하는 렌터카 한정 패스이다. 정액으로 일정 기간 동안 고속도로를 무제한 이용할 수 있다. 단, 서일본 고속도로 NEXCO에서 운영하는 고속도로가 아니면 요금을 지불해야 한다. 운전하면서 KEP에 해당하는 톨게이트를 확인하기는 어려우니 미리 알아 두는 것이 좋다.

KEP 이용하기

렌터카 예약 시 ETC 카드(하이패스)도 함께 예약해야만 KEP 패스를 이용할 수 있다. KEP를 신청하면 따로 패스를 주는 것은 아니고, 렌터카 반납 시 ETC 카드 정산을 하면서 NEXCO 도로 이용 요금을 차감하는 것이다. 패스에 해당된 톨게이트와 이용 가능한 고속도로 정보가 담긴 노선도를 주니 이동하기 전 미리 확인하자.

TIP

KEP 이용 불가 구간

규슈의 각 도시를 연결하는 주요 고속도로는 NEXCO에서 운영하고 있으며, KEP로 거의 모든 도로를 이용할 수 있다. KEP 이용이 불가능한 도로는 총 17개이며, 이중에서 여행객들의 이용이 많은 노선은 후쿠오카 도시 고속도로(福岡都市高速道路, Fukuoka Urban Expressway)이다. 그리고 공항 바로 옆에도 톨게이트가 있으며, 도심 외곽을 순환하는 고속도로는 특히 후쿠오카 타워로 갈 때 유용하다. KEP 이용 불가 노선이더라도 렌터카 반납 시 ETC 카드를 정산하면서 요금을 지불하면 되고, 대부분 단거리이기 때문에 요금은 500~1,000엔 정도라, KEP 이용 불가 도로를 가더라도 너무 걱정할 필요는 없다.

규슈 렌터카 이용 정보

규슈는 JR 규슈의 신칸센과 특급 열차, 지역별 고속버스 등 대중교통이 발달한 지역이다. 하지만 일부 소도시와 자연 속의 예쁜 관광지는 대중교통으로 찾아가기 어렵다. 또한 하루에 2~4편 운행하는 버스와 열차 스케줄에 맞추기 위해 많은 것을 포기해야 하는 경우가 있는데, 렌터카 여행을 한다면 부담 없이 자유롭게 여행을 즐길 수 있다. 그러나 렌터카 여행은 도시 간 이동이 많은 경우에만 추천하며, 후쿠오카를 중심으로 시내 관광 또는 유후인이나 구로카와 온천 료칸에서 휴식을 하는 여행이라면 대중교통을 이용하는 것이 좋다.

렌터카 수령과 반납은 공항에서

후쿠오카 공항 내에 렌터카 사무실이 있지만, 차량 수령은 공항이 아닌 공항 근처의 사무실로 이동해야 한다. 공항에 도착해서 사무실 또는 렌터카 회사의 직원에게 예약을 확인하고, 무료 셔틀버스를 이용해 사무실로 이동한다. 반납도 마찬가지이며, 반납 후 바로 공항에 가는 일정이라면 셔틀버스를 타고 공항으로 이동하는 시간까지 고려해서 여유 있게 준비하는 것이 좋다.

맵코드(MAPCODE)

내비게이션을 이용할 때 유용한 코드로, 9자리 또는 11자리로 되어 있다. 전화번호로 검색이 가능하고 그 편이 가장 쉽지만, 전화번호가 없거나 실제 장소가 아닌 콜센터 번호만 있는 경우가 종종 있기 때문에 맵코드를 이용하는 것이 편리하다. 〈ENJOY 규슈〉에는 대부분의 주요 관광지와 음식점의 맵코드, 시내의 경우 추천 주차장 맵코드까지 모두 표기해 두었다.

내비게이션 조작 관련
주요 일본어

目的地設定
(목적지 설정)

もどる
(되돌아가기)

電話番号で探す
(전화번호로 찾기)

マップコードで探す
(맵코드로 찾기)

내비게이션 이용하기

일본을 찾는 외국인 여행객이 급증하면서 한국어 또는 영어가 지원되는 렌터카 내비게이션이 많아졌다. 때문에 어렵지 않게 누구나 조작할 수 있으며, 전화번호 또는 맵코드를 이용해 쉽게 검색할 수 있다. 만약 일본어만 가능한 내비게이션이라도 검색(檢索)과 메뉴(メニュー)와 같은 간단한 일본어만 알면 어렵지 않게 조작할 수 있다.

스마트폰 구글 맵

일본에서는 구글 맵을 내비게이션으로도 사용할 수 있다. 실시간 교통 상황까지 반영돼 자동차 내비게이션과 함께 사용한다면 매우 편리하다. 단, 데이터를 사용하기 때문에 무제한 데이터로밍 또는 일본 에그(와이파이 도시락)를 빌려야 한다.

ETC 카드

고속도로 톨게이트에서 전용 게이트로 통과하고, 후불로 요금을 지불하는 전자식 카드이다. 우리나라의 하이패스와 같은 개념이다. 렌터카 이용 시, 카드를 받아서 차에 꽂아 사용하고, 반납하면서 톨게이트비를 정산한다. 예약 시 차량에 ETC 시스템이 탑재되어 있는지 확인해야 하며, 경우에 따라서는 옵션으로 추가되기도 한다. 주말과 공휴일에는 할인 혜택을 받을 수 있다.

NOC(논 오퍼레이션 차지) 보험

만일의 사고, 도난, 고장, 오염, 훼손 등을 일으켜 차량의 수리와 청소 등이 필요하게 되었을 때 그 기간 중의 영업 보상으로서 지불해야 하는 금액이다. NOC 비용은 운행이 가능한 상태이면 20,000엔, 운행 불가능 상태이면 50,000엔이 일반적이다. 기본적인 렌터카 보험은 NOC가 불포함되어 있는데, 만에 하나 사고가 발생할 경우를 대비해 NOC 보험까지 추가로 가입하는 것이 좋다(하루 3,000~5,000원 정도).

초보자, 고령자 마크, 일본의 렌터카 차량 번호

초심자(좌) / 고령자(우)

렌터카에 초보자 마크(初心運転者標識)를 달고 운전을 한다면, 익숙하지 않은 일본에서의 운전을 편하게 할 수 있다. 또한 운전 중에 초보자나 고령자 마크의 렌터카가 있다면, 보다 신경 써서 운전을 하도록 하자. 렌터카의 차량 번호는 우리나라의 '허'처럼 'わ(와)'로 구분한다.

고코노에 꿈의 현수교 九重 "夢"大吊橋

해발 777m에서 계곡의 절경을 감상할 수 있는 현수교이다. 일본 제일의 보행자 전용 현수교로, 173m의 높이와 390m의 길이를 자랑한다. 이곳은 일본의 폭포 100선 중 하나인 신도노타키 폭포를 볼 수 있고, 특히 단풍의 명소로 잘 알려져 있어, 10월 말과 11월 초에 많은 관광객들이 찾는다. 구로카와 온천에서 유후인 온천을 연결하는 야마나미 하이웨이에서 조금 벗어난 곳에 있기 때문에 렌터카를 이용하면 쉽게 찾아갈 수 있다.

📍 玖珠郡九重町大字田野1208 ♀ 후쿠오카에서 자동차로 약 1시간 30분 (고속도로 경유), 유후인에서 자동차로 약 40분 (야마나미 하이웨이 - 11번 국도 경유) ☎ 0973-73-3800 (꿈의 현수교 관광 안내소) 맵코드 269 012 405*28 / 269 012 156(주차장)

렌터카 일정 잡기

나가사키에서 구마모토와 유후인으로 이동하기

나가사키에서 구마모토를 거쳐 유후인으로 갈 예정이라면 고속도로를 이용하는 방법이 있지만, 나가사키에서 운젠 온천과 시마바라를 둘러보고, 시마바라에서 페리를 이용해 구마모토로 가는 일정도 소요 시간에는 큰 차이가 없다. 페리는 대형 버스도 적재할 수 있을 만큼 규모가 크다. (p.249)

유후인과 벳푸는 렌터카가 편리

공항에서 고속버스로 편하게 갈 수 있는 유후인, 고속버스와 특급 열차로 이동할 수 있는 벳푸이지만, 대중교통만으로 두 지역을 함께 둘러보기는 불편하다. 유후인에서 벳푸로 가는 데 1시간이 소요되고, 벳푸에 도착해서 벳푸의 명물인 지옥 순례를 하려면 다시 버스를 타고 40분을 가야 한다. 물론 대중교통으로도 충분히 가능한 일정이지만, 렌터카를 이용하면 보다 편안하게 여행할 수 있다. 후쿠오카 – 유후인 – 벳푸 – 후쿠오카의 일정이라면, 벳푸에서 후쿠오카로 돌아오면서 기모노 마을로 불리는 기츠키를 둘러보는 것도 가능하다. 유후인에서 벳푸로 이동할 때 무라타 타임 힐즈를 방문하는 것도 추천한다.

다카치호 협곡 高千穗峽 📷

아소산의 화산 활동으로 형성된 주상 절리의 기암절벽과 폭포, 계곡을 둘러보는 유람선으로 유명한 다카치호 협곡은 대중교통으로 찾아가기 힘든 곳이다. 하지만 렌터카를 이용한다면 아소산과 함께 유후인 등의 지역까지 둘러볼 수 있다. 다카치호 협곡은 미야자키현에 있지만, 렌터카를 이용한다면 오이타현의 유후인과 구마모토현의 아소와 함께 둘러보는 것이 가장 좋다.

📍 西臼杵郡高千穗町大字向山字石碑／上203-1 📍 유후인에서 자동차로 아소 경유 2시간, 아소에서 자동차로 1시간, 후쿠오카에서 자동차로 2시간 50분 ☎ 0982-72-2269 맵코드 330 711 760*41 / 330 711 699*63(주차장)

무라타 타임 힐즈 MURATA TIMEHILLS 📷

유후인과 벳푸 사이의 언덕에 자리한 자동차 휴게소로, 유후인 3대 료칸 중 하나인 '산소 무라타'에서 위탁 운영하고 있다. 산소 무라타의 소바 전문점인 후쇼안, 피자와 파스타 전문점인 아르테지오 다이닝, 롤 케이크와 파르페를 판매하는 '비스피크(B-Speak)' 카페가 있다. 벳푸만의 아름다운 풍경을 바라보며 고급 료칸 산소 무라타의 감성을 느낄 수 있는 휴게소이다.

📍 別府市大字内竈字扇山3677-46 📍 벳푸 역에서 차로 25분, 유후인 역에서 고속도로 이용 시 23분 / 대중교통 없음 ☎ 097-27-8118 맵코드 46 580 838*85

후쿠오카현
福岡県

규슈의 정치·문화·경제의 중심지

후쿠오카를 많은 사람이 규슈라고 말할 정도로 후쿠오카는 규슈를 대표하는 지역이며, 규슈의 정치, 문화 경제 등 거의 모든 분야의 중심지라고 할 수 있다. 서울과 부산에서 항공편이, 부산에서 고속 페리와 야간 페리 등의 선박편이 매일 운항하고 있어, 우리나라에서는 도쿄와 오사카보다 훨씬 쉽고 저렴하게 갈 수 있다. 무엇보다 우리나라 여행객이 많이 찾는 만큼 도로의 이정표와 쇼핑몰 안내도 영어보다 한글이 많다.

돼지 뼈를 우려낸 국물로 만드는 돈코츠 라멘과 일본식 곱창전골인 모츠나베 그리고 국내 SNS에도 많이 소개된 인기 카페 등의 다양한 맛집이 많다. 뿐만 아니라 최근 도쿄와 오사카 못지않은 세련된 쇼핑센터도 계속 오픈하고 있어서 더욱 기대되는 여행지다.

교통의 중심인 후쿠오카에서는 시내 관광뿐만 아니라 근교에서 일본 문화를 느낄 수 있는 다양한 체험도 할 수 있다. 일본 문화를 산책할 수 있는 다자이후, 뱃놀이와 장어 요리로 유명한 야나가와, 료칸과 온천 여행으로 유명한 유후인과 구로카와 등 다채로운 규슈의 모습을 만나 보자.

후쿠오카현
福岡県

Fukuoka

우미노 나카이치
海ノ中道

마린월드 우미노나카이치
マリンワールド 海の中道

우미노나카이치
해변 공원
海の中道 海浜公園

사이토자키
西戸崎

다 루이간
ザ・ルイ

마리노아 시티
マリノアシティ

이온 마리나 타운
イオンマリナタウン

마이노하마
経浜

쿠로미
里見

후쿠사키
藤崎

모모치 해변

후쿠오카타워
福岡タワー

후쿠오카시 박물관
福岡市博物館

후쿠오
福岡ヤ

훅스 타운
ホークスタウン

니시진
西新

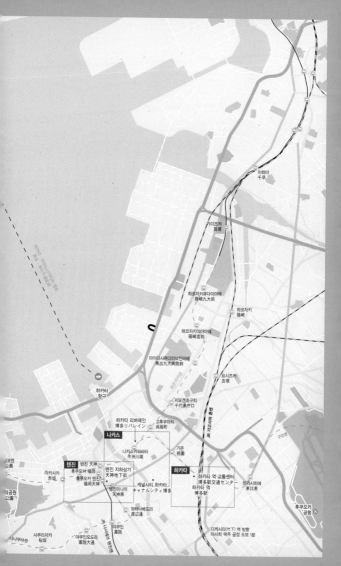

치하야
千무

가이즈카
貝塚

하코자키규다이마에
箱崎九大前

하코자키
箱崎

하코자키미야마에
箱崎宮前

마이다시규다이뵤인마에
馬出九大病院前

요시즈카
吉塚

하카타
항구

지요겐초구치
千代県庁口

고후쿠마치
呉服町

하카타 리버레인
博多リバレイン

나카스

나카스카와바타
中洲川端

구마사
久里浜

텐진
텐진 天神

텐진 지하상가
天神地下街

하카타
하카타 역

후쿠오카 텐진
福岡天神

후쿠오카 텐진
福岡天神

기온
祗園

하카타 역·교통센터
博多駅交通センタ

캐널시티 하카타
キャナルシティ博多

텐진미나미
天神南

하카타 역
博多駅

하카시히에
東比恵

와타나베도리
渡辺通

하카인
薬院

야쿠인오도리
薬院大通

다케시타(竹下) 역 방향
아사히 맥주 공장 도보 1분

사쿠라자카
桜坂

후쿠오카
공항

아카사카
赤坂

하카타
博多

규슈 교통의 중심지

규슈의 각 지방과 연결되는 신칸센과 특급 열차가 출발하는 하카타 역, 그리고 고속버스 터미널이 있는 교통의 중심이다. 2011년 하카타 역이 리뉴얼되면서 쇼핑몰 'JR 하카타 시티'가 오픈하였고, 2016년에는 하카타 역 바로 옆의 우체국 건물이 상업 시설인 '킷테 (KITTE)'로 리뉴얼되면서 교통뿐만 아니라 쇼핑과 식도락의 중심지로 변모하게 되었다.

후쿠오카 지역에서 가장 중심이 되는 역의 이름이 하카타인데, 그건 본래 '하카타'라는 지명이 후쿠오카로 편입되었기 때문이다. 지역 주민을 배려해 기차역과 항구의 이름을 그대로 남겨 두었다.

가는 방법

후쿠오카 국제공항 ⋯ 하카타 역

🚌 버스

후쿠오카 국제공항 국제선 터미널에서 하카타 역까지 직행버스로 이동할 수 있다. 약 15분 정도 소요되며, 운행편도 많다. 요금은 편도 260엔이다.

🚇 지하철

후쿠오카 국제공항에서 하카타 역까지 지하철로 이동할 수 있다. 그러나 국제선 터미널에서 국내선 터미널까지 셔틀버스(무료)를 이용해 이동해야 하는 번거로움이 있다. 셔틀버스는 약 10분, 지하철로 하카타 역까지는 약 6분 정도 소요된다. 지하철 요금은 편도 260엔이다.

텐진 역 ⋯ 하카타 역

🚌 버스

약 15분 정도 소요되며, 요금은 100엔이다.

🚇 지하철

약 6분 정도 소요되며, 요금은 260엔이다.

렌터카 여행자를 위한 추천 주차장

하카타 역 중앙 주차장 博多駅中央駐車場
📞 092-451-6660 ⏱ 30분 200엔(08:00~20:00), 1시간 100엔(20:00~08:00) 맵코드 13 320 169*06

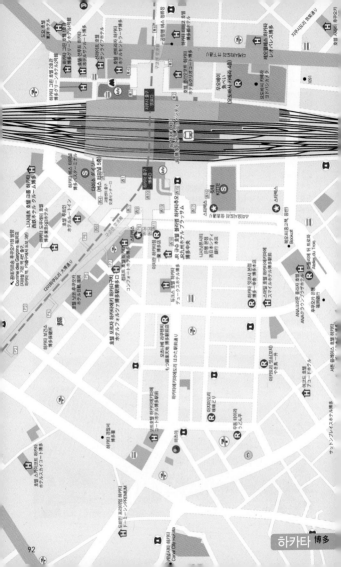

JR 하카타 시티 JR 博多 ステーションシティ

규슈 교통의 중심인 하카타 역사 건물에 있는 복합 쇼핑몰이다. 2011년 규슈 신칸센의 완전 개통과 함께 오픈했다. 지하 1층부터 지상 8층까지 한큐 백화점과 아뮤 플라자가 입점해 있으며, 아뮤 플라자의 1층부터 5층까지는 우리나라 여행객에게도 인기 있는 생활용품 전문점 '도큐 핸즈(TOKYU HANDS)'가 자리 잡고 있다. 옥상에는 후쿠오카 시내를 한눈에 내려다볼 수 있는 전망 공원이 조성되어 있으며, 지하 1층의 식당가 '하카타 이치반가이(博多一番街)'와 9~10층의 식당가 '시티 다이닝 구우텐(シティダイニングくうてん)'에는 규슈 지역의 인기 음식점들이 모여 있다.

◎ 福岡市博多区博多駅中央街6-11 ♀ 하카타 역내 ⊙ 한큐 백화점 10:00~20:00, 아뮤 플라자 10:00~21:00, 하카타 이치반가이 07:00~23:00 / 매장에 따라 다름 ⊕ www.jrhakatacity.com 맵코드 13 320 381*10

JR 하카타 시티

	아뮤 플라자	한큐 백화점
RF	츠바메노모리히로바(옥상 전망대), 회의장	
9~10층	시티 다이닝 구우텐(식당가), 티 조이(극장), 회의장	
1~8층	포켓몬 센터(8층) MUJI, 애프터눈 티 리빙(6층) 디즈니 스토어(5층) 도큐 핸즈(1~5층) 하카타 역	한큐 백화점
지하 1층	드럭 스토어, 패스트푸드, 하카타 이치반가이(식당가)	

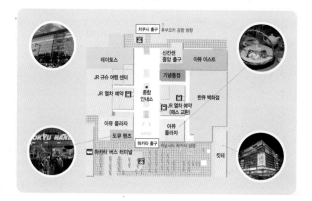

다양한 볼거리가 있는 옥상 정원
츠바메노모리히로바 つばめの杜ひろば

- 📍 JR 하카타 시티 옥상(RF) ⏰ 10:00~21:00
- 츠바메 전차
- ⏰ 월~금요일 11:00~18:00, 토·일요일·공휴일 10:00~18:00 / 매일 14:30~15:30(운휴)
- 💰 200엔(3세 미만 무료)

JR 하카타 시티의 옥상에 마련된 정원으로, 사계절을 테마로 한다. 후쿠오카 시내를 한눈에 내려다볼 수 있는 전망대의 역할을 하는 '천공의 광장'은 수많은 화초로 꾸며져 있고, 아이들을 위한 미니 열차도 운행되고 있다. 한편에 있는 작은 신사는 '열차의 신'을 모시고 있는데, 안전 운행과 정시 운행을 기원하는 '철도 신사'이다.

텐진의 인기 스시점의 분점
야마나카 스시 やま中寿司

- 📍 JR 하카타 시티 9층(시티 다이닝 구우텐)
- ⏰ 11:00~15:00, 17:00~22:00 📞 092-409-6688
- 💰 점심 2,500~3,500엔, 저녁 5,000엔~

후쿠오카에서 인기 있는 스시 전문점 중 하나인 야마나카의 본점은 텐진 남쪽의 지하철 야쿠인 역 근처에 있다. 야쿠인 역까지 직접 찾아가기 애매하다면, 하카타 역에 있는 두 개의 분점 중 한 곳이라도 찾는 것을 추천한다. 그리고 두 곳 중 기왕이면 넓은 창을 통해 풍경도 감상할 수 있는 JR 하카타 시티 9층의 매장을 추천한다. 창작 스시 코스의 경우 점심에는 약 3,000엔 전후이고, 저녁에는 5,000엔 이상의 예산이 필요하다.

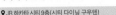

훌륭한 퀄리티의 회전 초밥집
마와루 스시 하카타 우오가시
하카타 이치반가이점
まわる寿司 博多魚がし 博多1番街店

- 📍 福岡市博多区博多駅中央街1-1 · JR 하카타 시티 지하 1층(하카타 이치반가이) ⏰ 10:30~21:45 📞 092-413-5223

매일 아침 어시장에서 구입하는 신선한 제철 해산물을 사용하는 회전 초밥집이다. 약 70여 가지의 스시 재료가 있으며, 해산물이 아닌 메뉴도 있어 해산물을 먹지 못하는 사람들도 부담 없이 방문할 수 있다. 가장 저렴한 접시는 130엔부터이고, 인기 있는 해산물은 220엔~470엔이다. 무엇보다 저렴한 회전 초밥집과는 비교할 수 없는 퀄리티를 자랑한다. 하카타 이치반가이의 매장 외에 하카타 역 마잉구에도 매장이 있다.

일본식 곱창, 호르몬 철판구이 🍴
텐진 호르몬 하카타 이치반가이점
天神 ホルモン 博多1番街店

📍 JR 하카타 시티 지하 1층 (이치반가이)
🕐 10:00~23:00 📞 092-413-5129
🅦 호르몬 정식(ホルモン定食) 1,280엔

곱창, 대창을 구워 먹는 것을 일본에서는 호르몬 구이(ホルモン 焼き, 호르몬 야키)라 부른다. 텐진 호르몬에서는 철판에서 구운 곱창 요리를 맛볼 수 있으며, 다른 곳에 비해 저렴한 가격으로 큰 인기를 얻고 있다. 함께 구워서 나눠 먹는 우리나라와는 달리 정식 메뉴를 1인분씩 주문하기 때문에 혼자 여행을 하더라도 부담 없이 찾아갈 수 있다.

우설구이 전문점 🍴
규탄스미야키 리큐 하카타점
牛たん炭焼 利久 博多駅店

📍 福岡市博多区博多駅中央街1-1 📞 JR 하카타 시티 9층(시티 다이닝 구우텐) 🕐 11:00~23:00 📞 092-413-5335 🅦 규탄 정식(3매 6점 1,782엔, 4매 8점 2,214엔

독특한 식감과 맛을 갖고 있는 우설(牛たん, 규탄) 요리로 유명한 곳이다. 리큐는 센다이 지역에서 시작해 일본 전국에 20여 개의 매장을 운영하고 있는 체인점이다. 우리나라에서 우설은 보통 수육이나 찜으로 먹는데, 이곳에서는 숯불에 구워 나오는 것이 기본이다. 밥과 국, 샐러드가 나오는 규탄 정식 외에도 규탄 소시지, 규탄 카레, 규탄 초밥, 타타키풍 규탄 등의 다양한 메뉴를 갖추고 있다.

일본의 대표적인 라이프 스타일 숍 👀💬
애프터눈 티 리빙
AFTERNOON TEA LIVING

📍 JR 하카타 시티 아뮤 플라자 6층 🕐 10:00~21:00 📞 092-409-6666 🅦 티 790엔, 조각 케이크 700엔, 애프터눈 티 세트 1,630엔, 식사 메뉴 1,200엔~

인테리어 소품, 패브릭 소품, 주방 잡화를 주로 판매하며 예쁜 디자인으로 트랜드를 주도하고 있는 곳이다. 비슷한 콘셉트의 로라 애슐리보다는 모던하고, MUJI보다는 조금 더 화려하다. 매장 한쪽에는 티 룸이 있어 차와 함께 디저트를 즐기기에도 좋다. 디저트와 스콘이 함께 나오는 애프터눈 티 세트는 1,630엔으로 가벼운 식사로도 좋고, 샌드위치, 파스타와 같은 본격적인 식사 메뉴가 있다.

일본의 대표적인 생활용품 전문점
도큐 핸즈 TOKYU HANDS

📍 JR 하카타 시티 아뮤 플라자 1~5층
🕐 10:00~21:00 ☎ 092-481-3109

일본의 대표적인 생활용품 전문점으로, 규슈 지역의 유일한 도큐 핸즈 매장이다. 1~5층까지 여행 · 비즈니스용품, 건강 · 뷰티용품, 주방 · 세탁용품, 욕실 · 인테리어용품, 파티 · 레저용품, 생활 공구, 사무 · 문구용품이 차례대로 각 층에 들어서 있다. 우리나라

여행객들에게 인기 있는 주방용품과 미용용품은 3층에, 문구용품은 5층에 있다.

우체국 건물을 이용한 복합 상업 시설

킷테 KITTE

📷 🛍 🍴 ☕

민영화된 일본의 우체국 '일본 우편(日本郵便)'에서 운영하고 있는 복합 상업 시설로, 2016년 하카타 역 바로 옆에 오픈했다. 참고로 '킷테'는 우표(切手)를 뜻하는 일본어이며, 우체국에서 운영하는 상업 시설의 브랜드명으로 도쿄와 나고야에도 있다. 마루이 백화점을 중심으로 패션 브랜드들이 많이 입점해 있는데, '좋은 휴식이 되는 곳'을 콘셉트로 하는 복합 상업 시설답게 각 층마다 카페가 있다. 또

킷테 KITTE	
11층	결혼식장
9-10층	우마이토(식당가)
8층	병원, 유니클로
1-7층	마루이 백화점
지하 1층	우마이토(식당가)

한 지하 1층과 지상 9~10층에 식당가를 비롯해 하카타 역을 이용하는 사람들에게 편의를 제공하고 있다. JR 하카타 시티에 이어 킷테가 오픈하면서 텐진 지역의 인기 음식점들이 이곳에 지점을 내어 텐진 지역의 백화점과 상점가들이 적지 않은 타격을 입었지만, 여행객의 입장에서는 좋은 일이 아닐 수 없다.

◎ 福岡市博多区博多駅中央街9-1 🚶 하카타 역에서 바로 연결, 도보 1분 ● **우마이토** 9~10층 11:00~23:00, 지하 1층 07:30~24:00 / 마루이 백화점 & 패션 브랜드 10:00~21:00(매장에 따라 다름) ◉ **킷테** kitte-hakata.jp / 마루이 백화점 www.0101.co.jp/090 맵코드 13 320 258*56

보리를 이용한 음식이 가득한 식당
비젠 무기야 나나쿠라 美膳 麦や七蔵 ⑪

- 📍 킷테 9층 우마이토 식당가 ⏰ 11:00~23:00
- 📞 092-260-6336 💰 점심 1,000엔~, 저녁 1,500엔~
- 🌐 www.mugibijin.co.jp/group

슈퍼푸드로 주목받는 보리를 이용한 일식을 판매하는 식당이다. 정식 메뉴는 보리밥에 우설(牛たん, 규탄), 튀김, 사시미 등의 사이드 메뉴를 선택할 수 있다. 보리차를 시작으로 보리밥이나 소바, 튀김이 나오는데 튀김옷에도 튀릿가루를 넣는 등 모든 메뉴에 보리가 들어 있다. 디저트도 볶은 통보리가 들어간 아이스크림을 제공한다. 보리로 만든 소주는 낮이든, 밤이든 1인 500엔이면 무제한으로 마실 수 있는 노미호다이(飲み放題)를 이용할 수 있다.

피에트로 직영 이탈리안 레스토랑
프레미오 피에트로 PREMIO ピエトロ ⑪

- 📍 킷테 10층 우마이토 식당가 ⏰ 11:00~23:00
- 📞 092-477-5811 💰 점심 1,000엔~, 저녁 1,200엔~

샐러드 드레싱, 파스타 소스 등을 제조하는 식품 기업인 피에트로에서 운영하는 이탈리안 레스토랑이다. 본래 레스토랑 영업을 시작으로 성장한 피에트로에서 킷테 오픈과 함께 고급 브랜드로 론칭했지만, 파스타뿐만 아니라 피자도 1,000엔 전후의 합리적인 가격대여서 큰 인기를 얻고 있다. 음식도 맛있지만, 10층 코너에 위치해 있어 스카이라운지의 분위기를 함께 연출해 더욱 좋다.

세련된 카페 & 다이닝
카와라 다이닝 KAWARA CAFE & DINING ⑪

- 📍 킷테 9층 우마이토 식당가 ⏰ 11:00~23:00
- 📞 092-260-6466 💰 음료(1인 1음료 필수) 500엔~, 점심 1,500엔~, 저녁 2,000엔~

도쿄 시부야의 엔터테인먼트 기획사에서 론칭한 식음료 브랜드 중 하나이다. 세련된 도쿄 여성 취향을 저격한 일본풍 창작 요리를 선보이고 있다. 요리 설명을 위해 메뉴의 이름이 긴 것이 특징인데, 다행히 영어도 함께 표기되어 있다. 가장 인기 있는 메뉴는 호주산 앵거스 비프 스테이크와 치킨 허브 빵가루 치즈 구이 반반(AUS産葡萄牛のステーキとチキンの香草パン粉チーズ焼き ハーフ&ハーフ盛り合わせ)이며, 가격은 1,980엔이다. 참고로, 1인 메뉴 혹은 1음료 주문이 필수이다. 상그리아와 진저 에일 등 이곳에서 직접 만든 음료를 추천한다.

100엔으로 즐기는 크레페
파오 크레페 밀크 PAO CREPE MILK

📍 마루이 백화점 1층 ⏰ 10:00~21:00
📞 092-414-1010 ₩ 크레페 메뉴 100엔~

100엔짜리 미니 크레페라는 메뉴로 큰 인기를 얻고 있는 곳이다. 1998년 나가사키의 작은 카페로 오픈한 이후 규슈 지역에서 점차 매장을 늘리고 있으며, 현재는 북규슈 지역에 9개의 매장이 있다. 삼각 김밥처럼 작게 말린 크레페는 기본 메뉴라고 할 수 있는 커스터드 외에 파인애플, 바나나, 맛차, 귤 등을 이용한 다양한 메뉴가 있다. 계절 한정 메뉴도 있고, 한국어 메뉴판도 잘 되어 있다.

후쿠오카의 명물인 굴 요리
워터그릴 키친 WATER GRILL KITCHEN

📍 킷테 9층 우마이토 식당가 ⏰ 11:00~23:00
📞 092-441-8585 ₩ 굴 1피스 500엔~, 점심 1,500엔~, 저녁 2,000엔~

'굴의 미래를 만들고, 음식 문화의 발전에 공헌한다'라는 재미있는 기업 모토를 가진 제너럴 오이스터 그룹에서 운영하는 시푸드 레스토랑이다. 사시미를 주로 판매하는 일본의 시푸드 음식점과는 달리 해양 심층수에서 자란 신선한 굴을 메인으로 하고 있다. 앤쵸비와 마늘을 넣고 구운 굴, 향초와 마늘을 넣고 구운 굴, 치즈를 넣고 구운 굴, 생굴 등 다양한 굴 요리를 맛볼 수 있다. 그 밖에 굴이나 해산물이 들어가지 않은 육류와 파스타 메뉴도 있다.

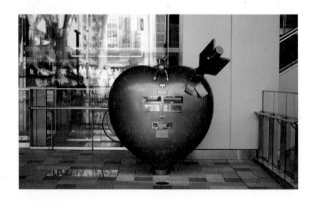

인기 No.1의 미니 크로와상

일 포르노 델 미뇽
IL FORNO DEL MIGNON

후쿠오카에서 가장 맛있는 미니 크로와상을 맛볼 수 있는 곳이다. 하카타 역의 중앙 개찰구 바로 앞에 있다. 개수가 아니라 100g 단위로 금액이 정해지며, 많은 크로와상 중에 플레인(プレーン), 초코(チョコ), 사쓰마 지방의 고구마(さつまいも)가 맛있다.

◎ 하카타 역 중앙 개찰구 앞 ⏰ 07:00~23:00 ☎ 092-412-3364
💰 플레인 164엔, 초코 184엔 (100g당 가격, 약 3~4개) 맵코드
13 320 382*22

100엔 숍의 지존, 다이소

다이소 하카타 버스 터미널점
ダイソー 博多バスターミナル店

800여 평이 넘는 넓은 매장을 자랑하는 이곳은 공항까지 10분, 항구까지 20분 정도면 이동할 수 있다. 여행을 마치고 귀국하기 직전에 남은 동전을 소비하기 좋은 곳이다.

◎ 福岡市博多区博多駅中央街2-1 ♀ 하카타역 하카타출구(博多口)로 나와 오른쪽으로 도보 1분, 교통 센터 5층 ⏰ 10:00~21:00 ☎ 092-475-0100 맵코드 13 320 529*06

40여 년의 긴 역사를 갖고 있는 경양식집

키친 글로리 キッチングローリ

후쿠오카 시내에 얼마 남지 않은 옛날 스타일의 경양식집이다. 40여 년의 긴 시간 동안 부부가 함께 운영해 왔고, 최근에는 아들도 함께 영업하고 있다. 점심은 500엔, 저녁은 800엔 전후의 저렴한 가격이 매력적인 곳이다. 커피와 수프까지 함께 나오는 세트 메뉴도 인기지만, 단품 메뉴를 주문하는 것이 가격 대비 좋다. 20석 규모의 아담하고 약간은 촌스러운 인테리어지만, 중ㆍ장년층에게는 옛 향수를 느끼게 해 준다. 한국어 메뉴판도 잘 갖추고 있다.

◎ 博多区博多駅前4-8-4 ♀ 하카타 역에서 도보 5분(스미요시 신사, 캐널시티 하카타 방향) ⏰ 11:00~21:00 ☎ 092-441-7867 💰 카레 라이스 500엔, 햄버그스테이크 650엔(밥 포함), 햄버그스테이크 세트 1,100엔(수프, 커피 추가) 맵코드 13 290 760*11

스미요시 신사 住吉神社

바다의 신, 항해의 신, 선박 수호의 신으로 숭배되는 스미요시 3신을 모시고 있는 신사이다. 스미요시 신사는 셈나라 일본 어디에서나 쉽게 찾아볼 수 있다. 처음 신사가 지어진 1800여 년 전에는 신사가 바다와 이어져 있었다고 한다. 그 당시 텐진은 바다였다고 하니, 이곳이 모든 스미요시 신사의 시초라는 설이 납득이 된다. 현재의 건물 대부분은 17세기에 고대 건축 양식 그대로 재건되어 일본의 중요 문화재로 지정되어 있다. 스미요시 3신 외에도 재물을 기원하는 에비스 신, 농사를 기원하는 이나리 신사도 한편에 자리 잡고 있다.

◎ 福岡市博多区住吉3丁目1-51 ♀ 하카타 역에서 도보 10분, 캐널시티 하카타에서 도보 8분 ⏱ 24시간 ⓦ 무료 맵코드 13 289 837*16

우오베이 魚べい

후쿠오카의 100엔 초밥집 중에서 가장 찾아가기 좋은 곳으로 하카타 역 바로 앞의 전자 제품 전문점인 요도바시 카메라의 4층 식당가에 있다. 저렴한 가격으로 초밥을 먹을 수 있으며, 원하는 초밥이 나오지 않으면 별도로 주문이 가능하다.

♀ 하카타 역 치쿠시 출구(筑紫口)로 나와서 오른쪽으로 도보 2분, 요도바시 카메라 건물 4층 ⏱ 11:00~23:00 ☎ 092-477-3151 ⓦ 한 접시 100엔~ 맵코드 13 320 237*33

야나기바시 연합 시장 柳橋連合市場

'하카타의 부엌'이라 불리는 재래시장으로 수산물을 중심으로 청과, 야채, 육류 등의 코너도 있다. 후쿠오카 시민들도 이곳에서 쇼핑을 하고, 호텔과 레스토랑에 최고급 식재료를 공급하기도 한다. 활기찬 시장의 모습을 보는 것 외에 시장 곳곳에 있는 해산물 음식점은 여행객들에게도 인기가 많은 곳이다. 공식 영업시간은 오후 6시까지지만 오후 3시 전후로 영업을 마치는 상점들이 많으니, 오전에 방문하도록 하자.

◎ 福岡市中央区春吉1丁目5番1号 ♀ 하카타에서 도보 20분, 캐널시티 하카타에서 도보 10분, 스미요시 신사에서 도보 8분, 지하철 와타나베도리 역에서 도보 3분 ⏱ 08:00~18:00 (일요일과 공휴일은 휴무) / 상점에 따라 15:00 전후로 영업 종료 ☎ 092-761-5717 맵코드 13 289 488*41

일본에 있는 아사히 맥주 공장 중에서 유일하게 한국어 가이드 투어를 진행하고 있는 곳이다. 시내에서도 가까워 많은 여행객들이 찾고 있다. 투어 진행은 100% 예약제로 진행되고, 전화 또는 인터넷을 통해 예약할 수 있다. 아사히 맥주 하카타 공장의 공식 사이트에 들어가면 '한국어 안내 예약 신청하기'라는 한글 메뉴가 있어서 쉽게 예약할 수 있다. 맥주 공장 견학은 전임 안내 담당자가 맥주 생산 과정을 안내하며, 멀티미디어 자료를 이용해 아사히 맥주의 브랜드를 소개한다. 가이드 투어는 총 1시간이고 원료 전시와 제조 공정 견학 등을 40분에 걸쳐서 하며, 마지막 20분은 아사히 맥주를 시음할 수 있다. 총 세 종류의 맥주를 무료로 마실 수 있기 때문에 대부분의 여행객은 공장 견학보다는 공장에서 바로 만든 맥주를 시음하기 위해 이곳을 찾는다.

세 가지 맥주 시음이 무료

◈ 아사히 슈퍼 드라이
아사히 맥주 중에서 가장 기본적인 것으로 1987년 판매되어 30여 년간 꾸준한 인기를 얻고 있다. 부드러운 거품이 만드는 엔젤링이 포인트이다.

◈ 아사히 슈퍼 드라이 블랙
배전기에서 볶은 보리를 이용해 검은 빛을 띠는 흑맥주이다. 아사히 흑맥주를 생맥주로 판매하는 곳이 많지 않으니 꼭 맛보도록 하자.

◈ 아사히 드라이 프리미엄 호죠
풍요를 뜻하는 일본어 '호죠'라는 의미처럼 풍부한 향과 맛이 특징이다. 맥아 양을 늘리고, 파인 아로마를 사용한다.

⊙ 福岡市博多区竹下 3-1-1   ⊙ 하카타 역에서 JR 일반 열차 이용하여(160엔), 다케시타(竹下) 역에서 하차 후 도보 5분   ⊙ 투어 시간 60분 / 단, 한국어 투어(하루 평균 2~3회)는 날짜에 따라 시간 변경이 있음   ⊙ +82-92-431-2701(09:00~17:00)   ⊙ 무료   ⊙ www.asahibeer.co.jp/brewery/hakata   맵코드 13 261 119*10

※ 홈페이지의 투어 예약은 5명까지 가능하다. 인원이 5명 이상일 경우, 5명 단위로 새롭게 예약하거나 전화 예약을 해야 한다.

나카스
中洲

후쿠오카 관광의 중심

교통의 중심인 하카타와 텐진 지역을 가로지르는 나카스강 일대를 흔히 '나카스'라 부른다. 강에 있는 작은 섬 나카스에서는 후쿠오카의 대표적인 복합 상업 시설 캐널시티 하카타와 아케이드 상점가 카와바타도리 등을 함께 볼 수 있으며, 강변과 나카스섬에는 공원이 있어 산책을 즐기며 여유로운 시간을 보낼 수 있다. 저녁이 되면 강변에 후쿠오카의 명물인 포장마차 거리가 조성된다.

캐널시티 하카타 방문에 중점을 둔다면 지하철 기온역, 나카스 강변과 포장마차를 둘러보고 싶다면 지하철 나카스카와바타 역을 이용하는 게 좋다. 하지만 이 지역을 찾을 때는 사실 지하철보다는 도보나 버스를 이용하는 것이 더 편하다.

가는 방법

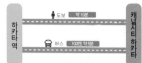

하카타 역 → 도보 약 15분 → 버스 100엔, 약 5분 → 캐널시티 하카타

하카타 역 ···› 캐널시티 하카타

도보

약 15분 정도 소요된다.

버스

약 5분 정도 소요된다. 요금은 100엔이다.

하카타 역 → 지하철 250엔, 약 4분 → 하카타 리버레인

하카타 역 ···› 하카타 리버레인

지하철

지하철로 이동이 가능하며, 약 4분 정도 소요된다.
요금은 250엔이다.

렌터카 여행자를 위한 추천 주차장

파크 스미요시 パーク住吉 (캐널시티 하카타 제휴)
☎ 092-282-2528 ⏰ 30분 100엔(월~금요일), 20분
100엔(토~일요일, 공휴일) 맵코드 13 319 046*11

시영 가와바타 지하 주차장 市営川端地下駐車場 (나카스)
☎ 092-263-1400 ⏰ 30분 150엔 맵코드 13 348
029*30

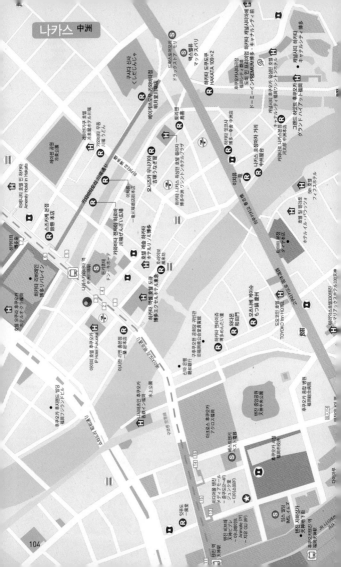

쇼핑과 문화를 한자리에서 즐길 수 있는 곳

캐널시티 하카타 キャナルシティ博多

하카타 역과 텐진의 중간 지점에 있는 후쿠오카를 대표하는 복합 상업 시설이다. Zara, Gap & Baby, Gap, Disney Store 등의 인기 브랜드 상점을 비롯하여 다양한 볼거리와 영화관, 공연 극장, 호텔 등이 모두 한곳에 모여 있다. 1층 중앙에 작은 인공 운하가 흐르고, 정해진 시간마다 분수쇼가 펼쳐진다. 1층 종합 안내소 옆, 스타벅스 위를 장식하고 있는 180대의 TV 스크린은 우리나라의 아티스트 백남준의 작품이다.

◎ 福岡市博多区住吉 1-2 ◎ 하카타 역 하카타 출구에서 직진하여 도보 15분, 텐진에서 도보 10분 ◎ 쇼핑 10:00~21:00, 레스토랑 11:00~23:00 ◎ 092-282-2525 ◎ canalcity.co.jp 맵코드 13 319 347*88

뷰티 전문 드럭 스토어

마츠모토 키요시 코스메틱 & 뷰티
マツモトキヨシ Cosmetics & Beauty

◎ 캐널시티 하카타, 노스 빌딩 1층 ◎ 092-263-5023
◎ 09:00~22:30

일본 최대 규모의 드럭 스토어 체인인 마치모토 키요시에서 2018년에 새롭게 선보인 브랜드로, 뷰티 제품에 특화되어 있는 매장이다. 테스터가 많이 있으며, 여행객이 많이 구입하는 의약품도 갖추고 있다. 계산대에서 바로 면세 처리를 하기 때문에 쇼핑 시간

도 많이 단축할 수 있다. 마츠모토 키요시 일반 드럭 스토어 매장은 캐널시티 지하 1층에 있다.

감탄이 절로 나는 화려한 분수 쇼
운하와 분수 쇼

📍 캐널시티 하카타 1층 중심 ⏰ 10:00~22:00(음악과 함께하는 분수 쇼 매시간 정각, 음악이 없는 분수 쇼 매시간 30분)

영어로 운하를 뜻하는 캐널(Canal)이라는 이름처럼, 시설의 중앙에 운하가 흐르고 있다. 오전 10시부터 밤 10시까지 30분 간격으로 분수 쇼를 볼 수 있는데, 특히 저녁에는 아름다운 조명이 더해져 더욱 환상적인 분위기를 자아낸다. 주말에는 행위 예술을 비롯한 다양한 상설 공연도 열린다.

해리포터 테마 카페
마법 월드 카페(해리포터 카페)
魔法ワールドCAFE

📍 캐널시티 하카타, 센터워크 북측 5층(라멘 스타지움 입구) ⏰ 10:00~21:00 ☎ 092-292-2086 💰 식사 1,200엔~, 음료 800엔

해리포터 테마 카페이다. 카페 입구에는 캐릭터 굿즈를 판매하고 있으며, 메뉴에도 해리포터 캐릭터를 이용하고 있다. 음료 주문 시 해당 음료의 스티커를 준다. 가격에 비해 훌륭한 음식이라고는 할 수 없지만, 해리포터 마니아라면 방문해 볼 만하다.

맛없는 라멘은 가라, 라멘의 전당
라멘 스타지움 ラーメンスタジアム

📍 시네마 빌딩(シネマビル) 5층(라멘 스타지움 2) 💰 600엔~

맛없는 라멘집은 퇴출당하는 라멘의 전당 어뮤즈먼트 빌딩 5층에는, 일본 전 지역의 유명 라멘집 8곳이 한곳에 모여 있다. 매장마다 된장, 간장, 소금, 돼지뼈 소스 등 다양한 라멘을 판매하고 있다. 점포마다 앞에 있는 자판기에서 티켓을 구입하고, 매장으로 들어가서 티켓을 제시하면 된다.

의류 브랜드에서 운영하는 카페
카페 무지 CAFE MUJI

📍 시어터 빌딩 3층 ⏰ 10:00~21:00

브랜드는 없고 품질은 좋다는 뜻을 가지고 있는 '무인양품(無印良品, 무지루시료힌)'은 의류와 인테리어 소품 등 다양한 생활 잡화를 판매하는 곳으로, 여행객들이 자주 찾는 쇼핑 장소이다. 무인양품에서 직접 운영하고 있는 카페는 시어터 빌딩(시아터빌딩) 3~4층에 위치한 무인양품 캐널시티점의 입구에 있어 쇼핑을 즐기는 도중 잠시 휴식을 취하기 좋다.

맨손을 먹는 칠리 크랩
댄싱 크랩 후쿠오카 DANCING CRAB 福岡

📍 캐널시티 하카타, 그랜드 하얏트 지하 1층 🕐 11:00~
23:00 🍴 런치 2,500엔~, 디너 3,500엔

미국 루이지애나 스타일의 시푸드 레스토랑으로 칠
리 크랩과 랍스터 등을 맛볼 수 있다. 식사 중 공연을
하는 것으로도 유명하며, 포크와 나이프는 제공되지
않기 때문에 모든 음식을 손으로 먹어야 하는 것도 흥
미롭다. 레스토랑 중앙에는 청소기로 잘 알려진 다이
슨의 강력한 바람을 느낄 수 있는 세면대가 있다. 후
쿠오카 외에도 도쿄와 오사카에도 지점이 있다.

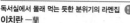

독서실에서 몰래 먹는 듯한 분위기의 라멘집 ⑪
이치란 一蘭

📞 092-263-2201 🍴 1,000엔~

푹 고아낸 돼지 뼈에 고추를 기본으로 30여 종의 재
료로 만든 비밀 소스를 더한 이치란의 라멘은 관광객
은 물론 일본인들에게도 인기가 높다. 도쿄, 오사카,
나고야는 물론 방콕 등의 외국에도 체인점이 있다.
혼자 음식을 먹는 일이 많은 일본인들의 스타일에 맞
게 독서실 같은 칸막이가 있는 것이 특징이다. 둘이
갈 경우 칸막이를 내릴 수도 있다. 자판기에서 메뉴
를 고르고 테이블에 들어가서 주문서에 기름기의 정
도, 마늘, 차슈(돼지고기)의 양을 선택하면 된다. 한
국어 주문서도 준비되어 있다.

캐널시티 하카타점 キャナルシティ 博多店

📍 캐널시티하카타시어터빌딩(シアタービル) 지하 1층
🕐 10:00~24:00

하카타 역 선프라자 지하상가점
博多駅 サンプラザ 地下街店

📍 하카타 역 하카타 출구 앞 후쿠오카 은행 지하 2층
식당가 🕐 10:00~22:00

텐진점 天神店

📍 아크로스 후쿠오카, 베스트 덴키 뒤편, 지하철 텐진
역[텐진 지하상가 동 E6 출구]에서 도보 3분 🕐 24시간

나카스가와바타 역점 中洲川端駅上店

📍 지하철 나카스가와바타 역 2번 출구에서 텐진 방
향 30m 🕐 24시간

닭고기 요리가 메인인 일본식 음식점 ℍ
우마야 うまや

📍 캐널시티 하카타 센터워크 북쪽 4층 🕐 11:00~23:00
📞 092-263-2340 🍴 닭고기 히츠마부시(鶏のひつまぶし) 1,371엔, 모츠나베 정식(もつ鍋定食) 1,482엔, 계란덮밥 575엔

후쿠오카현 서부의 시골 마을에서 유기농 사료를 먹고 자란 닭을 주제로 하는 음식점이다. 저녁 시간의 주메뉴는 닭꼬치(焼き鳥, 야키토리)이며, 낮에는 여러 종류의 일식을 판매하고 있다. 푸짐한 식사에 비해 저렴한 점심시간에 방문하는 것을 추천하며, 추천 메뉴는 닭고기 히츠마부시이다. 덮밥의 일종인 히츠마부시는 그냥 먹기도 하고, 차를 부어 오차즈케로 먹기도 한다.

해산물 덮밥 전문점 ℍ
돈마이 どん舞

📍 캐널시티 하카타 노스 빌딩 지하 1층 🕐 11:00~23:00(월~금요일), 10:00~23:00(토~일요일, 공휴일) 📞 092-263-2302 🍴 성게 덮밥(うに丼, 우니동) 1,470엔, 해산물 덮밥(海鮮大漁丼, 카이센동) 1,680엔

우리나라와 규슈 사이의 바다, 대한해협에서 잡히는 해산물을 이용하는 음식점으로 식재료가 신선하다. 또한 합리적인 가격으로 진심을 다해 서비스하는 곳이다. 성게 덮밥과 해산물 덮밥 등을 메인으로 하며, 해산물을 먹지 못하는 손님들을 위해 돈가스와 새우튀김 등의 메뉴도 잘 갖추고 있다. 입구에 음식의 모형과 함께 영어 메뉴판이 있어 음식 주문이 어렵지 않다.

핀란드 국민 캐릭터 무민을 테마로 한 카페 ◎
무민 베이커리 & 카페
MOOMIN BAKERY & CAFE

📍 캐널시티 하카타 센터워크 남쪽 지하 1층 🕐 10:00~22:00 📞 092-263-6355 🍴 무민 와플 760엔, 무민 오므라이스 1,050엔

핀란드의 국민 캐릭터 무민을 테마로 하는 캐릭터 숍겸 카페이다. 무민과 관련된 귀여운 캐릭터 상품 코너는 물론, 음료와 가벼운 식사를 판매하는 카페가 있다. 커다란 무민 인형과 함께 앉아 캐릭터가 그려진 음료와 식사를 할 수 있어서 특히 아이들이 좋아한다. 성인 남자들을 위해 핀란드의 맥주 라핀 쿨타(Lapin Kulta)도 판매하고 있다.

명란젓이 무제한 제공되는 튀김 전문점
텐진 덴푸라 다카오 博多天ぷら たかお Ⓗ

Ⓦ 튀김 정식(天ぷら定食) 980엔, 새우튀김 정식(海老天定食) 1,200엔

튀김 요리 전문점으로 후쿠오카의 명물인 가라시멘타이코(매운 명란젓)를 만드는 '히로쇼'에서 운영한다. 엄선한 재료로 눈앞에서 하나하나 튀겨 낸 음식을 맛볼 수 있으며, 명란젓과 야채 절임이 무제한으로 제공된다. 튀김을 찍어 먹는 소금과 간장에도 정성을 들이고 있는데, 소금은 프랑스산을, 간장은 후쿠오카의 오래된 간장 양조장의 제품을 사용하고 있다. 캐널시티 외에 텐진의 파르코에도 매장이 있다.

캐널시티 하카타점
♥ 캐널시티 하카타 4층 **ⓒ** 11:00~23:00 **☎** 092-263-1230

텐진 후쿠오카 파르코점
◐ 福岡市中央区 天神2-11-1 **♥** 파르코 지하 1층
ⓒ 11:00~23:00 **☎** 092-235-7377

맥스밸류 하카타 기온점 マックスバリュ 博多祇園店 🔒

일본의 대형 슈퍼마켓 체인점 '다이에'에서 운영하는 슈퍼마켓이다. 1층은 화장품 등의 미용용품과 약을 판매하는 쿠스리야로 영업하고 있으며, 24시간 영업하는 슈퍼마켓은 지하 1층에 있다. 여행객들이 즐겨 찾는 쇼핑몰인 캐널시티 하카타와도 가까우며, 공항으로 가는 지하철 기온 역에서 도보로 5분 거리에 있어서 공항으로 가기 직전에 일본에서만 구입할 수 있는 간식을 사기에 좋다.

◐ 福岡市博多区祇園町 7-20 **♥** 지하철 기온 역에서 도보 약 5분, 캐널시티 하카타에서 도보 약 3분 **ⓒ** 슈퍼마켓(지하 1층) 24시간, 약국(1층) 10:00~22:00 **☎** 092-263-4741 **맵코드** 13 319 588*75

카와바타도리 川端通り

구시다 신사 옆에서 리버레인까지 연결되는 아케이드이다. 한때는 후쿠오카 최대의 상점가였지만, 하카타역의 이전과 텐진 상점가의 확대로 인하여 쇠락의 길을 걷게 되었다. 하지만 캐널시티 하카타에서 육교 통로와 에스컬레이터로 연결이 되어 있기 때문에 캐널시티 하카타와 하카타 리버레인을 연결하는 역할로 다시금 활기를 찾고 있다.

○ 福岡市博多区上川端町 6 - 1 3 5
♀ 구시다 신사 바로 옆, 리버레인 건너편 ☎ 092-281-6223 맵코드 13 319 701*13 / 13 319 816*25 (주차장)

후쿠오카의 명물, 일본식 단팥죽 ⑪
카와바타 젠자이 히로바 川端ぜんざい広場

♀ 카와바타도리의 중간 지점 ○ 11:00~18:00 ☎ 092-281-6223 ⑩ 젠자이(ぜんざい) 450엔

카와바타도리의 중간 지점에 있는 곳으로, 기온야마가사 축제 때 사용되는 거대한 가마가 설치되어 있기에 쉽게 지나칠 수 없는 곳이다. '젠자이'는 우리나라 동짓날에 먹는 팥죽과 비슷하며, 단맛이 매우 강한 팥죽에 하얀 떡이 들어간 것이다. 젠자이는 하카타 돈코츠 라멘, 가라시멘타이코(매운 명란젓)와 함께 후쿠오카를 대표하는 음식이다.

기념품으로 좋은 일본 과자의 지존 ○
메이게쓰도우 카와바타점 明月堂 川端店

♀ 구시다 신사에서 카와바타도리로 들어간 후 도보 1분 ○ 09:30~20:00 ☎ 092-281-1058 ⑩ 하카타토리몬 5개 420엔, 12개 1,050엔

세계적인 권위를 갖고 있는 식품 평가회인 몬도 셀렉션(Monde Selection)에서 2001~2008년까지 8회 연속 과자 부분 금상을 차지한 '하카타토리몬(博多通りもん)'은 일본 과자의 정점이라 할 수 있다. 하얀 앙금에 버터와 생크림을 이용해 구운 만주인 하카타토리몬은 여행 기념품 및 선물용으로 최고의 인기를 얻고 있다. 이곳에서는 간단히 맛을 보고, 선물용은 후쿠오카 공항의 면세점에서 구입하는 것이 저렴하면서 편하다.

방울 모양 모나카로 유명한 화과자점

스즈카케 본점 鈴懸 本店

일본에서 화과자의 1인자라 불리던 나카오카사부로(中岡三郎)가 1923년에 창업한 화과자 전문점이다. 계절에 따라 다른 메뉴를 선보이지만, 연중 어느 때나 구입할 수 있는 이곳의 명물은 바로 방울 모양의 '스즈노모나카(鈴乃最中)'이다. 아시아 미술관 건너편에 있는 본점 외에도 화과자를 구입할 수 있는 곳은 많지만, 카페 겸 레스토랑을 운영하는 곳은 이곳뿐이다. 이곳은 화과자를 기본으로 하는 디저트와 일본식 정식이 나오는 런치 모두 만족스럽다. 디저트 메뉴 중 가장 인기 있는 파르페는 곁들여 나오는 방울 모양의 모나카에 아이스크림을 담아 먹을 수 있는데, 이것도 별미다.

ⓐ 福岡市博多区上川端町12-20 　ⓠ 지하철 나카스카와바타 역 5번 출구에서 바로 　ⓣ 화과자점 09:00~20:00, 카페 11:00~20:00 　ⓟ 092-291-0050 　ⓦ 방울 모나카(鈴乃最中) 108엔, 파르페(パフェ) 970엔, 런치 메뉴 1,300엔 　ⓜ 맵코드 13 319 872*47

역사적 아픔이 남겨진 곳, 이곳에서는 소원을 빌지 말자

구시다 신사 櫛田神社

후쿠오카 시내에 있는 신사로, 하카타에서 가장 큰 축제인 기온야마가사(博多祇園山笠)가 행해지는 곳이다. 현지인들에게는 친숙한 곳이지만, 우리나라 사람들에게는 마음 아픈 곳이다. 1895년 명성황후 시해 사건 때 일본인 낭인에 의해 사용된 칼이 이곳에 비공개로 보관되어 있기 때문이다. 이 사건을 주도한 낭인 도우 가쓰아키가 13년간 고통과 후회의 시간을 보내다가 관음상과 함께 칼을 이곳 신사에 바쳤다고 한다. 신사 옆의 하카타 역사관에서는 마쓰리에 관련된 자료와 기온야마가사 중 설치된 대형 장식물을 전시하고 있다.

ⓐ 福岡市博多区上川端町 1 　ⓠ 하카타 역에서 도보 15분, 캐널시티 하카타에서 도보 5분, 지하철 기온 역에서 도보 5분 　ⓟ 092-291-2951 　ⓦ 300엔 　ⓜ 맵코드 13 319 706*66

하카타 리버레인 博多リバレイン

📷 🛍 🍴 ☕

캐널시티 하카타와 비슷한 복합 상업 시설로 오쿠라 호텔 빌딩, 하카타좌 빌딩, 쇼핑몰, 미술관, 식당가가 있는 센터 빌딩으로 이루어져 있다. 캐널시티 하카타가 여행 중 가벼운 마음으로 찾아갈 수 있는 편안함이 있는 곳인 반면, 이곳은 약간 꾸미고 가는 것이 좋은 고급스러운 분위기의 쇼핑몰이다.

📍 福岡市博多区下川端町3-1 📍 지하철 나카스카와바타 역 6번 출구에서 바로, 하카타에서 도보 20분 또는 지하철 4분, 텐진에서 도보 10분 🕐 10:00~20:00(수요일 휴관) 📞 092-271-5050 🌐 riverrain.co.jp 맵코드 13 348 029*03

아시아 예술의 중심지 📷
후쿠오카 아시아 미술관
福岡アジア美術館

📍 센터 빌딩 7~8층 🕐 10:00~19:30 / 수요일 휴관
📞 092-263-1100 💰 무료 (기획전은 100~300엔 내외)

아시아의 근현대 미술 작품을 전시하고 있는 세계 유일의 미술관으로, 약 2,000여 점이 넘는 작품이 상설 전시되고 있으며 다양한 종류의 기획전이 열리고 있다. 시내 중심에 있는 무료 미술관으로 아트리움 가든과 함께 시민들의 휴식처로 활용된다.

분위기 있는 곳에서 커피 즐기기 ☕
아트리움 가든 アトリウムガーデン

📍 센터 빌딩 5층 🕐 11:00~20:00

하카타 리버레인에서 반드시 들러야 하는 곳으로, 쇼핑으로 지친 몸을 달래기 위한 실내 정원이다. 유리로 된 높은 천장을 통해 자연광이 들어와 정원이 보다 아늑하고 넓게 보인다. 정원 한쪽에는 분위기 좋은 카페와 레스토랑이 있어 식사를 겸한 휴식을 취하기에도 좋다.

모츠나베와 바사시 전문 음식점

하카타 토쿠토쿠 HAKATA 109×2(トクトク) 🍽

하카타의 명물인 일본식 곱창전골인 모츠나베와 구마모토의 명물인 말고기회, 바사시 전문점이다. 후쿠오카와 교토에서 엄선된 된장을 섞은 레시피, 일본에서는 쉽게 볼 수 없는 돌솥 냄비를 이용한 모츠나베를 선보인다. 최근 신메뉴로 매운 국물의 모츠나베를 선보였는데 맵기를 15단계로 선택할 수 있어, 우리나라 여행객들에게 큰 인기를 끌고 있다. 돌솥 냄비이기 때문에 모츠나베를 다 먹은 후 죽 또는 리소토를 만들어 먹기도 좋다.

◎ 福岡県福岡市博多区住吉 1-6-6
2F │ 🚶 캐널시티 하카타에서 도보 2분
⏰ 17:30~01:00 📞 092-272-2109
맵코드 13 319 494*44

밤이 되면 화려해지는 나카스 강변

나카스 포장마차 거리 中洲屋台 📷

텐진에서 캐널시티 하카타에 이르는 지역을 일컬으며, 해가 지면서 활기를 띠기 시작하는 후쿠오카 최대의 유흥가이다. 이자카야, 가라오케, 클럽 등 수많은 유흥업소가 있으며, 해가 진 후 강변을 차지하는 포장마차 '야타이(屋台)'는 빼놓을 수 없는 후쿠오카의 상징이다. 언제 가도 좋은 분위기를 연출하기 때문에 저녁 시간을 보내기에 좋은 곳이다. 특히 벚꽃이 피는 봄과 시원한 강바람을 즐길 수 있는 여름에는, 지나갈 틈이 없을 정도로 많은 사람들로 붐빈다. 식사로는 라멘이 인기가 있고, 간단하게 맥주를 즐기며 먹는 꼬치도 일품이다. 긴 줄을 기다려야만 맛볼 수 있는 이치류 라멘이 가장 인기가 많으며, 우리나라 사람들의 입맛에도 잘 맞는 편이다.

♀ 텐진, 캐널시티 하카타, 하카타 리버레인에서 도보 약 10분 맵코드 13 319 398*03

토리젠 鳥善 🍴

'미즈타키(水炊き)'란 후쿠오카 지방에서 탄생한 나베(냄비) 요리를 말한다. 삼계탕처럼 진하게 우려낸 닭 육수에 양념과 야채를 넣어 먼저 국물을 마신 후 익힌 닭고기와 야채를 먹는 음식이다. 일본식 '삼계탕' 혹은 '닭고기 샤브샤브'라고 생각하면 된다. 1996년에 프랑스 대통령 자크 시라크도 미즈타키를 맛보기 위해 이곳을 다녀갔다. 일본은 '재료'의 차이 때문에 작은 회전 초밥집에서도 평균 이상의 초밥을 즐길 수 있는 것과 같이, 미즈타키 역시 오랜 기간 쌓아온 노하우를 통해 키워낸 신선한 닭고기와 양질의 야채로 '특별하지 않지만 뛰어난 요리'를 선보이고 있다.

◎ 福岡市博多区中津2-8-2 ◎ 캐널시티 하카타에서 도보 약 5분 ◎ 092-282-0033 ◎ 17:30~01:00 ◎ 미즈타키(水炊き) 코스 1인 4,000엔~, 닭고기 사시미(鳥刺3種盛) 900엔 ◎ www.torizen.net 맵코드 13 319 581*33

요시즈카 우나기야
吉塚うなぎ屋 🍴

150년에 이르는 긴 역사를 자랑하는 후쿠오카의 대표적인 장어 덮밥 전문점이다. 창업 당시부터 이어 내려온 타레 소스가 인기 비결이고, 따로 판매하기도 한다. 장어 덮밥인 우나기동(うなぎ丼)이나 밥과 장어구이가 따로 나오는 우나쥬(うな重)를 주문하면 함께 나오는 장어의 내장으로 끓인 맑은 국물 '키모스이(きも吸い)'도 이곳의 명물이다. 인테리어가 일본의 전통을 느낄 수 있는 소품들로 가득하고 기모노를 입은 직원들이 음식을 서빙해 고풍스러운 분위기를 느낄 수 있다. 또한 나카스 강변에 위치해 강을 바라보며 식사할 수 있다. 신용 카드를 사용할 수 없어 조금 불편하지만, 한국인 여행객에게 편리한 한국어 메뉴판도 있다.

◎ 福岡市博多区中洲2-8-27 ◎ 캐널시티 하카타에서 도보 약 5분 ◎ 11:00~20:30(수요일, 연말연시 휴무) ◎ 092-271-0700 ◎ 우나기동 1,598엔, 우나쥬 2,581엔 맵코드 13 319 640*06

후쿠오카를 대표하는 프렌치 레스토랑

와다몬 和田門 🍴

1971년 창업한 후쿠오카의 대표적인 프렌치 레스토랑이다. 와다몬은 창업자 부부가 프랑스 곳곳을 여행하며 일본인들의 입맛에 맞는 레시피를 연구해 만든 일본풍 프랑스 요리를 선보이고 있다. 우리나라 스타 블로거가 인정한 후쿠오카의 인기 맛집으로, 점심에는 1,500~2,000엔대의 예산으로 식사할 수 있다. 하지만 저녁 시간 최소 예산은 7,000엔이다. 그나마도 예약하지 않으면 기다려야 한다. 프랑스 요리 특성상 웨이팅 시간은 길어질 수밖에 없으니, 방문 전에 반드시 예약하도록 하자.

◎ 福岡市中央区西中洲5-15 ♀ 지하철 텐진 역에서 도보 7분, 캐널시티 하카타에서 도보 10분 ◎ 점심 11:30~14:00, 저녁 17:30~21:30 ◎ 092-761-2000 ◎ 점심 1,500엔~, 저녁 7,000엔~ 맵코드 13 318 474*73

고급스러운 분위기의 모츠나베 전문점

모츠나베 케이슈 니시나카스점
もつ鍋 慶州 西中洲店 🍴

한국 출장이 잦은 일본 호텔 매니저들이 우리나라 사람들의 입맛에 잘 맞는다며 추천하는 모츠나베(곱창전골) 전문점이다. 후쿠오카 일대에서 모츠나베와 야키니쿠(불고기) 음식점을 운영하는 케이슈

그룹의 음식점이다. 일본 특유의 차분한 분위기에 인테리어와 개별실이 잘 갖추어져 있고, 고급 사케와 와인 리스트가 있어 접대나 데이트 장소로 인기가 많다. 규슈산 검은 소의 모츠(곱창)를 이용하며, 주문할 때 스프의 베이스를 소금(塩味), 간장(醬油), 미소(味噌) 중에서 선택할 수 있다. 모츠나베 메뉴는 2인분부터 주문할 수 있다.

◎ 福岡市中央区西中洲2-17 ♀ 지하철 나카스카와바타 역에서 도보 5분, 캐널시티 하카타에서 도보 7분 ◎ 17:00~01:00 ◎ 092-739-8245 ◎ 모츠나베 1인분 1,500엔 (2인 이상 주문 가능) 맵코드 13 318 445*88

텐진
天神

후쿠오카 쇼핑, 맛집의 중심

백화점과 쇼핑몰이 모여 있는 규슈 최대의 번화가이다. 하카타 역과 마찬가지로 후쿠오카 공항에서 가까워 건물의 고도 제한 때문에 쇼핑몰들이 높지 않고 길게 이어져 있으며, 지하상가도 발달해 있다. 행정 구역상 텐진은 지하철 텐진 역을 중심으로 하는 일대지만, 남쪽의 이마이즈미와 야쿠인, 서쪽의 다이묘 지역까지 모두 텐진 지역으로 볼 수 있다. 학문의 신을 모시고 있는 다자이후 텐만구과 일본의 베니스라 불리는 야나가와로 가는 니시테쓰 열차의 출발역이 텐진의 중심에 있는 니시테쓰 후쿠오카(西鉄福岡) 역이다.

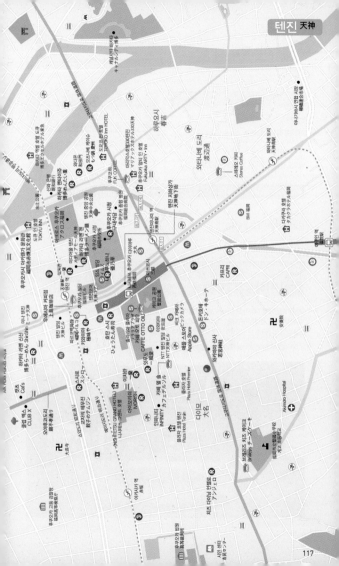

가는 방법

하카타 역 ┅ 텐진

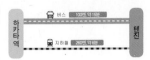

🚌 **버스**

약 15분 정도 소요되며, 요금은 100엔이다.

🚇 **지하철**

약 6분 정도 소요되며, 요금은 250엔이다.

캐널시티 하카타 ┅ 텐진

🚶 **도보**

도보로 약 10분 정도 소요된다.

렌터카 여행자를 위한 추천 주차장

제트 파킹 24 텐진 Jet Parking 24 天神
📍 福岡市中央区天神3-7-3 📞 092-732-7447
🕐 30분 100엔(07:00~20:00), 1시간 100엔
(20:00~07:00) 맵코드 13 317 773*52

텐진 지하상가 天神地下街

텐진 지하상가로 내려가 보면, 눈에 보였던 것이 전부가 아니라는 것을 알게 된다. 텐진 중심부의 지하에 있는 지하상가는 그 길이가 590m로, 대리석 바닥과 조명 그리고 다양한 조형물과 잔잔하게 흐르는 음악까지 마치 고급 백화점에 와 있는 듯한 착각을 불러일으킨다. 패션, 잡화, 카페 등 약 150점포 이상의 매장이 있다.

📍 니시테쓰 후쿠오카, 지하철 텐진 역 등 텐진 지역 20여 개의 건물과 연결 🕐 10:00~20:00 맵코드 13 318 336*33

명품 초콜릿의 대명사
고디바 GODIVA

♥ 동11번가(東11番街) **ⓒ** 10:00~21:00
ⓦ 선물용 초콜릿 1,575엔~, 아이스크림 420엔~, 초코 리키사 630엔~

벨기에 전통의 품격이 있는 맛을 이어가는 프리미엄 초콜릿 매장이다. 초콜릿(ショコラ, Chocolate)과 영약(エリクシール, Elixir)에서 이름 붙여진 초코 키사(ショコリキサー)는 과일과 초콜릿을 재료로 하는 아이스 음료로, 쇼핑으로 지친 피로를 풀어 주는 데 부족함이 없다. 선물로 가져가기 좋은 초콜릿과 쿠키의 종류도 다양하다.

파스타, 샐러드 테이크아웃 전문점
피에트로 미오미오 ピエトロ MIOMIO

♥ 서 2번가(西2番街) **ⓒ** 10:00~21:00 **ⓦ** 파스타/샐러드 330~390엔, 음료/사이드 메뉴 230엔~, 세트 메뉴 520엔~

드레싱으로 잘 알려진 회사 피에트로에서 론칭한 파스타 패스트푸드 전문점으로 샐러드, 파스타 등 모든 메뉴가 테이크아웃이 가능하다. 투명한 컵에 커피가 아닌 파스타와 샐러드가 담겨 나오는 것이 눈에 띈다. 패스트푸드와 같이 저렴한 가격이지만, 칼로리 함량이 낮아 여성들이 많이 찾는다.

소녀 감성의 인테리어 소품
살뤼 SALUT

♥ 1번가(1番街) 북측 광장 1블록 전 **ⓒ** 10:00~20:00

프랑스에서 친구 사이에 간단히 나누는 인사말인 '살뤼'는 아기자기한 소품으로 가득한 곳이다. 세금 5%를 포함해 1,050엔 숍이라고 할 수 있는데, 525엔과 315엔의 제품들도 있다. 인테리어 소품과 주방용품에 관심이 있는 여성들에게 인기가 많다. 105엔 숍인 내추럴 키친의 바로 앞에 있어 함께 둘러보기 좋다.

느낌 있는 주방용품이 모두 105엔!
내추럴 키친 NATURAL KITCHEN

♥ 1번가(1番街) 북측 광장 앞 **ⓒ** 10:00~20:00

아기자기한 주방용품을 전문으로 판매하는 곳으로, 특히 여성 관광객에게 인기가 좋다. 주방용품뿐만 아니라 아기자기한 인테리어 소품, 샴푸 등의 용기, 입욕제 등의 욕실용품과 다양한 생활 잡화가 대부분 105엔이라는 저렴한 가격도 인기의 비결이다.

아크로스 후쿠오카 アクロス福岡

국제 문화 교류의 거점이자 후쿠오카의 랜드마크로 탄생한 이 곳은 국제 회의장, 후쿠오카 심포니홀, 다양한 이벤트홀 등의 정부 시설과 오피스, 상점, 레스토랑 등의 민간 시설이 함께 있 는 복합 문화 시설이다. 이곳이 무엇보다 인기 있는 이유는 남 쪽의 텐진 중앙 공원에서 보면 건물이 아니라 공원과 이어지 는 작은 언덕 또는 산처럼 보이는 독특한 외관 때문이다. 스텝 가든이라 불리는 이곳은 계단형으로 되어 있으며, 수만 그루 의 나무가 심어져 있다. 계단을 따라 오르면 후쿠오카 시내가 한눈에 내려다보이는 전망대가 있다.

◎ 福岡市中央区天神1-1-1　♀ 지하철 텐진 역 16번 출구에서 연결, 캐널시티 하카타에서 도보 10~15분　ⓒ 10:00~18:00　ⓦ www.acros.or.jp　맵코드 13 318 527*88

후쿠오카시 아카렌가 문화관 福岡市赤煉瓦文化館

서울 명동에 있는 한국은행 건물을 비롯해 20세기 초반 일 본 건축을 대표하는 건축가 '다쓰노 긴고'가 설계한 건물로 1909년 준공되었다. 붉은 벽돌 건물을 의미하는 '아카렌가' 라는 이름에서 알 수 있듯이 붉은색 벽돌을 기본으로 하고 있 지만, 하얀색 화강암이 포인트를 주고 있으며 첨탑과 돔 등 다양한 양식을 갖추고 있는 것이 특징이다. 2002년부터 문 화재를 알리는 역할을 하는 후쿠오카시 문학관으로 이용되 기 시작했다.

◎ 福岡市中央区天神1-15-30　♀ 지하철 텐진 역에서 도보 5분　ⓒ 09:00~21:00(월요일 휴관)　☎ 092-722-4666　ⓦ 무료　맵코드 13 318 705*88

원조 하카타 멘타이쥬 博多めんたい重

명란젓 덮밥의 원조로 알려진 곳으로 아침부터 늦은 밤까지 영업하기 때문에 아침 식사나 야식을 위해 찾기도 좋다. 1층 프런트에서 매운 단계가 적혀 있는 나무 표찰을 받고 자리를 안내받으면 된다. 주문은 나무 표찰과 함께 메뉴를 선택하면 된다. 특제 소스를 이용한 츠케멘도 인기 메뉴이며, 명란젓 덮밥과 세트 메뉴로도 있다.

◎福岡県福岡市中央区西中洲6-15　♀ 텐진 역 16번 출구에서 도 보 5분(아크로스 후쿠오카와 후쿠오카 공회당 중간)　☎ 092-725-7220　ⓒ 07:00~22:30　ⓦ 멘타이쥬 1,680엔, 츠케멘 + 멘 타이쥬 세트 2,880엔　맵코드 13 318 503*82

일본 공무원들의 점심 식사

후쿠오카 시청 구내식당 福岡市役所 🍴

시청의 구내식당은 공무원이 아니어도 누구나 이용할 수 있다. 구내식당은 돈가스, 스테이크, 샌드위치를 판매하고 있는 '카페 레스토랑(Cafe Restaurant)'과 튀김, 우동, 소바 등의 일본식 메뉴를 판매하는 '쇼쿠도(食堂)'로 구분되어 있다. 시청 건물의 최상층에 있어 나무로 뒤덮인 바로 옆 건물 아크로스 후쿠오카와 텐진 중앙 공원이 보이는 풍경도 좋다.

◎ 福岡市中央区天神1-8-1 ♀ 아크로스 후쿠오카 옆, 후쿠오카 시청사 15층 ⊙ 평일 08:15~18:30 ⑪ 500~800엔 맵코드 13 318 374*03

우리나라보다 빨리 출시되는 일본 애플

애플 스토어
APPLE STORE 🛍

텐진 니시도리의 시작을 알리는 애플 스토어는 여행객들에게 좋은 이정표의 역할을 하고 있다. 눈에 띄는 외관에 비해 실내는 특별함이 없어 보이지만, 애플 공식 매장에서만 볼 수 있는 지니어스 바(Genius Bar)가 있다. 애플의 판매 가격 정책 때문에 환율 변동에 빠르게 대응하지 못하는데, 환율이 급격히 내려가면 국내에서 구입하는 것보다 20% 이상 저렴하게 구매할 수 있다. 아이팟, 맥북 등은 인터내셔널 워런티로 일본에서 구입을 해도 A/S가 된다. 일본에서 구입한 아이폰은 사진 촬영 시 소리가 나지 않게 설정할 수 있다.

◎ 福岡市中央区天神2-3-24 ♀ 텐진 버스 센터, 텐진 역에서 도보 약 5분 ⊙ 10:00~21:00 맵코드 13 317 029*77

2017년 11월에 오픈한 대형 돈키호테 매장

돈키호테 텐진점
ドン・キホーテ 天神店 🛍

돈키호테는 일본 주요 도시에 점포를 가진 대형 할인점으로, 100엔 숍보다는 양질의 제품을 판매하고 있다. 과자, 음료수, 식료품, 약, 의류에 이르기까지 다양한 제품을 판매하며, 정리하지 않은 듯 조금 정신없는 상품 진열과 큼지막한 가격표시가 인상적이다. 2017년 11월 오픈한 텐진점은 기존의 나카스 매장에 비해 규모가 크고, 취급하는 상품도 다양하다.

◎ 福岡市中央区今泉 1-20-17 ♀ 지하철 텐진 역에서 도보 5분(애플 스토어 건너편) ⊙ 24시간 ☎ 092-737-6011 맵코드 13 288 871*63

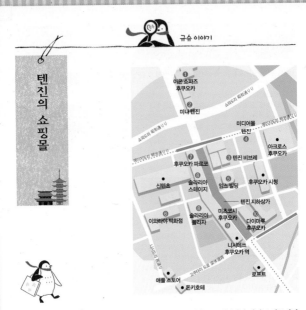

텐진의 쇼핑몰

① 이온 쇼파즈 후쿠오카
미나텐진
미디어몰 텐진
④ 텐진 비브레
아크로스 후쿠오카
⑦ 후쿠오카 파르코
솔라리아 스테이지
신텐초
⑤ 임스 빌딩
후쿠오카 시청
텐진 지하상가
⑥ 이와타야 백화점
솔라리아 플라자
미츠코시 후쿠오카
다이마루 후쿠오카
니시테쓰 후쿠오카역
애플 스토어
돈키호테
로프트

후쿠오카의 주요 쇼핑몰이 모여 있는 텐진은 지하상가를 시작으로 백화점과 여러 쇼핑몰에서 쇼핑을 즐길 수 있다. 쇼핑몰마다 식당가도 갖추고 있어, 쇼핑을 하지 않는 여행객들도 방문할 이유가 있는 곳이다.

❶ 이온 쇼파즈 후쿠오카 イオンショッパーズ福岡

대형 마트 체인인 이온의 도심형 매장. 슈퍼마켓(지하 1층), 생활용품(1층), 다이소(7층) 등이 입점해 있다.

🕐 슈퍼마켓 & 생활용품 08:00~24:00 / 다이소 09:00~21:00
📞 092-721-5411
🌐 aeonkyushu.com

❷ 미나 텐진 Mina 天神

규슈에서 가장 큰 규모의 유니클로(5~6층)와 함께 무인양품(無印良品, 3층), 300엔 숍인 3Coins(지하 1층), 드럭 스토어 마츠모토 키요시(지하 1층) 등이 있다.

🕐 10:00~20:00 🌐 www.mina-tenjin.com

❸ 텐진 비브레 天神ビブレ

클레어즈(Claire's, 지하 2층)와 같은 패션 잡화, 보세 위주의 쇼핑몰. 오사카의 인기 팬케이크 전문점인 그램(1층), 만화 마니아를 위한 애니메이트(Animate, 6층) 등이 입점 중이다.

🕐 10:00~20:30 📞 092-711-1021 🌐 www.vivre-shop.jp

❹ 미디어몰 텐진 メディアモール天神

후쿠오카 시청 옆의 오피스 빌딩이다. 텐진 지하상가와 연결되어 있으며, 준쿠도 서점(지하 1층~지상 4층), 다이소(지하 2층) 등이 있다.

🕐 다이소 & 준쿠도 10:00~21:00

❺ 임스 빌딩 IMS

중저가 패션 브랜드와 300엔 숍인 3Coins(지하 2층), 키노쿠니야 서점(4층), 후쿠오카 현지인들을 위한 서비스 시설들이 입점해 있다.

🕐 10:00~20:00

❻ 이와타야 백화점 岩田屋

1936년 개업한 오랜 역사가 있는 백화점이다. 에르메스(신관 1층), 꼼데가르송(본관 1, 3, 5층), 폴스미스(본관 5층) 등이 있다.

🕐 10:00~20:00 📞 092-721-1111
🌐 www.i.iwatawa-mitsukoshi.co.jp

❼ 후쿠오카 파르코 PARCO 福岡

젊은 층이 선호하는 패션 아이템과 식당가 오이차카(지하 1층), 피규어와 캐릭터용품이 충실한 텐진 캐릭터 파크(본관8층), 원피스 무기와라스토어(본관7층)가 있다.

🕐 10:00~20:30 📞 092-235-7000
🌐 fukuoka.parco.jp

❽ 솔라리아 플라자 & 솔라리아 스테이지
Solaria Plaza & Solaria Stage

니시테츠 후쿠오카 역, 텐진 버스 터미널과 연결되어 있다. 슈퍼마켓 레기네(지하 1층, 07:00~23:00) 등 니시테츠 그룹에서 운영하는 복합 쇼핑몰이다.

🌐 솔라리아 플라자 www.solariaplaza.com / 솔라리아 스테이지 www.solariastage.com

❾ 미츠코시 후쿠오카 福岡三越

니시테츠 후쿠오카 역, 텐진 버스 터미널과 연결되어 있다. GAP(3층), 라이프 스타일 편집 매장인 라시크(지하 1층) 등이 있다.

🕐 10:00~20:00 📞 092-724-3111
🌐 www.m.iwatawa-mitsukoshi.co.jp

❿ 다이마루 후쿠오카 大丸福岡

미츠코시 백화점 맞은편의 경쟁 백화점이다. 샤넬과 디올 그리고 루이비통 등 전통적인 럭셔리 브랜드가 입점해 있다.

🕐 10:00~20:00 📞 092-712-8181 🌐 www.daimaru.co.jp

캣츠

후쿠오카의 나이트 라이프를 즐길 수 있는 곳

오야후코도리 親不孝通り

애플 스토어에서 북쪽으로 이어지는 거리인 텐진 니시도리(天神西通り)의 북부 지역을 일컫는 말이다. 오래전 이곳을 중심으로 입시 학원과 재수 학원들이 모여 있었는데, 언제부터인지 오락과 유흥 시설이 들어서면서 '불효자의 거리'라고 불리게 되었다. 애플 스토어가 있는 남쪽은 음식점과 SPA 브랜드의 매장이 모여 있고, 텐진 역 위쪽에는 클럽과 가라오케 등이 모여 있어 늦은 시간에도 붐비는 곳이다. 불효자의 거리라는 것이 부정적으로 보일 수도 있어 발음은 같지만 의미가 다른 '親富孝通り'라 표기하기도 했다. 하지만 최근에는 다시 '親不孝通り'로 표기하고 있다.

📍 텐진 역에서 도보 5분 맵코드 13 317 621*54

인피니티

124

인피니티 Infinity

📍 福岡市中央区大名1-12-52 3F 💡 이와타야 백화점 뒤쪽, 지하철 텐진 2번 출구에서 도보 5분 🕙 22:00~ 💰 남성 월~금요일 1,000엔(음료 1잔), 토~일요일 2,500엔 (음료 1잔) / 여성 월~금요일 무료, 토~일요일 1,500엔(음료 2잔)

캣츠 Cat's

📍 福岡市中央区天神3-7-13 第13ライブビル 4&5F 💡 지하철 텐진 역 1번 출구에서 도보 5분 🕙 21:00~ 💰 남성 2,000엔(음료 1잔) / 여성 1,500엔(음료 2잔)

클럽 엑스 Club X

📍 福岡市中央区舞鶴1-8-38 第19ライブビル 5&6F 💡 지하철 텐진 역 1번 출구에서 도보 5분 💰 남성 월~금 요일 1,000엔(음료1잔), 토~일요일 2,000엔(음료 1잔) / 여성 월~금요일 500엔(음료 1잔), 토~일요일 1,000엔(음료 1잔)

젊은 열기로 가득한 후쿠오카 클럽
후쿠오카의 클럽 ✪

텐진의 오야후코도리를 중심으로 30여 개의 라이브 하우스가 있다. 2016년 이전까지는 풍속 영업법에 따라 클럽 내에서 춤을 출 수 없었고 자정까지만 영업했는데, 2016년 법률이 개정되면서 클럽이 보다 활발하고 합법적으로 영업하게 되었다. 그중 인피니티(Infinity), 캣츠(Cat's), 클럽엑스(Club X) 등은 우리나라 여행객들에게 잘 알려진 곳이다. 대부분 클럽은 규모가 크지 않고, 주말 외에는 한산하다.

※ 대부분의 클럽과 라이브 하우스에서 페이스북과 인스타그램 등 SNS 팔로우 시, 입장료 할인 또는 음료 제공 등의 프로모션을 진행하고 있다.

클럽 엑스

매력적인 점원이 있는 패션 브랜드
아베크롬비 & 피치 ABERCROMBIE & FITCH 🅾

📍 福岡市中央区天神2-5-18 💡 지하철 텐진 역 1번 출구에서 도보 5분 🕙 11:00~20:00 📞 092-737-1892 **맵코드** 13 317 621*54

일본에서는 '아바쿠로(アバクロ)'라 부르는 미국 브랜드가 10~20대 초반을 타깃으로 큰 인기를 끌었다. '우리는 백인들을 위한 옷을 만든다. 아시아나 아프리카 지역에는 진출하지 않겠다'고 했지만, 미국 내 매출이 부진해지면서 아시아에도 매장이 생기기 시작했다. 뚱뚱한 사람은 입지 말라는 CEO의 발언처럼 매장에는 멋진 몸매를 드러내기 위해 윗옷을 벗고 일하는 직원들이 있다. 전체적으로 어둡고 하이라이트 조명을 이용한 클럽 분위기의 독특한 내부도 볼만하다.

최고 인기의 회전 초밥 전문점

효탄 스시 ひょうたん寿司　🍴

후쿠오카 시내에서 비교적 저렴한 회전 초밥을 전문으로 하는 식당 중 가장 인기 있는 곳으로, 여행객뿐만 아니라 현지인들도 즐겨 찾는 곳이다. 가장 저렴한 접시가 290엔부터 시작하기 때문에 100엔 스시에 비하면 높은 가격대지만, 네타(스시밥 위에 얹혀진 재료)의 크기와 신선도 등을 보면 290엔도 상당히 만족스러운 가격이다.

◎ 福岡市中央区天神2-10-20　♨ 솔라리아 플라자와 텐진 버스 센터 사이, 편의점 선쿠스(Sunkus) 왼쪽의 출입구 2층　◎ 점심 11:30~14:30, 저녁 17:00~22:00　◎ 092-722-0010　맵코드 13 318 303*41

후쿠오카를 대표하는 한입 교자

교자의 테무진
餃子のテムジン親不孝通店　🍴

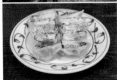

한입에 들어가는 크기의 한입 교자(一口餃子, 히토구치교자) 전문점이다. 쇠고기를 주재료로 만든 만두소에 얇은 만두피를 이용해 깔끔함과 맛을 겸비했다. 텐진 외에도 다이묘, 야쿠인, 킷테 하카타, JR 하카타 시티에도 매장이 있고, 부담 없는 가격으로 가볍게 맥주 한잔을 즐기기도 좋다. 구운 교자 외에 물만두인 스이 교자(水餃子), 만둣국과 비슷한 수프 교자(スープ餃子) 등의 메뉴도 있다.

◎ 福岡市中央区舞鶴1-1-4　♨ 스시로 옆 건물 지하 1층　◎ 점심 11:30~15:00, 저녁 17:00~01:00　◎ 092-732-5332　◎ 구운 교자(焼餃子) 480엔, 스이 교자(水餃子) 580엔, 수프 교자(スープ餃子) 680엔　맵코드 13 317 530*45

60여 종의 메뉴가 있는 회전 초밥 전문점

스시로 スシロー 福岡親富孝通り店　🍴

우리나라에도 매장이 있는 일본 최대 규모의 회전 초밥 전문점으로, 60여 종에 이르는 대부분의 메뉴가 108엔이다. 레일 위의 메뉴 외에 스크린을 이용해 주문할 수 있는데, 한국어 메뉴도 지원한다. 108엔 균일가를 위해 고급 네타(초밥의 재료)를 이용하는 초밥은 한 접시에 한 개의 초밥만 나오기도 하고, 참치 대뱃살과 장어(우나기) 등 일부 메뉴는 302엔이다.

◎ 福岡市中央区舞鶴1-1-3　♨ 지하철 텐진 역 1번 출구에서 도보 3분　◎ 월~금요일 11:00~23:00, 토~일요일 10:30~23:00 · 공휴일 10:30~23:00　◎ 092-738-0314　◎ 1접시 108엔~　맵코드 13 317 561*66

전 세계로 뻗어 가는 하카타 라멘

잇푸도 니시도리점 一風堂 西通り店 🍴

정체되어 있던 후쿠오카 라멘 업계에 한차례 새로운 바람을 일으키겠다는 뜻을 담아 '잇푸도'라는 이름으로 1985년 창업한 돈코츠 라멘 전문점이다. 야심 찬 이름에 걸맞게 일본 전역 70여 개의 체인점을 냈고 이어서 미국, 싱가포르, 홍콩, 대만까지 진출했다. 서울에도 3개의 매장을 가지고 있다.

매운맛의 아카마루(赤丸), 순한맛의 시로마루(白丸)가 대표 메뉴이며, 평일 점심 시간에는 공깃밥과 교자(군만두) 세트를 할인된 가격으로 판매한다. 니시도리점에서 도보 3분 거리에 위치한 총본점은 똑같은 메뉴라도 가격이 조금 비싸고, 런치 세트는 100엔 이상 차이가 난다.

◎ 福岡市中央区大名1-12-61　♀ 텐진 역에서 도보 약 5분, 니시도리 애플 스토어에서 도보 5분　🕙 11:00~02:00　☎ 092-781-0303　맵코드 13 317 205*28

순수한 국물로 인기를 얻고 있는 라멘집

하카타 라멘 신신 博多らーめん SHINSHIN 🍴

'먹기 좋아 누구라도 남김 없이 먹게 되는 수프(국물)'라는 콘셉트의 라멘집이다. 나카스의 야타이에서 시작해 인기를 얻어 텐진에 매장을 내고 이어서 하카타 데이토스, 킷테(KITTE)까지도 진출했다. 전통적인 하카타 라멘 조리법의 주인인 요시다(吉田) 씨가 개발한 비밀 레시피로 맛을 더했다. 여름에만 한정 판매하는 우리나라의 비빔면과 비슷한 사라다 라멘과 볶음밥도 인기가 있다.

텐진 본점 天神本店
◎ 福岡市中央区天神3-2-19　♀ 텐진 역 4번 출구에서 도보 5분　🕙 11:00~03:00 / 일요일 휴　☎ 092-732-4006　◎ 하카타 신신 라멘(博多ShinShinらーめん) 600엔, 하카타 히토구치 교자(博多一口餃子, 8개) 450엔, 볶음밥(やきめし) 650엔, 사라다 라멘(サラダ ラーメン, 여름 한정) 690엔　맵코드 13 317 687*55

하카타 데이토스점 博多デイトス
♀ 하카타 역 데이토스 2층　🕙 11:00~23:00　☎ 092-473-5057

킷테(KITTE) 하카타점
♀ 하카타역 도보 1분, 킷테(KITTE) 지하 1층　🕙 11:00~24:00　☎ 092-260-6315

하카타 라멘 젠 미디어몰 텐진점 博多ラーメン膳 🍽

일본의 다른 지역에 비해 규슈는 라멘이 저렴하다. 하카타의 명물인 돈코츠 라멘 역시 가격이 싼 편인데, 그중에서도 이곳의 라멘은 특히 저렴하다. 라멘의 맛은 어느 집과 비교해도 부족함이 없지만, 이 집의 단점은 한국어 안내가 부족하다는 것이다. 주문은 자판기에서 쿠폰을 구입하고 직원에게 건네면 직원이 면을 익히는 정도(麵の硬さ, 멘노카타사)를 묻는데, '나마(생) - 하리가네(철사) - 바리카타(딴딴) - 카타(단단) - 후츠(보통) - 야와(보들) - 바리야와(부들)' 중에 본인 취향에 맞는 익힘을 말하면 된다. 하카타 라멘이 익숙하지 않다면 보통 단계인 '후츠(보통)'를 추천한다.

ⓐ 福岡市中央区天神1-10-13 ♀ 후쿠오카 시청에서 도보 2분, 텐진 지하상가 13번 출구에서 도보 1분 ⓧ 11:00~24:00 ☎ 092-714-1565 ⓞ 오이시 라멘(おいしいラーメン) 280엔, 챠슈 라멘(チャーシューメン) 480엔, 면 사리 추가(替玉, 가에다마) 100엔 맵코드 13 318 490*60

키와미야 極味や 🍽

파르코 백화점 지하의 식당가이다. 맛있는 지하를 뜻하는 '오이시카'의 대표 맛집으로 볼륨 있는 햄버그스테이크로 잘 알려져 있다. 세트로 주문하면 밥과 미소국이 무제한 리필되는데, 여러 명이 함께 갈 경우 전부 세트로 하거나 전부 단품으로 주문해야 한다. 레드와인을 포함한 음료가 모두 100엔이기 때문에 음료를 함께 주문하면 좋다. 햄버그스테이크는 레어 상태로 뜨거운 판 위에 나오는데, 취향에 맞게 익혀서 먹으면 된다. 하카타 버스터미널 1층에도 매장이 있다.

파르코점
ⓐ 福岡市中央区天神2-11-1 ♀ 파르코 백화점 지하 1층 식당가 ⓧ 11:00~23:00 ⓞ 햄버그스테이크 단품 S(120g) 780엔, M(150g) 980엔, L(210g) 1,280엔 / 17:00 이후에는 100엔씩 인상 맵코드 13 318 452*34

하카타 버스 터미널점
♀ 하카타 역 버스 터미널 1층 (하카타 역 하카타 출구) ⓧ 11:00~23:00

규슈풍 야키모노 전문점

우노하나 이무스점 優乃華 イムズ店 🍴

오코노미야키, 몬자야키와 같은 철판 요리 전문점으로 규슈 스타일의 몬자야키를 처음으로 고안해 낸 곳이다. '몬자야키'는 일본식 빈대떡으로 잘 알려진 오코노미야키와 비슷하지만, 훨씬 묽은 반죽을 이용해 부드러운 식감을 기본으로 하면서 철판에 바짝 구워 바삭하게 먹는 것이 특징이다. 우노하나의 오코노미야키는 소스와 마요네즈로 특이한 물결 모양이 그려져 나오기 때문에 보는 즐거움도 있다.

📍 福岡市中央区天神1-7-11 ⓖ 임스빌딩 12층 🕐 11:00~23:00 📞 092-716-8263 맵코드 13 318 339*22

프리미엄 프렌치토스트 전문점

아이보리시 후쿠오카 본점 🍴
IVORISH 福岡本店

전 세계의 맛집들이 밀집한 도쿄 시부야에서도 꾸준한 인기를 얻고 있는 프렌치토스트 전문점 아이보리시의 본점이다. 전용 철판에서 노릇노릇하게 구워진 프렌치토스트는 버터 풍미가 가득하고 겉은 바삭하며 속은 촉촉해 많이 먹어도 질리지 않는다. 메뉴 중에는 딸기와 블루베리 그리고 라즈베리 등 과일이 올려진 베리 디럭스(베리디럭스, 1,800엔)와 플레인(플레인, 1,000엔)이 가장 인기가 좋다. 또한 플레인을 제외한 메뉴 중 일부는 하프 사이즈로도 주문할 수 있다.

📍 福岡市中央区大名 2-1-44 🚇 지하철 텐진 역 2번 출구에서 도보 5분 🕐 10:00~22:00 / 화요일 휴무 📞 092-791-2295 맵코드 13 317 230*47

달콤한 넬 드립 흑당 커피가 인기

우에시마 커피점 上島珈琲店 ☕

세계 최초로 캔 커피를 개발한 '우에시마 커피 컴퍼니(UCC)'에서 만든 커피 전문점이다. 넬 드립(Nel Drip)으로 추출해 향이 풍부한 커피를 맛볼 수 있다. 또한 우유가 들어간 커피에도 깊은 향을 유지하기 위해 커피를 두 번 여과한 더블 넬 드립 커피가 유명하다. 그중에서도 황동 머그컵에 제공되는 달콤하고 시원한 '아이스 흑당 밀크커피(アイス黒糖ミルク珈琲)'가 가장 인기가 있다.

📍 福岡市中央区天神二丁目地下3号東1番街 第333号 ⓖ 텐진 지하상가 333호 🕐 07:30~22:00 📞 092-791-7585 🍴 아이스 흑당 밀크커피 S 370엔, M 410엔, L 530엔 🌐 www.ufs.co.jp 맵코드 13 318 603*47

브레리즈 치즈 케이크 BRALEYS チーズケーキ

미국 펜실베이니아주의 브레리 가문이 1897년부터 판매하기 시작해, 4대째 전통 그대로의 레시피를 사용해 이어져 내려오는 곳이다. 치즈 케이크(460엔)는 플레인, 와인 라즈베리, 럼 레이즌, 참깨 이렇게 네 가지 맛이 있다. 미국인 오너가 운영하고 있는 미국식 치즈 케이크 전문점이지만, 신발을 벗고 들어가 다다미에 앉는 일본식 실내라는 점이 독특하다. 치즈 케이크는 냉동 상태로 진공 포장해 판매하고 있어, 기념품이나 선물용으로도 매우 좋다.

◎ 福岡市中央区舞鶴1-12-5 ♀ 아카사카 역 3번 출구에서 도보 약 15분, 다이묘 사거리(프라자 아카사카)에서 아카사카 역 반대 방향으로 가다가 패밀리 마트 건너편의 골목길로 좌회전해서 약 20m 거리에 위치 ⓒ 11:00~19:00(수~목요일 정기 휴일) ⓣ 092-732-8322 웹코드 13 287 700*52

카페 오토 피 CAFFÈ OTTO.PIU

니시테쓰 후쿠오카 역, 버스 센터와 연결된 복합 상업 시설인 솔라리아 플라자 2층에 위치한 카페다. 쇼핑을 즐기기도 좋고, 유후인과 구로카와 등으로 가는 버스를 타기 전에 잠깐 시간을 보내기에도 좋다. 창가 자리에 앉으면 도심 속 공원의 풍경이 눈앞에 펼쳐진다. 벽에 붙어 있는 메뉴는 일본어로만 써 있지만 영어 메뉴판도 갖추고 있으며, 인기 메뉴는 작은 바게트 사이즈로 만든 프렌치토스트와 아이스크림(580엔)이다.

◎ 福岡市中央区天神2-2-43 ♀ 솔라리아 플라자 2층 ⓒ 10:00~22:00 ⓣ 092-737-8135 웹코드 13 318 214*28

치즈 다이닝 안젤로 다이묘점 アンジェロ 大名店

치즈 요리로 유명한 다이묘 지역의 인기 맛집이다. 메인이라고 할 수 있는 치즈 퐁듀는 여섯 가지 중 두 가지를 선택할 수 있다. 천사(플레인), 악마(오징어 먹물), 바질, 토마토, 깨와 두유, 김치와 떡볶이 맛이 있다. 퐁듀와 함께 가장 인기 있는 메뉴인 돌솥 치즈 리소토나 파스타를 주문하면 커다란 치즈를 테이블까지 가지고 와서 보는 앞에서 조리해 준다. 퐁듀 1인 780엔, 리소토와 파스타는 780엔(소), 1,180엔(대)이다.

◎ 福岡市中央区大名1丁目6 ♀ 아카사카 역 3번 출구에서 도보 약 10분, 다이묘 사거리(프라자 아카사카)에서 아카사카 역 방향으로 가다가 데일리 편의점 골목으로 우회전해서 두 번째 골목 ⓣ 092-715-5822 ⓒ 점심 11:30~ 14:30, 저녁 18:00~23:00 웹코드 13 287 819*45

'후와후와'한 팬 케이크가 있는 카페

카페 델 솔 CAFE DEL SOL カフェデルソル

이곳의 인기 메뉴인 팬케이크를 제대로 느끼기 위해서는 푹신푹신함을 표현하는 일본어 '후와후와(ふわふわ)' 라는 단어를 알아 두자. 후와후와한 팬케이크로 후쿠오카에서 가장 주목받는 카페 중 하나이며, 계절에 따라 바뀌는 과일 팬케이크가 인기 메뉴이다. 고양이와 천사, 곰돌이 등 귀여운 라테아트가 곁들여진 카페라테도 여성 고객들의 감성을 자극한다.

◎ 福岡市中央区大名1-14-45 ◈ 지하철 텐진 역에서 도보 5분 ⏱ 12:00~22:00 ◈ 커피류 500엔, 라테류 550엔, 팬케이크 1,100엔, 조각 케이크 550엔~ 맵코드 13 317 116*04

지역을 대표하는 인기 이탈리안 레스토랑

카프리 CAPRI

텐진 남쪽의 이마이즈미, 야쿠인 지역은 마치 홍대 앞의 연남동처럼 최근 예쁜 카페, 음식점들이 모이기 시작한 곳이다. 카프리는 이 지역의 대표적인 인기 레스토랑 중 하나이다. 단품부터 코스까지 프랑스 스타일을 더한 이탈리안 레스토랑으로, 저녁 시간대의 예산은 3,000엔 이상으로 높은 편이다. 하지만 점심에는 애피타이저와 커피, 파스타 또는 리소토를 1,000엔 미만으로 판매하고 있다.

◎ 福岡市中央区今泉1-9-6 ◈ 지하철 야쿠인 역에서 도보 3분, 텐진 츠타야(애플 스토어 건너편)의 골목으로 들어가 도보 약 10분 ☎ 092-771-4003 ⏱ 점심 12:00~14:00, 저녁 18:00~22:30 ☎ 050-5868-1126 맵코드 13 288 760*06

인스타그램의 인기 카페

인스타그램의 사진을 보며 후쿠오카 여행을 꿈꾸고, 직접 찾아가서 사진을 찍으며 포스팅하는 사람들이 늘고 있다. 그러나 감성적인 사진과 예쁜 사진만 보고 무작정 찾아가려고 하면, 여행 동선이 안 좋아지는 경우가 있기 때문에 주의해야 한다. 후쿠오카 인기 카페로 검색하면 후쿠 커피(FUK Coffee), 스트레오 커피(Stereo Coffee), 노 커피(NO Coffee)가 가장 많이 보이는데, 후쿠 커피를 제외한 두 곳은 후쿠오카의 주요 여행지에서 상당히 떨어져 있다. 특히 노 커피는 텐진에서 도보로 30분, 지하철 야쿠인 역에서도 15분 정도 걸리는데 막상 도착하면 카페 외에는 둘러볼 만한 것들이 없다. 물론 소소한 골목길을 산책하는 것도 좋고, 예쁜 카페 사진을 인스타그램에 올리는 것도 즐거운 일이기는 하지만 말이다.

스테레오 커피

노 커피 NO Coffee

훌륭한 커피 블렌딩과 사진을 찍기 좋은 예쁜 인테리어로 인기 있는 곳이다. 커피 원두 판매는 물론 머그컵, 토트백, 티셔츠 등의 오리지널 소품도 판매하고 있다.

🏠 福岡市中央区平尾3-17-12 📍지하철 야쿠인(薬院) 역 3번 출구에서 도보 8분 🕐 화~토요일 12:00~20:00, 일요일 & 공휴일 10:00~19:00, 월요일과 둘째&넷째 화요일은 휴무

노 커피

스테레오 커피 Stereo Coffee

턴테이블에서 음악이 잔잔하게 흘러나오는 카페이다. 음악과 함께 드립 커피 또는 에스프레소, 카페라테를 즐길 수 있으며 2층은 전시 공간으로도 이용된다.

🏠 福岡市中央区渡辺通 3丁目8-3 📍지하철 와타나베도리(渡辺通) 역 2번 출구에서 도보 3분 🕐 08:00~22:00

후쿠 커피 FUK Coffee

후쿠오카 공항의 공항 코드(FUK)를 상호로 한 곳이다. 항공권, 수하물 태그 같은 여행을 이미지한 소품들이 많다.

🏠 福岡市中央区春吉3-21-17 📍지하철 텐진미나미(天神南) 역 6번 출구에서 도보 1분 🕐 08:00~22:00

후쿠커피

후쿠오카시 근교 관광지와 온천

✿ 오호리 공원 大濠公園

○ 福岡市中央区大濠公園1-2
○ 지하철 오호리 역 3번 출구에서 도보 2분 소요
○ 일본 정원 09:00~17:00, 공원 24시간 개방
○ 092-741-2004
○ 일본정원 240엔, 공원 무료
맵코드 13 315 341*00 / 13 315 312*74(오호리 공원 정문 주차장)

물과 녹음의 오아시스

하카타 만과 인접한 습지로, 18세기 이곳의 영주가 후쿠오카성을 지을 때 성을 지키기 위한 천연 해자 역할로 조성한 곳이다. 이후 1929년에 '오호리 공원'이라는 이름으로 공원을 조성해 개장하였다. 오호리 공원은 일본에서도 보기 드문 수변 공원으로, 연못과 연못 내에 작은 섬이 있고, 그 섬들을 연결하는 다리가 있어 경관이 아름답다. 공원 내에는 전통 방식으로 조성된 일본 정원과 후쿠오카시 미술관(2019년까지 리뉴얼 중), 스타벅스 콘셉트 스토어도 있다. 공원 옆에는 오호리 공원만큼 큰 규모이지만, 전혀 다른 분위기를 연출하는 마이즈루 공원도 있다.

✿ 스타벅스 오호리 공원점 Starbucks 福岡大濠公園店

○ 福岡市中央区大濠公園1-8
○ 지하철 오호리 역 3번 출구에서 도보 6분 소요
○ 07:00~21:00
○ 092-717-2880
맵코드 13 315 020*88 / 13 315 312*74(오호리 공원 정문 주차장)

공원 내에 있는 스타벅스 콘셉트 스토어

후쿠오카 시민들이 산책을 즐기기 위해 오호리 공원을 찾는다면, 여행객들은 스타벅스 콘셉트 스토어 때문에 이곳을 찾는다. 스타벅스 오호리 공원점은 일본 내 1,200개가 넘는 스타벅스 매장 중 14개뿐에 없는 콘셉트 스토어로, 공원의 경관을 해치지 않게 디자인하고, 친환경적으로 지었다. 높은 창에서 들어오는 부드러운 햇살과 함께 공원의 풍경을 즐길 수 있으며, 매장 곳곳에는 환경을 지키고자 하는 의지가 담겨져 있다. 커피를 내리고 남은 찌꺼기는 공원의 낙엽과 함께 퇴비로 만들어 쓰기도 하며, 일부는 나무와 섞어 테이블을 만들기도 한다.

✿ 후쿠오카 성터 福岡城跡

○ 福岡市中央区城内2
♀ 지하철 오호리 역 3번 출구에서 도
보 10분, 마이즈루 공원 내
맵코드 13 286 698*82 / 13 286 750
*30(마이즈루 공원 내 주차장)

화려한 벚꽃 축제가 열리는 성터

1608년 구로다 나가마사가 축성한 후쿠오카성으로, 학이 춤을 추는 모습처럼 화려해 '마이즈루성(舞鶴城)'이
라 불리기도 했다. 하지만 근대화를 거치면서 시청이나 군부대로 이용되기도 하고, 화약고 폭발 등으로 성의 모
습은 더 이상 남아 있지 않다. 현재 역사적 건물이나 불리는 없지만, 후쿠오카 성터가 있는 마이즈루 공원은
매년 봄이면 1천여 그루의 벚나무가 연출하는 화려한 벚꽃 축제가 열리는 곳으로 유명하다.

✿ 텐진 유노하나 天神ゆの華

○ 福岡市中央区長浜 1-4-55
♀ 지하철 텐진 역 1번 출구에서 도보
10분
🕐 월~금요일 10:00~03:00, 토·일
요일·공휴일 08:00~03:00
☎ 092-733-1126
💰 성인 720엔, 4~12세 360엔
🌐 tenjin-yunohana.jp
맵코드 13317880*17

후쿠오카 시내에 있는 작은 온천

후쿠오카 시내의 작은 온천장이다. 관광객을 위한 시설이라기보다는 주택가에서 흔히 찾아볼 수 있는 대중목욕
탕인 '센토(銭湯)'의 분위기에 가깝다. 1층과 2층으로 구분되어 있는데, 각각 남탕과 여탕으로 이용된다. 짝수
일은 1층이 남탕이고, 2층은 여탕이며 홀수 일은 위치가 바뀐다.

나카가와 세이류 那賀川 清滝

◎ 福岡県筑紫郡那珂川町南面里 326
◎ 지하철 하카타역 9번 출구 앞에서 무료 셔틀버스 이용, 약 50분 소요 (10시, 11시, 12시, 14시, 16시, 18시 출발, 시기에 따라 운행 편수 변동)
◎ 10:00~24:00
◎ **기본** 월~금요일 1,400엔, 토·일요일·공휴일 1,600엔, 3세~초등학생 600엔 / **가족탕**(1실 50분 사용, 기본 입장료 별도) 월~금요일 3,000엔, 토·일요일·공휴일 3,600엔
◎ www.nakagawaseiryu.jp
◎ 맵코드 419 184 359*60

노천 온천과 가족 온천이 매력적인 곳

한적한 숲속에 위치한 전통 료칸에서 운영하는 온천 시설로 후쿠오카 시내에서 차량으로 약 1시간 거리에 있다. 하카타 역에서 송영 버스를 운영하기 때문에 교통비의 부담 없이 이동할 수 있다. 14종에 이르는 다양한 온천 시설과 함께 특히 숲속에서 노천 온천을 즐길 수 있는 점이 큰 매력이다. 추가 요금을 내면 가족 또는 친구끼리만 이용할 수 있는 가족탕도 있다. 입장료에는 페이스 타월만 제공이 되고, 타월은 200엔을 내고 구입하거나 개인이 준비해야 한다.

모모치 해변 (후쿠오카 타워)
シーサイドももち

후쿠오카시의 인공 해변

나카스강 하구에 인공으로 조성된 약 2.5km의 해변
이다. 연인들의 데이트 장소와 야간의 레이저 쇼로 인
기 있는 후쿠오카 타워가 중심이며, 해변을 따라 산책
로가 조성되어 있어 여유로운 시간을 즐기기에 좋다.
후쿠오카 타워에서 산책로를 따라 약 30분 정도 걷다
보면 돔 구장이 나오는데, 일본 프로야구팀 후쿠오카
소프트뱅크 호크스의 홈구장이다.
모모치 해변 지역은 시내에서의 접근성이 다소 떨어지
기는 하지만 이국적인 건물들이 있는 마리존과 바다를
볼 수 있으며, 바다 건너 우미노나카미치 해변 공원까
지 15분만에 갈 수 있는 페리도 있기 때문에 연인이나
가족 여행객들에게 추천하는 지역이다.

가는 방법

하카타 ⋯ 모모치 해변

🚌 버스

하카타 버스 터미널 6번 승차장에서 306번, 312번 버스 이용하여 후쿠오카 타워(福岡タワー) 정류장 하차(230엔, 약 25분 소요)

🚇 지하철

하카타 역에서 지하철을 이용하여 니시진 역(西新駅)까지 이동한 후(260엔, 13분) 1번 출구에서 도보 약 20분 또는 버스 9분(190엔)

텐진 ⋯ 모모치 해변

🚌 버스

텐진 고속버스 터미널 앞 1A 승차장에서 W1, W2, 302번 버스 이용하여 후쿠오카 타워(福岡タワー) 정류장 하차(230엔, 약 20분 소요)

후쿠오카 공항 ⋯ 모모치 해변

🚌 버스

국내선 터미널에서 139번 버스 이용 후쿠오카 타워(福岡タワー) 정류장 하차(430엔, 약 45분 소요)

우미노나카미치 공원 ⋯ 모모치 해변

⛴ 페리

페리로 약 15분 소요(1,030엔)

렌터카 여행자를 위한 추천 주차장

후쿠오카 타워 제2 주차장 福岡タワー第2駐車場
📍 福岡市早良区百道浜2-3-26 📞 092-823-0234 🕐 30분 500엔, 후쿠오카 타워 입장 시 2시간 무료 맵코드 13 312 763*66

렌터카 이용 시 주의사항

렌터카 이용 시 규슈 고속도로 패스(KEP)로 규슈의 주요 고속도로를 이용할 수 있지만, 후쿠오카 도심 고속도로는 이용할 수 없다. 만약 도심 고속도로를 이용하면 KEP 적용이 안 되고, 렌터카 반납 시 추가 요금을 지불한다. 내비게이션에서 후쿠오카 타워를 검색하면 도심 고속도로로 안내하는 경우가 있으니 참고하자.

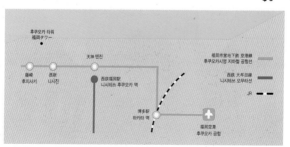

서일본 최대 규모의 박물관

후쿠오카시 박물관 福岡市 博物館

서일본 최대 규모의 박물관으로, 각 시대별로 후쿠오카에 관련된 사건과 당시 사람들의 일상생활을 이해하기 쉽게 소개하고 있다. 또한 마야 문명전 등 다양한 기획전을 개최하고 있어 볼거리가 많다. 이곳에서 반드시 봐야 할 것은 일본의 국보로 지정된 '한위노국왕(漢委奴國王)'인데, 한의 노예국 왕에게 하사한 황금 도장을 말한다. 이를 통해 과거 한국, 일본, 중국의 상관 관계를 유추해 볼 수 있다.

♀ 후쿠오카 타워에서 도보 10분 ⏰ 09:30~17:30 (7·8월의 평일은 19:30까지) / 매주 월요일과 12월 28일~1월 4일 휴관 ⊙ 성인 200엔, 중고생 150엔, 초등학생 이하 무료 맵코드 13 312 349*06

후쿠오카시 전경과 아름다운 바다를 볼 수 있는 곳

후쿠오카 타워 福岡タワー

후쿠오카 공항과 가까운 시내에는 고도 제한으로 고층의 빌딩이 없지만, 이곳은 시내에서 비교적 거리가 있기 때문에 고층 빌딩이 생길 수 있었다. 지상 123m 위치에 있는 전망대에서는 후쿠오카시에서 바다까지 360도의 절경이 펼쳐진다.

후쿠오카 타워 전망대에서 보는 야경도 아름답지만, 타워 전체를 감싸는 조명(일루미네이션)도 매력적이다. 봄에는 벚꽃, 여름에는 은하수, 가을에는 보름달, 겨울에는 크리스마스트리 등 시기에 따라 바뀌는 총 8개의 조명 덕분에 언제 방문해도 볼 만하다. 타워 조명은 200m 정도 떨어진 거리에서 보는 것이 좋고, 타워 상단에 공통적으로 보이는 역삼각형 모양은 후쿠오카시의 로고이다. 관광객을 위한 다양한 이벤트도 열리는데 일본 공휴일 중하나인 '체육의 날'에는 1층부터 전망대까지 총 577개의 계단을 오르는 시합이 열리기도 하며, 외국인 관광객 20% 할인, 생일 전후 3일의 관광객은 전망대에 무료로 입장할 수 있다(여권 지참).

◎ 福岡市早良区百道浜2-3-26 ◈ 후쿠오카 타워 버스 정류장 바로 앞, 모모치 해변에서 도보 3분 ◷ 09:30~22:00 (2018년 6월 25일, 26일 휴관) ◉ 고등학생 이상 800엔, 초등·중학생 500엔, 아동(4세 이상) 200엔 ◉ www.fukuokatower.co.jp/ko 맵코드 13 312 703*44 / 13 312 763*66(제2 주차장)

돔 구장과 특급 호텔이 있는 곳

혹스 타운 ホークスタウン

일본 프로야구 퍼시픽 리그의 후쿠오카 소프트뱅크 호크스(福岡ソフトバンクホークス)의 홈구장을 중심으로, 후쿠오카의 대표 특급 호텔인 힐튼 호텔과 해변이 있는 곳이다. 대형 쇼핑몰인 혹스 타운몰이 있었으나, 2016년 3월에 영업을 종료하고 2019년 중에 새로운 대형 복합 쇼핑몰로 영업을 재개할 예정으로 리모델링 중이다.

♀ 후쿠오카 타워에서 도보 10분, 하카타에서 버스로 약 20분 맵코드 13 343 021*37

야구 마니아의 필수 여행지

후쿠오카 야후오크! 돔
福岡ヤフオク!ドーム

ⓦ www.softbankhawks.co.jp 맵코드 13 343 021*28

매년 요미우리 자이언츠와 오픈전을 하는 개폐식 돔 구장이다. 다른 지역의 야구장과는 달리 시내와 멀리 떨어져 있어서 밤 10시 이후에도 축포를 쏘거나 불꽃 놀이가 진행되기도 한다. 야구 경기가 없거나 경기장에 입장하지 않아도 소프트뱅크의 공식 기념품 숍과 야구용품 숍(DUGOUT)을 방문할 수 있어, 야구를 좋아하는 사람이라면 가볼 만하다. 야후 돔과 힐튼

후쿠오카 시호크스와 연결되는 곳에는 마이클 잭슨 등 200여 명의 유명 인사의 손 모양 브론즈가 있는 '단테의 광장(暖手の広場)'이 있다.

TIP 야구 경기 티켓 구입하기

일본 최초이자 유일한 개폐식 루프가 있는 '후쿠오카 야후오크! 돔'에서는 우리나라와 조금 다른 분위기의 야구 경기를 즐길 수 있다. 5회 말 종료 후 치어리더의 댄스 타임과 7회 말 종료 후 노랑 제트 풍선을 쏘아 올리는 응원, 그리고 홈구장 팀의 승리 시 불꽃과 함께 루프 오픈 쇼가 진행된다. 또한 선수 출신지의 식재료를 이용한 스페셜 도시락과 돔돔 버거 그리고 소고기 덮밥 등의 먹거리도 다양하다. 여행 일정과 경기 일정이 맞는다면, 티켓을 구입하여 일본의 색다른 야구 경기를 즐겨 보자.

❖ 티켓은 '여행박사', '엔타비'와 같은 일본 전문 여행사에서 구입하는 것이 가장 쉽지만, 시기에 따라서 판매하지 않는 경우도 있다.

❖ 경기장의 정면 계단에서 가장 가까운 7번 게이트의 티켓 매표소에서 구입할 수 있다. 경기가 열리는 날에는 한국어가 가능한 스텝이 있는 종합 안내소에서 도움을 받을 수 있다.

❖ 티켓 마감이 걱정스럽다면, 홈페이지에서 예약하자. 현지 편의점에서도 미리 구입할 수 있지만, 한국어나 영어 지원이 안 되기 때문에 티켓 구매에 어려움이 있다.

규슈 최대의 아웃렛 매장

마리노아 시티 マリノアシティ

패션, 스포츠용품, 인테리어 소품 등 170여 개의 상점이 있는 규슈 최대급 아웃렛 매장이다. 후쿠오카 시내에서 30분, 공항에서도 40분 거리에 있어서 짧은 기간 동안 여행하는 사람들도 쉽게 찾아갈 수 있는 곳이다. 바닷가에 있으며 곳곳에 오픈형 카페들이 있어 여유로운 시간을 보내기도 좋다. 토이저러스의 영유아 브랜드인 베이비저러스(Babies'R'Us)도 있어 가족 여행객들의 방문도 많다.

◎ 福岡市西区小戸2-12-30 ♀ 하카타 역 앞 버스 정류장 A에서 303번 버스 이용 약 40분(420엔) / 텐진 버스 센터 미츠코시 앞 1A 버스 정류장에서 303번 버스 이용 약 30분(360엔) / 야후 돔 앞 버스 정류장에서 303번 버스 이용 약 15분 (250엔) / 후쿠오카 타워에서 도보 10분 / 후쿠오카시 박물관 남쪽 출입구 버스 정류장에서 303번 버스 이용 약 10분 (200엔) ⏰ 10:00~21:00 (카페 & 레스토랑은 11:00~23:00) ⊕ www.marinoacity.com 맵코드 13 308 894*03

마리노아 시티의 상징

스카이 휠 SKY WHEEL

⏰ 10:00~23:00 ₩ 성인 500엔, 초등학생 200엔

바닷가에 있는 아웃렛 매장 마리노아 시티의 상징적인 존재이기도 한 대관람차는, 최대 높이 60m까지 오르며 탑승 시간은 약 12분 정도다. 후쿠오카 시내는 물론 날씨가 맑은 날에는 바다에 조그맣게 떠 있는 후쿠오카 인근의 작은 섬들까지 보여 쇼핑하다가 잠시 쉬면서 여행 기분을 느껴 보는 것도 좋다.

마리존, 모모치 해변 マリゾン, ももち海浜

후쿠오카 타워 바로 앞 해변 공원에 위치한 작은 규모의 해양 리조트이다. 규모는 크지 않지만 유럽풍의 결혼식장, 바다를 바라보며 노천에서 식사를 즐길 수 있는 상점, 해양 레포츠 시설을 갖추고 있다.

♀ 후쿠오카 타워 앞부터 혹스 타운(야후 돔)에 이르기까지의 해변 맵코드 13 342 042*22

우미노나카미치 해변 공원 海の中道 海浜公園

하카타 미군 기지로 사용되던 곳을 1972년에 반환받아 조성한 국영 공원으로, 우리나라 올림픽 공원의 약 3배에 달하는 엄청난 넓이를 자랑한다. 바다에 접한 공원이면서도 꽃과 분수대, 인공 폭포, 호수가 조화를 이루고 있는 꽃의 지역(花のエリア)과 잔디의 지역(芝生のエリア)이 있으며, 작은 규모의 동물원도 있어 아이들과 함께 즐기기 좋다. 또한 입장 요금에 포함되어 있지는 않지만, 놀이동산과 수족관도 있다.

◎ 福岡市東区大字西戸崎18-25 ♀ 시사이드 모모치 페리 선착장에서 페리로 15분(성인 1,030엔, 초등학생 이상 500엔) / 텐진 우체국 앞(天神郵便局前)에서 버스로 25분(500엔) / 하카타 역에서 가시이 역(香椎)을 경유하며 약 40분(450엔) ⊙ 09:30~17:30 (11~2월은 17:00까지) / 12월 31일, 1월 1일, 2월의 첫 번째 월~화요일 휴무 ⊙ 15세 이상 410엔, 초등·중학생 80엔 맵코드 13 553 789*44

돌고래 쇼와 물개 쇼가 있는 수족관

마린월드 우미노나카미치

マリンワールド 海の中道

📍 우미노나카미치해변공원의문화리조트지역
🕐 09:30~17:30 (7월 20일~8월 31일까지 09:00~
18:30, 12월 1일~2월 28일 10:00~17:00) 💲 고등
학생 이상 2,300엔, 중학생 1,200엔, 초등학생 1,000엔,
4세 이상 유아 600엔 🌐 marine-world.jp

우미노나카미치 해변 공원의 문화 리조트 지역에 위
치한 수족관이다. 각종 수생 생물을 재미있고 알기
쉽게 전시·설명하고 있다. 돌고래 쇼, 물개 쇼, 상
어가 있는 파노라마 대수조에서 펼쳐지는 수중 연
기 쇼, 유연하게 헤엄치는 고래 등의 볼거리가 있다.
2017년 상반기에 리뉴얼이 완료되어 관람 동선 및
전시 내용이 개선되었다. 돌고래와 물개 쇼는 1시간
30분 간격으로 하루 4~5회 진행되는데, 자세한 스케
줄은 홈페이지를 확인하고 가는 것이 좋다.

 TIP 우미노나카미치 해변 공원

❖ 우미노나카미치와 시사이드 모모치는 시내 중심에서 조금 떨어져 있기 때문
에 여행 일정을 짤 때 동선을 잘 정하는 것이 중요하다. 우미노나카미치를 오
전에 방문해서 산책하듯 둘러본 후 후쿠오카 타워와 모모치 해변까지 페리를
이용해서 가면 알찬 일정의 여행이 될 수 있다.

❖ 상당히 부지가 넓기 때문에 자전거를 대여하는 것도 좋은 방법이다. 각 입구
에 설치되어 있는 대여 센터에서 자전거를 대여할 수 있으며, 요금은 3시간
에 410엔이다. 자전거 도로와 보도는 구분되어 있으며, 자전거 주차장이 곳곳에 설치되어 있어 자전거를 타고
돌아다니다가 자전거를 주차하고 걸어서 둘러볼 수도 있다. 이때 자전거의 번호를 확인하고, 장치되어 있는 자
물쇠를 잠그고 열쇠를 꼭 챙기도록 하자.

다자이후

太宰府

텐진에서 30분, 일본 문화 산책

텐진의 니시테츠 후쿠오카 역에서 30분 거리의 다자
이후는 후쿠오카 도심과는 전혀 다른 분위기가 펼쳐
진다. 1300년 전 규슈 전체를 다스리는 커다란 관청
이 설치되면서 오랜 기간 동안 규슈의 정치와 문화의
중심지였다. 남북조시대 이후 후쿠오카로 정치의 중
심이 이전되었지만, 일본의 3대 텐만구인 다자이후
텐만구와 크고 작은 사적이 남아 있어 연간 700만 명
이 넘는 관광객이 찾고 있다. 상점가와 다자이후 텐만
구만 본다면, 3~4시간이면 볼 수 있기 때문에 오전에
다자이후를 보고 오후에는 텐진으로 돌아가 시내 관
광을 하는 일정이 좋다. 후쿠오카 공항에서 바로 가는
버스도 있어, 여행 첫날 또는 마지막 날 이곳을 방문하
는 방법도 있다.

텐진 ⋯→ 다자이후

텐진의 니시테쓰 후쿠오카(西鉄福岡) 역에서 니시
테쓰 열차를 이용하여 후쓰카이치(西鉄二日市) 역
에서 1회 환승하면 된다. 다자이후까지 약 30분 정
도 소요되며, 요금은 400엔이다.

하카타 ⋯→ 다자이후

하카타 버스 터미널(1층 11번 승차장)에서 니시테
쓰 버스를 이용하면 된다. 다자이후까지 약 45분 정
도 소요되며, 요금은 600엔이다.

후쿠오카 공항 ⋯→ 다자이후

후쿠오카 공항에서 니시테쓰 버스를 이용하면 약
30분 소요되며, 요금은 500엔이다.

렌터카 여행자를 위한 추천 주차장

다자이후 주차 센터 太宰府駐車センター

◎ 福岡県太宰府市宰府1丁目12-8 ☏ 092-924-2843
◐ 1일 500엔 맵코드 55 333 863*33

※ 다자이후 텐만구 가까이 10여 곳의 주차장이 있는데, 대
부분 20대 미만을 주차할 수 있는 작은 곳이다. 다자이후 주
차 센터는 최대 850대를 주차할 수 있으며, 요금도 저렴한
편이다.

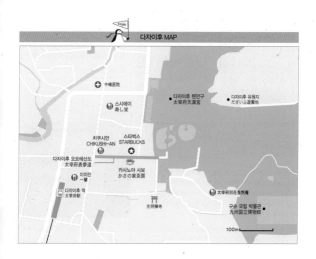

다자이후 MAP

中橋医院

스시에이
寿し栄

치쿠시안
CHIKUSHI-AN

스타벅스
STARBUCKS

다자이후 오모테산도
太宰府表参道

이치란
一蘭

다자이후 역
太宰府駅

카사노야 사보
かさの家茶房

光明禅寺

다자이후 텐만구
太宰府天満宮

다자이후 유원지
だざいふ遊園地

太宰府別荘自然庵

규슈 국립 박물관
九州国立博物館

100m

다자이후 오모테산도 太宰府 表参道

다자이후 역에서 텐만구까지 이어지는 약 200m 남짓 되는 거리로 오모테산도란 '참배길'이라는 의미가 있다. 여행객들에게 즐거움을 주는 것은 참배길 양쪽으로 길게 늘어선 음식점과 기념품 가게들이다. 일본 고유의 전통 기념품을 구입하기 좋으며, 다자이후의 명물인 매화 문양의 떡 '우메가에모치' 상점도 만날 수 있다.

◎ 太宰府市 宰府 2 일대 ♀ 다자이후 역 출입구에서 다자이후 가는 길(약 200m) 맵코드 55 334 848*88

스타벅스 다자이후 텐만구 오모테산도점
STARBUCKS 太宰府天満宮表参道店

일본 내 몇 곳 없는 스타벅스 콘셉트 스토어이다. '자연 소재를 통한 전통과 현대의 융합'이라는 콘셉트로, 매장 입구에서부터 실내까지 얼기설기 엮여 있는 나무 기둥들이 인상적이다. 후쿠오카 지역 텀블러와 계절에 따라 벚꽃과 매화 텀블러 등도 판매한다.

◎ 太宰府市 宰府 3-2-43 ♀ 다자이후 역에서 도보 5분 ◷ 08:00~20:00 ◷ 092-919-5690 맵코드 55 334 848*30

스시에이 寿し栄

'차완무시(일본식 계란찜)'를 포함해 총 13품의 스시 런치 세트가 불과 1,300엔, 일본식 코스 요리인 런치 가이세키 요리가 2,400엔이라는 합리적인 가격으로 인기를 얻고 있는 스시 전문점이다. 30분 이상 기다려야 하는 경우가 많지만, 기다리는 보람은 있다.

◎ 太宰府市宰府3-3-6 ♀ 다자이후 역에서 도보 5분 ◷ 11:00~14:00, 16:00~21:30 / 수요일 휴무 ◷ 050-5869-7117 ◎ sushiei.net 맵코드 55 364 096*58 (스시에이 주차장, 1시간 300엔)

다자이후 명물 햄버거와 가라아게

치쿠시안 CHIKUSHI-AN(筑紫庵) 🍴

주문하면 바로 튀기기 시작하는 일본식 닭튀김(からあげ, 가라아게)과 지역의 특색을 살린 메뉴명을 가진 햄버거로 유명하다. 실내에 먹을 수 있는 공간이 많지 않고, 메뉴판도 일본어로만 되어 있어 외국인 여행객이 주문하는 데 다소 어려움이 있다. 기본 메뉴인 다자이후 버거(大宰府バーガー), 치쿠시안 가라아게(筑紫庵からあげ)를 추천한다. 내부에서 음료가 포함된 세트로 먹을 경우 800엔이며, 테이크아웃은 500엔이다. 테이크아웃 후 가까이에 있는 여행 인포메이션 센터에 있는 휴게 공간에서 먹으면 된다.

🅐 太宰府市宰府3-2-2 🔍 다자이후 역에서 도보 3분 🕐 11:00~18:00 📞 092-921-8781 💰 모든 메뉴 500엔(테이크아웃 기준) 맵코드 55 334 875*55

일본 전통 공간에서 여유롭게 즐기는 우메가에모치

카사노야 사보 かさの家茶房 ☕

다자이후의 인기 여행 선물은 두말할 것도 없이 매화 떡 '우메가에모치'이다. 다자이후 상점가에는 한 집 건너 우메가에모치를 팔고 있을 정도로 많다. 때문에 각 상점들끼리 원조라는 표현은 사용하지 않기로 했고, 가격도 동일하다. 그중 1922년 창업한 카사노야 사보는 테이크아웃 매장도 있지만, 안쪽으로 들어가면 전통 찻집 느낌의 공간인 사보(茶房)가 있다. 고즈넉한 일본 정원의 풍경을 바라보며 우메가에모치와 함께 말차를 맛보거나, 예쁜 도시락 세트 식사를 맛보는 여유를 즐길 수 있다.

🅐 太宰府市宰府2-7-24 🔍 다자이후 역에서 도보 5분 (스타벅스 맞은편) 🕐 09:00~18:00 📞 092-922-1010 💰 말차 세트(抹茶セット) 650엔, 점심 도시락 세트 2,200엔 맵코드 55 334 848*71

다자이후 텐만구 太宰府天満宮

학문의 신 '스가와라미치자네(菅原道真)'를 모시고 있는 다자이후 텐만구는, 자녀의 학업 성취를 기원하는 부모님들의 발길이 끊이지 않는 곳이다. 넓은 경내에는 매화나무, 녹나무, 창포 등 아름다운 꽃이 계절마다 색다른 분위기를 연출한다. 이곳에서 놓치지 않고 봐야 할 것은 스가와라의 유체를 싣고 장지로 향하던 우마차가 갑자기 멈춰서 움직이지 않았다는 전설이 있는 소의 동상과 연못에 아름다운 반영을 보여 주는 아치형 다리 다이코바시(太鼓橋) 등이다. 일본의 국보 등 각종 자료를 전시하고 있는 호모쓰덴, 스가와라미치자네의 삶을 하카타 인형으로 전시하고 있는 스가코 역사관이 있지만 별도의 입장료를 내야 한다.

🏠 太宰府市宰府4-7-1　📍 니시테쓰 다자이후 역에서 도보 약 7분　🕐 09:00~16:30　📞 092-922-8225　💰 경내 참배 무료, 호모쓰덴 300엔, 스가코 역사관 200엔 맵코드 55 364 163*11

규슈 국립 박물관 九州国立博物館

2005년에 개관한 규슈 국립 박물관은 도쿄, 교토, 나라에 이어 일본에서 4번째로 설립된 국립 박물관이다. 다른 세 곳의 박물관은 100여 년 전인 1800년대 후반에 지어져 예스러운 느낌이 나지만, 이곳은 유선형 디자인에 전면을 유리 벽으로 하고 있어 독특한 모습부터 눈길을 끈다. 수천 년 전부터 동북아 교류의 역사를 갖고 있는 후쿠오카답게 박물관의 테마는 '일본 문화의 형성을 아시아적 관점에서 파악한다'이다. 일본의 수십 점의 국보, 중요 문화재 등 총 800여 점의 문화재가 소장되어 있다. 1층에 있는 아시아 문화 체험 공간인 '아짓파'는 무료로 입장할 수 있다.

🏠 太宰府市石坂4-7-2　📍 다자이후 텐만구에서 전용 에스컬레이터 이용 약 5분　🕐 09:30~17:00(매주 월요일 및 연말연시 휴관, 월요일이 공휴일인 경우 다음 날 휴관)　📞 050-5542-8600　💰 성인 430엔, 대학생 130엔, 고등학생 이하 무료 맵코드 55 335 690*44(박물관 동쪽 주차장, 주차 공간 협소)

사랑을 이어 주는 규슈의 여행지

너와 나의 연결고리, 엔무스비!

애니메이션 〈너의 이름은〉이 크게 흥행하면서 우리나라에도 잘 알려진 '무스비'라는 단어는 단순한 연결과 매듭을 의미하기도 하지만 사람과 사람 사이의 인연, 연인의 만남 등을 뜻하기도 한다. 조금 더 명확한 표현은 '엔무스비(縁結び)'라 하며, 규슈에는 이러한 엔무스비의 성지로 불리는 곳들이 있다. 규슈 여행 중 들러 사랑이 이루어지길 기원해 보는 것도 여행의 색다른 재미가 될 것이다.

카마도 신사 竈門神社

후쿠오카현

◈ 다양한 인연을 연결하는 신사

규슈에 있는 엔무스비의 성지 중에서 가장 찾아가기 쉬운 곳으로, 다자이후 텐만구의 뒤편에 있다. 본래 다자이후 텐만구를 수호하는 신사로 지어졌으며, 오래전부터 엔무스비 신사로서 신앙의 대상이 되고 있다. 주제 신은 타마요리 공주(玉依姫)로, 영혼(玉)과 영혼을 끌어당긴다(依)는 의미가 담긴 이름에 걸맞게 친구, 가족, 직장 등 다양한 인연을 연결하는 신으로 여긴다. 특히 이곳은 여성과 커플들에게 인기가 있다. 또한 카마도 신사는 일본의 100대 명산 중 하나인 호만산(宝満山)에 있는데, 산 정상(표고 829m)의 상궁(上宮)과 등산로 입구의 하궁(下宮)으로 이루어져 있다. 엔무스비는 하궁만 가도 충분하지만 등산 코스(2~3시간)가 잘 정비되어 있으니, 여행 일정에 여유가 있다면 가볍게 산을 오르는 것도 좋다.

📍 太宰府市内山883 🚏 니시테쓰 다자이후 역 앞에서 커뮤니티 버스(약 30분 간격으로 운행, 요금 100엔)를 이용, 약 10분 또는 니시테쓰 다자이후 역에서 도보 약 40분 🔔 신사 사무실(부적, 에마 판매소) 08:00~19:00 **맵코드** 55 396 009*06

恋の願かけ絵馬

인연을 비는 에마 재회의 나무의 영력과 신의 가호로 행복해 보다 가까워지기 위해 에마(나무판에 소원을 적어 매 달아 둔다. 에마는 신사의 사무실에서 구입할 수 있으며, 에마의 종류에 따라 500~1,000엔 정도이다.

愛敬の岩

애경의 바위 눈을 감고 반대편 바위까지 무사히 가면 사랑이 이루어지고, 한번에 성공하면 더 빨리 이루어진다고 한다.

再会の木

재회의 나무 나무를 향해 기도하면 좋아하는 사람과 다시 만나게 된다는 전설이 있다.

연인의 성지 恋人の聖地

◇ 커플 여행의 필수 코스

후쿠오카 타워 전망실 3층에 위치한 이곳은 연인의 성지로 공식 등록되어, 후쿠오카를 찾는 커플 여행자들의 필수 코스로 여겨지고 있다. 전망실 3층에는 커플 사진을 찍을 수 있는 조형물과 사랑이 영원하기를 기원하는 자물쇠, 소원을 적는 코너 등이 있다. 전망실 4층에는 탁 트인 전경을 바라보며 식사를 할 수 있는 '르흐쥬(Refuge)' 레스토랑도 있다.

후쿠오카현

♥ 후쿠오카 타워 전망실 3층 레스토랑, 후쿠오카 타워 전망실 4층(레스토랑) ⏰ 레스토랑 10:30~22:00(18시 이후 테이블 요금 1인 300엔)

부부의 폭포 夫婦滝

구로카와현

◇ 서로 다른 강의 폭포가 만나는 곳

구로카와 온천 가까이에 있는 연인들의 성지이다. 도로 옆에 폭포(滝)라는 글자가 쓰인 기념품 상점으로 들어가 계단을 따라 내려가면 왼쪽에는 높이 15m의 남자 폭포와 오른쪽에는 높이 13m의 여자 폭포가 보인다. 두 개의 서로 다른 강에 있는 폭포가 만나는 것은 일본에서도 이곳이 유일하다. 기념품 상점에는 연인들이 방문한 흔적이 곳곳에 남아 있다.

♠ 熊本県阿蘇郡南小国町大字満願寺 7896-1 (폭포 옆 기념품 상점) ♥ 구로카와 온천에서 차로 약 5분 ⏰ 폭포 옆 기념품 상점 10:00~16:00 **맵코드** 618 598 657*03

아와시마 신사 粟嶋神社

오이타현

◇ 바다를 향해 돌출되어 있는 동굴 신사

바다를 향해 돌출된 바위 동굴에 신사가 지어져 있다. 이러한 독특한 형태는 일본 내에서도 쉽게 볼 수 없는 신사 구조이다. 원래 작물과 가축의 병을 치료해 주는 신을 모시던 신사였는데, 언제부터인가 인연을 맺어 주고 순산을 기원하는 신사로 여겨지고 있다. 특히 여성의 소원은 반드시 이루어진다는 이야기가 있다.

♠ 大分県豊後高田市臼野小林7-10 ♥ 우사 역에서 버스로 30분 이동, 코바야시(小林) 정류소에 하차 후 도보 3분 **맵코드** 459 823 286*30

야나가와
柳川

일본의 베네치아, 뱃놀이를 즐기는 물의 고장

후쿠오카현의 남부에 있는 야나가와는 아리아케(有明海)해로 흘러가는 지쿠고강의 하구에 있다. 오랫동안 습지였던 지역에 전국 시대의 영주가 야나가와성을 지으면서 도시의 모습을 갖추기 시작하였다. 당시 성을 방어하기 위해 시내 곳곳에 수로를 팠는데, 시내를 종회하는 수로의 총길이가 무려 930km에 이른다. 이 덕분에 일본을 대표하는 난공불락의 성 중 하나가 되었으며 물의 도시, 일본의 베네치아라는 이름을 갖게 되었다. 야나가와 뱃놀이를 위해 많은 방문객들이 이곳을 찾고 있으며, 야나가와의 명물인 장어 덮밥이 여행객들을 기다리고 있다.

가는 방법

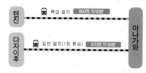

텐진 ··· 야나가와 역

텐진의 니시테쓰 후쿠오카 역에서 특급 열차로 약 50분 정도 소요되며, 요금은 850엔이다.

다자이후 ··· 야나가와 역

다자이후에서 일반 열차를 이용하여 니시테쓰 후 쿠오카로 역으로 이동한 후에 1회 환승한다. 약 50 분 정도 소요되며, 요금은 670엔이다.

사가 역 ··· 야나가와 역

노선버스로 약 50분 정도 소요된다. 요금은 710엔 이다.

사가 공항 ··· 야나가와

사가 공항에서 리무진 택시를 이용하면 된다. 약 25분 정도 소요되며, 요금은 1,000엔이다.

렌터카 여행자를 위한 추천 주차장

타임즈 야나가와 에키마에 タイムズ柳川駅前
◎ 柳川市三橋町今古賀242 ◎ 0120-02-8924 ◎ 1시 간 100엔 맵코드 69 875 255*03

야나가와 여행 할인 티켓

야나가와의 뱃놀이(川下リ, 카와쿠다리) 운영 회사 중 가장 큰 규모인 야나가와 관광 개발과 열차 회사인 니 시테쓰에서 함께 판매하고 있는 할인 티켓을 이용하면 경제적이고 편안하게 야나가와 여행을 할 수 있다. 티켓은 텐진의 니시테쓰 후쿠오카 역뿐만 아니라 대부분의 니시테쓰 열차역에서도 구입할 수 있다.

다자이후 야나가와 관광 티켓 太宰府 柳川 観光きっぷ	여유로운 여행 야나가와 티켓 潤ったり柳川きっぷ	야나가와 토쿠모리 티켓 柳川特盛きっぷ
대인 2,930엔(590엔 저렴) 소인 1,420엔(200엔 저렴)	대인 3,170엔(730엔 저렴) 소인 1,640엔(340엔 저렴)	5,150엔(800~1,200엔 저렴) 소인 티켓 없음
후쿠오카 – 다자이후 – 야나가와(왕복)	후쿠오카 – 야나가와(왕복)	후쿠오카 – 야나가와(왕복)

카와쿠다리 승선권
다자이후 텐만구 보물전 입장료 할인
다자이후 역 자전거 렌털 할인
야나가와 오하나 입장료 할인
야나가와 장어 덮밥 할인
	카와쿠다리 승선권
	칸보노야도 야나가와 온천 입욕권
	(600엔) 포함
		카와쿠다리 승선권
		9개 음식점 중 1곳에서의 식사 포함
		- 칸보노야도 야나가와에서 식사
		  시, 온천 입욕권(600엔) 포함
		- 오하나에서 식사 시, 오하나 입장
		  권(500엔) 포함

www.ensen24.jp/global/korean		www.yanagawakk.co.jp

카와쿠다리 川下り

야나가와의 수로를 따라 유람하는 뱃놀이(川下り, 카와쿠다리)는 전통 방식을 그대로 재현해 길쭉한 노 하나로 나무배를 저어 간다. 니시테쓰 전철의 할인 티켓과 제휴된 '야나가와 관광 개발' 외에도 4~5곳이 영업하고 있으며, 코스와 요금도 대부분 비슷하다. 역 근처의 선착장에서 출발해 약 60~70분간 유람하며, 도착하는 곳에서 야나가와 역까지는 무료 셔틀버스로 돌아온다. 겨울에는 일본 가정의 전통 난방 기기인 코다츠가 배에 설치되기도 한다. 나무배는 10명 내외의 승객이 탑승할 수 있다.

◎ 승선장 니시테쓰 야나가와 역에서 도보 5~10분, 하선장 니시테쓰 야나가와 역에서 도보 약 40분(오하나 인근) ◎ 1,200~1,600엔 (운영 회사에 따라 다름)

야나가와 관광 개발 柳川観光開発

◎ 柳川市三橋町高畑329 ◎ 야나가와 역에서 도보 5분 (야나가와 역 내 라운지 운영 중) ◎ 09:00~17:00 (약 30분에 1대 운항) ◎ 성인 1,600엔, 어린이(6세~초등학생) 800엔 ◎ www.yanagawakk.co.jp/index_k.html (한글, 10% 할인 쿠폰 제공) 맵코드 69 875 573*30(승선장)

카와쿠다리 하선장, 영주의 별장

오하나 御花

야나가와의 영주였던 타치바나 가문의 별장이다. 화려한 건물과 넓고 아름다운 정원으로, 꽃이라는 뜻의 '오하나'라 불린다. 별장의 부지 전체가 국가 지정의 명승지이며, 공식 지정된 명칭은 '타치바나 씨의 정원(立花氏庭園)'이다. 일본의 3대 절경으로 꼽히는 미야기현의 마츠시마정을 이미지화한 정원에는 소나무가 무성하다. 현재 '오하나'는 타치바나 가문이 운영하는 료칸과 음식점으로 이용되고 있고, 투숙객이 아니어도 관광할 수 있다. 야나가와 역에서 도보로 40분 거리인 카와쿠다리 하선장 옆에 있으며, 대부분 카와쿠다리 하선 후 오하나 주변을 둘러보고, 셔틀버스를 이용해 다시 야나가와 역으로 돌아간다.

◎ 柳川市新外町1 ♀ 카와쿠다리 하선장에서 도보 3분 / 야나가와 역에서 차로 10분, 도보 35분 ⏱ 09:00~18:00 ☎ 0944-73-2189 ◉ 500엔 ⊕ www.ohana.co.jp 맵코드 69 843 511*03

후쿠오카의 추천 호텔

후쿠오카 시내의 호텔은 주로 하카타 역과 텐진 역에 있다. 유후인, 나가사키 등
다른 도시를 함께 둘러볼 예정이라면 하카타 역 주변에서 숙박하는 것이 좋다.

JR 규슈 호텔 블라썸 하카타추오

JR九州ホテル ブラッサム博多中央

하카타 역에서 도보로 2분 거리에 위치해 이동에 편리
하다. 2013년에 오픈한 호텔이라 깔끔하고, 모든 객
실 크기가 20m²가 넘어 동급 호텔과 비교해 넓고 쾌적
하다.

ⓐ 福岡市博多区博多駅前2-2-11 ⓞ 하카타 역 하카타 출
구에서 도보 2분 ⓣ 092-477-8739 ⓦ 싱글 12,300엔, 더
블 17,000엔, 트윈 20,600엔 ⓦ www.jrk-hotels.co.jp/
Hakatachuo 맵코드 13 320 373*58

니시테쓰 호텔 크룸 하카타

西鉄ホテルクルーム博多

아늑한 조명과 감각적인 디자인으로 20~30대에게
특히 반응이 좋다. 하카타 역의 어떤 출구로 나와도 5분
거리이며, 싱글 룸을 제외한 모든 객실에 다리 마사지
기와 아이패드가 비치되어 있다. 사우나와 마사지 체어
가 있는 온천 시설도 있어 피로를 풀기에 좋다.

ⓐ 福岡市博多区博多駅東1-17-6 ⓞ 하카타 역 하카타 출
구, 치쿠시 출구에서 각 도보 5분 ⓣ 092-413-5454 ⓦ 싱글
12,000엔, 더블 19,000엔, 트윈 24,000엔 ⓦ nnr-h.com/
croom/hakata 맵코드 13 320 649*66

레오팔레스 하카타 ホテルレオパレス博多

하카타 역 치쿠시 출구에 위치한 호텔로, 바로 앞에는
요도바시 카메라가 있다. 전면이 유리로 된 외관이 인
상적이고, 심플하고 모던한 디자인이 특징이다. 객실
은 전면 유리창 객실과 반대 측 객실이 있으나, 방은 랜
덤으로 배정된다. 간단한 아침 식사가 포함되어 있고,
욕조가 넓은 편이다.

ⓐ 福岡市博多区博多駅東 2-5-33 ⓞ 하카타 역 치쿠시 출
구에서 도보 3분 ⓣ 092-482-1212 ⓦ 싱글 9,600엔, 더블
12,400엔, 트윈 14,600엔 ⓦ www.leopalacehotels.jp/
hakata 맵코드 13 320 209*77

호텔 포르자 하카타에키 하카타구치

ホテルフォルツァ博多駅博多口

전 객실 금연룸의 깔끔한 호텔로, 여성 여행자들에게 인기가 좋다. 하카타 역에서 도보 3분 거리이다. 세련된 인테리어와 모든 객실에 아이패드가 비치된 점이 눈에 띈다. 하카타 역을 중심으로 맞은편에도 치쿠시구치 지점이 있다.

◎ 福岡市 博多区 博多駅前2-1-15 ♀ 하카타 역 하카타 출구에서 도보 3분 ☎ 092-473-7113 ◉ 싱글 12,500엔, 더블 16,000엔, 트윈 24,000엔 ☞ www.hotelforza.jp/hakataguchi 맵코드 13 320 507*71

호텔 레솔 하카타

ホテルリソル博多

최상층(14층)의 대욕장이 인기인 호텔이다. 하카타와 텐진의 중간 지점인 나카스에 위치해 시내 관광이 편리하다. 또한 라운지와 로비, 프론트 역시 상층부인 13층에 위치해 통유리를 통해 탁 트인 주변 경관을 조망할 수 있다.

◎ 福岡市 博多区 中洲 4-4-10 ♀ 나카스가와바타 역 1번 출구에서 도보 1분 ☎ 092-473-7113 ◉ 싱글 10,000엔, 트윈 24,000엔 ☞ www.resol-hakata.com 맵코드 13 319 630*22

도미 인 프리미엄 하카타 캐널시티마에

ドーミーインPREMIUM博多・キャナルシティ前

하카타의 인기 쇼핑몰 캐널시티 앞에 위치해 쇼핑에 편리하다. 도미 인 계열의 가장 큰 특징은 천연 온천과 사우나 시설을 이용할 수 있고, 밤에는 야식으로 쇼유 라멘(간장 라멘)을 제공하고 있다.

◎ 福岡市 博多区 祇園町9-1 ♀ 하카타 역 하카타 출구에서 도보 10분 ☎ 092-272-5489 ◉ 싱글 13,000엔, 트윈 16,000엔 ☞ www.hotespa.net/hotels/hakatacanal 맵코드 13 319 442*00

하카타 엑셀 호텔 도큐

博多 エクセルホテル東急

나카스에 있어 늦은 시간까지 유흥을 즐기기 좋으며, 텐진이나 하카타 지역으로의 이동도 편리하다. 돈키호테와 가장 가까운 호텔로, 쇼핑을 좋아하는 여행객들에게 인기 있는 호텔이다.

◎ 福岡市博多区中洲 4-6-7 ♀ 나카스가와바타 역 1번 출구에서 도보 1분 ☎ 092-262-0109 ◉ 싱글 13,000엔, 더블 18,000엔 ● www.hakata-e.tokyuhotels.co.jp/ja/index.html 맵코드 13 318 687*63

하얏트 리젠시 후쿠오카

ハイアット リージェンシー 福岡

미국의 유명한 건축가 마이클 그레이브가 설계한 호텔로, 돔으로 되어 있는 로비가 인상적이며, 전체적인 외관은 스픽크스를 형상화했다고 한다. 위치가 조금 애매하고, 시설이 다소 낡기는 했지만 하얏트 체인의 명성에 걸맞는 서비스를 제공한다.

◎ 福岡市博多区 博多駅東 2-14-1 ♀ 하카타 역 치쿠시 출구에서 도보 약 10분 (시내 중심 반대 방향) ☎ 092-412-1234 ◉ 싱글 13,000엔, 더블 & 트윈 18,000엔 ● www.hyattregencyfukuoka.co.jp 맵코드 13 321 285*66

그랜드 하얏트 후쿠오카

グランド ハイアット福岡

대형 쇼핑몰인 하카타 캐널시티 내에 위치한 세계적인 호텔 체인으로 후쿠오카에서 가장 고급스런 호텔 중 하나이다. 하카타 역이나 나카스, 텐진 지역까지 도보로 이동할 수 있어 시내 관광에 편리하다. 특급 호텔답게 다양한 서비스를 제공한다.

◎ 福岡市博多区住吉 1-2-82 ♀ 하카타 역 하카타 출구에서 도보 10분 / 나카스가와바타 역 1번 출구에서 도보 7분 ☎ 092-282-1234 ◉ 싱글 18,000엔, 더블 26,000엔, 트윈 26,000엔 ● fukuoka.grand.hyatt.com/en/hotel/home.html 맵코드 13 319 345*17

힐튼 후쿠오카 시호크 ヒルトン福岡シーホーク

바다와 접해 있는 모모치 지역에 있어 객실에서 바다가 보이며, 후쿠오카 돔과 연인의 성지인 후쿠오카 타워가 보인다. 시내와의 접근성도 좋은 도심형 리조트 호텔이다.

🏠 福岡市中央区地行浜2-2-3 📍 텐진, 하카타 역에서 택시 이용 약 15분(2,500엔) / 후쿠오카 공항에서 20분(3,500엔) 📞 092-844-8111 💰 싱글 15,000엔, 더블 23,000엔, 트윈 25,000엔 🌐 www3.hilton.com/en/hotels/japan/hilton-fukuoka-sea-hawk-FUKHIHI/index.html 맵코드 13 313 852*03

TIP 저렴한 숙박을 찾는다면 세미더블룸을 이용?

세미더블룸은 일본의 호텔에서 주로 볼 수 있는 객실 타입으로, 쉽게 이야기 하면 싱글룸(1인실)을 2명이서 사용하는 것이다. 침대폭 100~120cm가 일반적이기에 성인 남성 둘이 함께 이용하는 것은 무리가 있다. 침대 크기뿐만 아니라 일반 더블룸(침대폭 120~160cm)에 비해 객실도 작은 편이다. 세미더블룸 중 작은 곳은 여행용 캐리어 2개를 펼칠 공간이 없는 경우도 있다. 그러나 가격이 저렴하기 때문에 불편을 감수하고 이용하는 여행객들도 많다.

싱글룸

세미더블룸

트리플룸

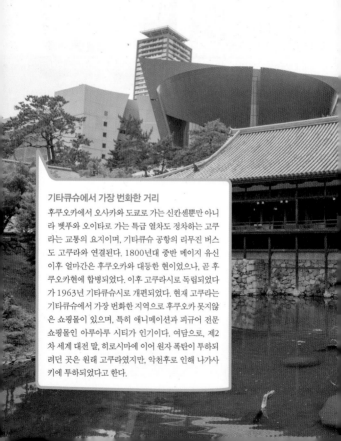

고쿠라
小倉

기타큐슈에서 가장 번화한 거리

후쿠오카에서 오사카와 도쿄로 가는 신칸센뿐만 아니라 벳푸와 오이타로 가는 특급 열차도 정차하는 고쿠라는 교통의 요지이며, 기타큐슈 공항의 리무진 버스도 고쿠라와 연결된다. 1800년대 중반 메이지 유신 이후 얼마간은 후쿠오카와 대등한 현이었으나, 곧 후쿠오카현에 합병되었다. 이후 고쿠라시로 독립되었다가 1963년 기타큐슈시로 개편되었다. 현재 고쿠라는 기타큐슈에서 가장 번화한 지역으로 후쿠오카 못지않은 쇼핑몰이 있으며, 특히 애니메이션과 피규어 전문 쇼핑몰인 아루아루 시티가 인기이다. 여담으로, 제2차 세계 대전 말, 히로시마에 이어 원자 폭탄이 투하되려던 곳은 원래 고쿠라였지만, 악천후로 인해 나가사키에 투하되었다고 한다.

가는 방법

후쿠오카 ··· 고쿠라(小倉)

🚆 열차

하카타 역에서 4가지 등급(보통, 쾌속, 특급, 신칸센)의 열차를 이용해 고쿠라까지 이동할 수 있다. 보통과 쾌속은 요금이 동일하고, 보통 열차가 먼저 출발하더라도 정차역이 많기 때문에 쾌속 열차가 먼저 고쿠라에 도착한다. 규슈 레일 패스를 소지하고 있더라도 하카타 – 고쿠라 구간의 신칸센은 이용할 수 없다.

구분	신칸센 新幹線さくら	특급 特急ソニック	쾌속 快速	보통 普通
소요 시간	15~17분	45~50분	70~80분	95~100분
배차 간격	5~10분	25~30분	20~25분	5~15분
요금	자유석 2,110엔 지정석 3,600엔	자유석 1,800엔 지정석 2,320엔	1,290엔	1,290엔

🚌 버스

하카타와 텐진의 버스 센터에서 고쿠라 역 앞까지 약 90분 정도 소요된다. 요금은 편도 1,130엔, 2매 티켓(往復·ペア乗車券) 2,060엔, 4매 회수권(4枚回数券) 3,600엔이다. 4매 회수권은 4명이서 편도를 이용해도 되고, 2명이서 왕복을 이용해도 된다.

고쿠라 MAP

버스

기타큐슈 공항에서 리무진 버스를 이용해 고쿠라 역까지 이동이 가능하다. 직행 버스는 33분, 나카타니 경유 버스는 49분 소요된다. 요금은 620엔이다. 운행 편수가 많지 않으므로 기타큐슈 공항 홈페이지에서 시간표를 미리 확인하는 것이 좋다.

🌐 korea.kitakyu-air.jp (기타큐슈 공항, 한글 지원)
📱 557 019 154*85

렌터카 여행자를 위한 추천 주차장

가쓰야마 공원 주차장 勝山公園駐車場
📍 北九州市小倉北区城内1 📞 093-561-1210 💰 1시간 200엔 맵코드 16 465 546*06

 🐧 **시내 교통**

대부분의 경우, 고쿠라 시내는 도보로 이동할 수 있다. 고쿠라 역에서 기쿠가오카(企救丘) 역까지 8.8km 구간을 운행하는 모노레일은 재미 삼아 타 보기 좋은 정도다. 고쿠라 역에서 탄가 시장이 있는 탄가(旦過) 역까지는 도보로 약 10분 정도이고, 모노레일로 약 3~4분 정도 소요된다. 모노레일 요금은 100엔이고, 운행 간격은 약 10분이다.

TIP 🐧🔍 **헬로키티 신칸센**

2018년 하반기부터 헬로키티 신칸센이 하카타에서 신오사카까지 운행되고 있다. 현재 2019년 3월까지 운행 스케줄이 나왔지만, 당분간 계속 운행될 것으로 예상된다. 열차의 1호 차는 헬로키티 신칸센 관련 기념품을 파는 코너이며, 2호 차는 포토존과 헬로키티 캐릭터로 꾸며진 좌석이다. 각 지역 특색으로 꾸민 헬로키티 캐릭터를 보는 즐거움이 있다. 단, JR 규슈 레일 패스로는 탑승할 수 없으며 별도의 티켓을 구입해야 한다.

운행 스케줄
코다마 730호
06:40 하카타 출발 – 06:58 고쿠라 정차 – 11:14 신오사카 도착
코다마 741호
11:29 신오사카 출발 – 15:21 고쿠라 정차 – 15:39 하카타 도착

운행일
비정기 운행 (월 3일 정도 운휴)
💰 신칸센 요금과 동일
🌐 www.jr-hellokittyshinkansen.jp/kr

고쿠라성 小倉城

도쿠가와 이에야스가 세키가하라 전쟁에 승리를 하는 데 큰 공을 세운 호소카와 타다오키가 축성한 것이다. 5층의 천수각이 4층보다 큰 독특한 구조다. 5층 천수각에 오르면 고쿠라 시내가 한눈에 내려다보이며, 일본의 전통적인 모습인 고쿠라 정원과 현대적 감각의 쇼핑센터인 리버워크가 함께 보이는 풍경이 인상적이다.

⊙ 北九州市小倉北区城内2-1 ♀ 고쿠라 역에서 도보 15분, 리버워크에서 도보 5분 ⓒ **천수각 & 정원** 09:00~18:00 (11~3월은 17:00까지) / **마츠모토 세이초 기념관** 09:00~18:00(휴관일 12월 29~31일) ☎ 093-561-1210 ⓦ **천수각** 성인 350엔, 중고생 200엔, 초등학생 100엔 / **정원** 성인 300엔, 중고생 150엔, 초등학생 100엔 / **마츠모토 세이초 기념관** 성인 500엔, 중고생 300엔, 초등학생 200엔 / **시설 공통 입장권** 700엔, 중고생 400엔, 초등학생 250엔 뗍코드 16 465 665*71 / 16 465 546*06(가쓰야마 공원 주차장)

리버워크 기타큐슈 リバーウォーク北九州

리버워크는 지방 자치 단체의 도시 활성화 정책의 하나로 탄생되었다. 대학교, 미술관, 예술 극장, 방송국, 신문사 등과 다양한 테마의 상점 그리고 레스토랑이 있는 복합 상업 건물이다. 후쿠오카의 캐널시티 하카타와 비슷한 느낌으로, 독특한 콘셉트의 건물 디자인과 강한 색상이 눈에 띈다. 여러 개의 건물로 이루어진 리버워크가 가장 아름답게 보이는 곳은 고쿠라성의 천수각에서 고쿠라 정원과 함께 바라보는 것이다.

⊙ 北九州市小倉北区室町1-1-1 ♀ 고쿠라 역에서 도보 10분 ⓒ 10:00~21:00(매장마다 다름) ☎ 093-573-1500 뗍코드 16 465 873*77(리버워크 주차장 30분 150엔)

백화점과 쇼핑몰이 한자리에 모인 곳

코렛트, 아이엠 COLET, I'M

지하 1층부터 7층까지는 기타큐슈 현지 기업이 운영하는 코렛트(Colet) 백화점이고, 8층부터 14층까지는 아이엠(I'm) 쇼핑몰이 입점해 있다. 3층의 자라(ZARA), 6층의 무인양품(無印良品), 생활용품 전문 매장인 로프트(Loft) 등이 여행객에게 인기이며, 아이엠 11층에는 100엔 숍을 비롯한 생활 잡화와 소품 전문점들이 있다. 지하 1층에는 식품 코너, 11층과 12층에는 식당가가 있다.

⊙ 北九州市小倉北区京町3-1-1 ⊙ 고쿠라 역 남쪽 출구 바로 앞, 도보 1분 ⊙ 10:00~20:00 ⊙ 093-514-1111 맵코드 16 466 725*77

바삭한 돈카츠 전문점

타마키테이 玉喜亭 🍴

📍 아이엠 11층 식당가 ⊙ 11:00~22:00 ⓦ 라이잔돈 로스카츠 정식(雷山豚のロースかつ定食) 1,000엔, 샤브샤브(しゃぶしゃぶ) 1,800엔

후쿠오카현과 사가현 사이에 있는 라이잔산의 목장에서 미네랄이 풍부한 물과 엄선된 사료를 먹고 자란 돼지고기만 사용하는 곳이다. 바삭한 식감의 돈카츠가 인기 메뉴이며, 샤브샤브도 평이 좋다.

애니메이션 마니아들의 성지

아루아루 시티 あるあるCITY

건물 전체가 마니아층을 타깃으로 하는 규슈 지역에서
가장 큰 애니메이션 전문 상가이다. 은하철도 999의 작
가 마츠모토 레이지(松本零士)가 명예 관장을 맡고 있는
5~6층의 만화 뮤지엄을 비롯하여, 4층에는 만화책과
피규어의 중고 매장인 만다라케(まんだらけ)에는, 3층에는
애니메이션, 만화책, 게임 관련 제품을 취급하는 아니
메이트(Animate) 등이 있다. 외부에는 하록 선장, 철
이와 메텔의 동상 등이 있어 기념사진을 찍기도 좋다.

ⓒ 北九州市小倉北区浅野2-14-5 ♀ 고쿠라 역 신칸센 출
구에서 도보 2분 ☎ 093-512-9566 ① 10:00~22:00
(매장에 따라 다름) 맵코드 16 496 103*00

주인님을 기다리고 있는 메이드 카페　**⑪**

메이도리밍 MAIDREAMIN

♀ 아루아루 시티 1층 ① 11:30~22:00 (일요일
11:00~) ⓦ 자릿세 1시간당 500~800엔 (요일과 시간
에 따라 다름), 플레인 오므라이스(プレーンオムライス)
1,150엔, 까르보나라(かるぼなぁ~ら) 1,050엔

전 세계 17개국에 메이드 카페를 운영하고 있는 일본
최대의 메이드 카페 체인점이다. 문을 열고 들어가면
메이드 복장을 한 점원이 '다녀오셨어요 주인님(お
帰りなさい ご主人様)'이라며 특유의 인사로 맞이
한다. 의외로, 여성 관광객들의 방문도 많다. 시간당
500~800엔의 자릿세가 있으며, 200종 이상의 요리
와 음료 메뉴가 있는데 식사 메뉴는 1,000~1,400엔
선이다. 추천 메뉴는 케첩으로 예쁘게 글씨를 써 주
는 오므라이스류다.

탄가 시장 旦過市場

고쿠라 역과 고쿠라성 사이에 있는 재래시장으로 후쿠오카의 야나기바시 시장과 함께 규슈 지방의 대표적인 재래시장이다. 탄가 시장은 기타큐슈 대학과 함께 시장 중심에 대학당이라는 특이한 식당을 운영하는 것으로 유명하다. 이곳에서 200엔짜리 밥을 사고 시장을 돌아다니며, 덮밥용 재료를 구입해서 먹을 수 있다.

◉ 北九州市小倉北区魚町4-2-18 ♀ 고쿠라 역에서 도보 10분 또는 기타큐슈 모노레일 이용 두 정거장(4분) 후 탄가(旦過) 역에서 하차 1번 출구 맵코드 16 465 326*36 / 16 465 546*06(가쓰야마 공원 주차장)

탄가 시장의 독특한 콘셉트의 식당
대학당 大学堂 🍴

🕐 10:00~17:00 (수, 일요일은 휴무) ◉ 덮밥용 밥 200엔, 커피 300엔 ⊕ www.daigakudo.net

1950~1960년대 일본 주택을 콘셉트로 한 식당의 내부 분위기가 독특하다. 덮밥용 재료로 가장 무난한 것은 회, 연어 알, 문어 등이다. 기타큐슈의 명물 음식을 맛보고 싶다면 꽁치조림(いわしのぬかだき, 이와시누카다키)을 주문하자. 일반적인 여행 일정이라면 탄가 시장 외에서는 찾아보기 힘든 음식이다. 단, 음식이 상당히 짠 편이다.

탄가 시장의 명물 우동
탄가 우동 旦過うどん 🍴

♀ 탄가 시장 내 곳곳에 위치

탄가 시장의 명물인 우동은 진한 국물에 수타면으로 그 명성을 이어가고 있다. 부담 없는 가격의 우동과 함께 기타큐슈 지역의 수산물로 만든 오뎅도 시장의 대표적인 먹거리이다.

후우후우 라멘 곤야마치점

風風ラーメン 紺屋町店 🍴

기타큐슈 출신의 구로카와 료칸 여주인이 고쿠라에 방문하면 꼭 먹어야 하는 라멘으로 추천하는 곳이다. 후우후우 라멘은 돼지 뼈를 베이스로 하는 돈코츠 라멘으로 큰 인기를 얻어 일본 전국으로 체인점을 늘리고 있다. '맛있는 라멘은 팔리지 않는다(うまいラーメンは売れない)'는 독특한 철학을 갖고 있는데, 이 의미는 아직 맛이 완성되지 않았고 계속해서 맛을 내기 위해 노력하겠다는 뜻이다. 항상 맛의 완성을 위해 노력하는 점이 후우후우 라멘의 인기 비결이다.

◎ 北九州市小倉北区紺屋町12-21 📍 탄가 역에서 시장 반대 방향으로 도보 5분 ⏱ 11:00~05:00 ☎ 093-541-2020 💰 라멘 600엔~ 맵코드 16 466 160*22

토토 뮤지엄 TOTO MUSEUM 📷

1917년 창업한 일본의 대표적인 화장실 변기 브랜드 토토(TOTO)에서 운영하는 이색 박물관이다. 1960년대까지는 찻잔과 그릇 같은 식기류도 제작했기 때문에 변기뿐만 아니라 아름다운 찻잔도 전시되어 있다. 또한 인쇄가 발달되지 않은 시기에 변기와 세면대를 판매하기 위해 영업 직원이 들고 다닌 미니어처 모형도 눈에 띈다. 규슈에 있는 수많은 박물관 중 가장 볼거리가 많은 곳이다.

◎ 北九州市小倉北区中島2-1-1 📍 고쿠라 역 버스 센터 3번 승차장에서 21, 22, 43 버스로 15분 이동 후 기후네마치(木舟町) 정류장에서 하차, 택시로 약 10분 ⏱ 10:00~17:00 / 월요일, 오봉 연휴(8월 중순 7일간), 연말연시 휴관 ☎ 093-951-2534 💰 무료 🌐 www.toto.co.jp/museum 맵코드 16 435 391*11

모지코
門司港

복고풍의 낭만이 있는 기타큐슈의 항구 도시

모지코를 여행하기 전에 반드시 알아둬야 할 것이 있는데, '레토로(レトロ)'라는 일본식 영어 표현이다. '회고하는'이라는 뜻의 'Retrospective'의 줄임말로, 쉽게 설명하면 복고를 말한다. 1900년대 초반 이곳은 규슈와 일본 본토의 시모노세키(下関) 사이를 페리로 연결하던 규슈 열차의 시작점이자 무역항으로 크게 번영했지만, 1940년대 본토와 규슈를 연결하는 간몬 터널(関門トンネル)의 개통과 함께 무역항으로의 지위가 저하되면서 점차 쇠퇴한 도시가 되었다. 그러다가 1980년대에 지방 자치 단체와 주민들이 협력해 모지코의 옛 모습을 테마로 관광지로 조성하기 시작하였다. 시내 곳곳에 예스러운 건물이 남아 있으며, 대부분의 건물 이름에 레토로가 붙은 것은 관광지 조성 사업의 이름이 바로 '모지코 레토로(門司港 レトロ)'이기 때문이다.

가는 방법

후쿠오카 ···▶ 모지코(門司港)

🚃 열차

하카타 역에서 가고시마 본선(鹿児島本線)의 종점인 모지코 역까지 쾌속 열차 또는 보통 열차로 환승 없이 이동할 수 있다. 쾌속 열차 이용 시 90분, 보통 열차 이용 시 120분이 소요되며 요금은 동일하게 1,470엔이다. 하카타 – 고쿠라 – 모지코가 같은 동선에 있기 때문에 중간에 고쿠라를 일정에 넣어도 좋다. 이동 시간이 길게 느껴지거나 북규슈 레일 패스를 소지해 특급 열차를 이용하는 부담이 없다면, 특급 열차를 타고 고쿠라까지 이동하는 방법도 있다.

🚌 버스

후쿠오카에서 모지코까지 바로 가는 버스는 없다. 후쿠오카 공항, 하카타 또는 텐진에서 고쿠라까지 고속버스를 이용한 후 고쿠라에서 노선버스를 이용해야 한다.

고쿠라 ···▶ 모지코(門司港)

고쿠라에서 버스와 JR 열차를 이용해서 모지코까지 이동할 수 있다. 고쿠라 역 앞의 버스 정류장에서 74, 95, 170번 등의 노선버스를 이용하면 된다. 노선 및 교통 사정에 따라 약 30~45분 정도 소요되고, 요금은 380엔이다. JR 열차는 약 15분 정도 소요되며, 가격은 280엔이다. 고쿠라에서 모지코로 이동할 때는 버스보다 JR 열차를 이용하는 것이 좋다.

렌터카 여행자를 위한 추천 주차장

모지코 레트로 주차장 門司港レトロ駐車場

◉ 北九州市門司区東港町2 ☎ 093-321-6136 ⏱ 1시간 200엔 맵코드 16 716 453*30

모지코 레트로 킷푸(門司港レトロきっぷ)

후쿠오카-고쿠라 왕복과 고쿠라-모지코 왕복을 합쳐서 발매 중인 티켓으로, 가격은 2,260엔으로, 개별로 구입하는 것보다 약 700엔 정도 저렴하다.
발매 장소 하카타, 텐진, 후쿠오카 공항 버스 터미널

모지코 MAP

↑간몬 대교 (메카리 코엔 전망대)

치비루 공방
門司港地ビール工房

모지코 레트로 전망실
門司港レトロ展望室

NTT 전기 통신 레트로관
NTT門司電氣通信レトロ館

미나토 하우스
港ハウス

국제 우호 기념 도서관
国際友好記念図書館

블루윙 모지
ブルーウィングもじ

이데미쓰 비쥬쓰칸 역
出光美術館駅

구 門司 세관
旧門司税関

친수 광장
親水廣場

센트라리버 모지코 레트로관
センターリバー 門司港レトロ店内

바나나맨
バナナマン

구 오사카 상선
旧大阪商船

모지코 레트로 해협플라자
門司港レトロ海峡プラザ

구 모지 미쓰이 구락부
旧門司三井倶楽部

돌체
ドルチェ

모지코 역
門司港駅

규슈 데쓰도 기넨칸 역
九州鉄道記念館駅

간몬 해협 뮤지엄
関門海峡ミュージアム

규슈 철도 기념관
九州鉄道記念館

모지코 역 門司港駅

1891년에 지어진 네오 르네상스 양식의 목조 역으로 일본 열차역 중 처음 국가 중요 문화재로 지정된 곳이다. 좌우 대칭을 이루고 있으며, 역 앞의 광장에 있는 분수대는 아름다운 풍경을 연출한다. 또한 역사 내부 곳곳이 예스러운 모습을 잘 간직하고 있는데, 특히 청동 수도꼭지와 대리석 타일 장막, 화강암으로 만든 남성용 소변기가 있는 화장실이 볼 만하다. 역 주변으로는 인력거꾼들이 기다리고 있고, 단순한 열차역의 의미를 넘어서 모지코 레토로의 문화 중심지로 인식되고 있다.

北九州市門司区西海岸1-5-31 093-321-8843 맵코드 16 715 020*82

규슈 철도 기념관 九州鉄道記念館

100년 이상의 역사를 갖고 있는 규슈 철도에 관한 자료를 전시하고 있다. 입장료를 내지 않고도 1940년대에 제작되어 1965년까지 운행되었던 C591 증기 기관차의 모습을 볼 수 있으며, 입장료를 내면 1930년대에 만들어진 목조 인테리어의 열차를 볼 수 있다. 기념관 내부에는 열차 관련 사진, 옛날 열차 티켓, 표지판 등의 다양한 자료가 전시되어 있다. 최근 활약하고 있는 규슈 신칸센, 쓰바메, 소닉 등 예쁜 디자인의 규슈 열차들의 미니어처도 전시되어 있다.

北九州市門司区清滝2-3 모지코 역에서 도보 5분 09:00~17:00 093-322-1006 성인 300엔, 어린이 150엔 맵코드 16 685 711*82

바다 넘어 일본 본토까지 볼 수 있는 전망대

모지코 레토로 전망실 門司港レトロ展望室

모지코의 풍경은 물론 규슈와 본토를 연결하는 간몬 대교까지 바라볼 수 있다. 예스러운 2~3층 건물들이 즐비한 지역에 유일하게 높이 솟아 있는 이 건물은, 사실 주거용 건물이기 때문에 전망대에 오르기 위해서는 건물 입구 옆에 따로 마련된 전용 엘리베이터를 이용해야 한다. 건물 바로 앞에는 국제 우호 기념 도서관과 (구)모지 세관 등의 건물이 있어 신구의 조화를 나타내는 모지코의 독특함을 그대로 연출하고 있다.

ⓐ 北九州市門司区東港町1-32 ♀ 모지코항에서 도보 7분 ⊙ 10:00~21:30 ☎ 093-321-4151 ⑯ 300엔 맵코드 16 715 389*74

국제 우호 기념 도서관

모지코 레토로 전망실

전망실에서 바라본 전망

모지코의 마스코트 바나나맨

바나나맨 バナナマン

바나나는 19세기 말부터 대만에서 일본으로 수입되기 시작했는데, 대만에서 바나나를 실은 배가 가장 먼저 도착한 곳이 바로 모지코였다. 당시에는 바나나를 길게 보존하는 방법이 없어 모지코에 도착했을 때 이미 심하게 익은 바나나는 급하게 팔게 되었는데, 이를 '바나나 다다키우리(バナナの叩き売り)'라 하며 모지코 특유의 풍습으로 남게 되었다. 지금은 모지코를 상징하는 바나나를 이용해 여행객들에게 소소한 즐거움을 주기 위해 항구에 바나나맨을 세워 두었다.

♀ 모지코항

구 오사카 상선 旧大阪乗船 📷

1917년 해운 회사인 오사카 상선의 지점 건물로 지어졌으며, 1960년대 미츠이 상선과 합병하여 상선 미츠이 빌딩(商船三井ビル)이라 불리기도 했다. 그리고 1999년에는 국가 등록 유형 문화재로 지정되었다. 1층은 다목적홀로 다양한 자료를 전시하고 있으며, 2층은 기타큐슈 출신의 일러스트레이터 '와타세 세이조'의 작품을 전시하는 갤러리로 이용되고 있다. 그의 그림은 모지코의 풍경을 배경으로 한 연인들의 모습을 그렸는데, 보는 이로 하여금 연애 감정을 자극한다.

📍 北九州市門司区港町7-18 📍 모지코 역 바로 앞, 도보 2분 🕐 09:00~17:00 📞 093-321-4151 💰 1층 다목적홀 무료 / 2층 와타세 세이조 갤러리 성인 100엔, 어린이 50엔 맵코드 16 715 142*06

구 모지 미츠이 구락부 旧門司三井倶楽部 📷

1921년 미츠이 물산의 접대용 사교 클럽으로 항구에서 조금 떨어진 한적한 언덕에 지어졌다가 1994년 현재의 위치로 이축되었다. 당시 가장 비밀스럽고 고급스러운 사교 클럽으로, 1922년에 아인슈타인이 숙박했던 방(2층)은 옛 모습 그대로 전시돼 있다. 1990년 국가 등록 유형 문화재로 지정되었으며, 1층은 관광 안내소와 모지코의 명물인 야키카레, 복어 요리를 하는 레스토랑 '미츠이 크라부'가 있다.

📍 北九州市門司区港町7-1 📍 모지코 역 바로 앞, 도보 2분 🕐 박물관 09:00~17:00 / 레스토랑 11:00~15:00, 17:00~21:00 📞 박물관 093-321-4151 / 레스토랑 050-5590-5531 💰 박물관 100엔 / 레스토랑 복어 덮밥(ふく丼) 1,350엔, 야키카레 세트(焼きカレーセット) 1,490엔 맵코드 16 715 083*33

모지코항의 영광이 남아 있는 곳

구 모지 세관 旧門司税関

1912년 무역항으로 번영하던 시기의 영광을 보여 주는 화려한 서양식 건물이다. 붉은 벽돌로 지어진 건물은 제2차 세계 대전 중 공습으로 대부분 소실되었으며, 1991년부터 4년에 걸쳐 옛 사진 자료를 이용해 복원하였다. 1층에는 앤티크한 분위기의 카페가 있으며, 밀반입하다 세관에 압류된 물품 등 세관과 관련된 자료들을 전시하고 있다.

◎ 北九州市門司区東港町1-24 ♀ 모지코 역에서 도보 7분 ◎
09:00~17:00 ☎ 093-321-4151 ⊙ 무료 맵코드 16 715
297*33

연인의 성지가 있는 예쁜 도개교

블루윙 모지 ブルーウィングもじ

하루에 여섯 번 열리고 닫히는 일본 최대급 보행자 전용 도개교이다. 약 60도의 각도까지 열리는 모습과 파란색 다리와 건너편에 보이는 빨간색 건물의 조화가 아름답다.

다리가 열렸다 닫힌 직후 가장 먼저 손을 잡고 다리를 건너는 연인은 평생 동안 헤어지지 않는다는 로맨틱한 이야기가 있어 '연인의 성지(恋人の聖地)'라 불리고 있다. 다리 건너편에 연인의 성지를 알리는 표식도 있다.

♀ 모지코항에서 도보 7분 ◎ 열리는 시간 10:00, 11:00, 13:00, 14:00, 15:00, 16:00 / 닫히는 시간 10:20, 11:20, 13:20, 14:20, 15:20, 16:20

모지코 레토로 카레 門司港レトロカレー

1950년대 한 찻집에서 남은 카레를 우연히 오븐에 구웠더니 향과 맛이 더 좋아져 실험적으로 메뉴에 추가시켜 판매한 것이 오늘날 모지코 레토로 카레라 불리는 '야키카레(焼きカレー)'의 시초이다. 인기가 높아짐에 따라 모지코 곳곳에 야키카레 전문점이 생겨났으며, 2007년에는 이러한 야키카레 판매 레스토랑들의 연합이 생겨 모지코 지역의 야키카레 전문점의 위치를 관광지와 함께 표시한 '카레 Map'을 제작해 배포하고 있다.

🌐 www.mojiko.info/img/news/pdf/topics0209.pdf(카레 Map)

야키카레와 수제 맥주를 즐길 수 있는 곳
치비루 공방 門司港地ビール工房

🚩 北九州市門司区東港町6-9 ♀ 모지코 레토로 전망대에서 도보 2분 ⏰ 11:00~22:00 📞 093-321-6885 💰 지비루 480엔~, 야키카레 920엔~ 🗺 맵코드 16 715 414*74

모지코 지역에서 만드는 수제 맥주 공방으로, 여행기념품으로도 좋은 지역 한정 '지비루(地ビール)'와 함께 야키카레 등의 식사를 판매한다. 뜨거운 철판에 올려져 나오는 야키카레도 일품이지만, 주조해서 바로 판매하는 지비루가 매력적인 곳이다. 한국어 메뉴판도 있어 메뉴를 주문하기에 편한 곳이다.

3일 동안 숙성된 카레를 맛볼 수 있는 곳
돌체 ドルチェ

🚩 北九州市門司区港町6-12 ♀ 모지코 역에서 도보 1분 ⏰ 09:00~18:00 📞 093-331-1373 💰 야키카레 820엔, 야키카레와 케이크 세트 1,050엔~ 🗺 맵코드 16 715 085*36

3일간 숙성시켜 만드는 자가 제조 카레를 판매한다. 아담한 카페 같은 느낌이 나는 곳으로, 케이크도 인기 메뉴이다. 역에서 가장 가까이에 있으며, 카레가 떨어져 영업이 끝나는 경우가 빈번할 정도로 인기가 많은 곳이다.

모지코에 정박해 있는 외륜선 레스토랑
센타리바 모지코 레토로점
センターリバー 門司港レトロ店

🚩 北九州市門司区港町5-1 ♀ 모지코 역에서 도보 7분 ⏰ 11:00~22:00 📞 093-322-3360 💰 야키카레 1,200엔, 평일 런치 스페셜 카레 950엔, 햄버그스테이크 1,500엔

모지코에 정박해 있는, 미국 서부 시대의 분위기를 풍기는 외륜선에 있는 레스토랑이다. 푸근한 느낌의 인테리어로 분위기가 좋으며, 뜨거운 팬에 그대로 서빙되기 때문에 야키카레의 진수를 느낄 수 있다.

관광객을 위한 특산품 판매처

미나토 하우스 港ハウス

기타큐슈와 시모노세키의 신선한 해산물, 모지코의 대표 먹거리인 야키카레 등을 판매하는 곳이다. 시식 코너도 많고 테이크아웃해서 가볍게 한 끼 식사를 해결할 수도 있다. 한편에는 관광 정보 안내 센터가 있다.

📍 北九州市門司区東港町6~72 📍 모지코 역에서 도보 7분, 모지코 레토로 전망대 옆 🕐 10:00~18:00 맵코드 16 715 417*52

간몬 해협의 과거와 현재를 체험할 수 있는 곳

간몬 해협 뮤지엄 関門海峡ミュージアム

간몬 해협의 과거와 현재를 체험할 수 있는 박물관이다. 2~4층의 어린이 놀이 시설과 멀티미디어 자료관인 해협 아트리움, 정교한 인형을 전시하고 있는 해협 역사 회랑은 유료 시설이다. 1층과 2층에 있는 '해협 레토로 거리(海峡レトロ通り)'는 드라마 세트장처럼 모지코의 옛 거리를 재현해 두었으며, 모지코를 찾는 여행객들이 빼놓지 않고 방문하는 곳이다.

📍 北九州市門司区西海岸1-3-3 📍 모지코 역에서 도보 8분 🕐 09:00~17:00(부정기 휴관, 연간 약 3~5일 정도) 💰 성인 500엔, 초중생 200엔 (단, 모지코 레토로 거리는 무료) 맵코드 16 685 753*30

간몬 터널 인도 関門トンネル人道

1958년 개통한 터널로 규슈에서 일본의 본섬, 시모노세키까지 연결되어 있다. 도보로 이동할 수 있는 해저 터널로 전 세계적으로도 보기 드물다. 거리는 780m이고, 약 15분이면 통과할 수 있다. 인도를 이용해 자전거로 도 이동할 수 있으며, 시모노세키에서 모지코로 돌아올 때는 페리를 이용할 수 있다. 모지코에서 터널을 건너기 전 메카리 전망대에 오르면 간몬 대교와 시모노세키까지의 풍경을 감상할 수 있다.

♀ 모지코 역에서 도보 30분, 자전거 5분 ⓒ 06:00~22:00 ⓦ 보행자 무료, 자전거 20엔 卿코드 16 745 687*60(메카 리시오카제 광장)

모지코 자전거 렌탈 JOYINT 門司港 門司港ステーション
ⓐ 北九州市門司区東港町6-66 ♀ 모지코 역에서 도보 7분, 모지코 레트로 전망대 옆 ⓒ 10:00~18:00 (11~3월 은 17:00까지) ⓦ 1일 500엔

시모노세키~모지코 고속 페리 Kanmon Line
ⓒ 06:00~21:00(약 20분 간격 운항, 5분 소요) ⓦ 성인 400엔(자전거 250엔 추가)

모지코항과 시모노세키항 사이에 있는 간몬 해협은 해저 터널을 이용해 도보 또는 자전거로도 건널 수 있을 만큼 폭이 좁다. 시모노세키는 조선 시대 때 통신사들이 반드시 거쳐 가는 곳이었으며, 1905년 부산과 시모노세키를 연결하는 부관 페리가 운항하기 시작했다. 우리나라와 역사적, 문화적, 지리적으로도 밀접한 관계를 맺고 있는 시모노세키를 모지코 여행과 함께해 보는 것은 어떨까? 자전거로 10분도 걸리지 않는 해협을 건너는 것만으로 일본을 구성하는 4개의 큰 섬 중에 2개를 방문하게 된다.

규슈에서 일본의 본섬인 혼슈 다녀오기

메카리 전망대 めかり展望台

◇ 모지코에서 바라보는 시모노세키

시모노세키까지 갈 시간이 애매하다면, 모지코에서 간몬 대교와 시모노세키를 바라보기 좋은 메카리 전망대를 추천한다. 단, 이곳을 방문할 예정이라면 자전거를 렌탈하는 것이 좋다.

◎ 北九州市門司区大字門司 │ ◎ 모지코 역에서 도보 35분, 자전거 10분

아카마 신궁 赤間神宮

◇ 바다를 바라보며 서 있는 신궁

859년에 창건된 역사 깊은 신궁으로 당시의 왕이었던 안토쿠 덴노(安德天皇)를 모시고 있다. 안토쿠 덴노는 죽어서 바닷속의 용궁으로 갔다는 전설의 영향으로, 건물이 용궁처럼 붉은색으로 강조되어 있다. 오래전 조선 통신사가 혼슈 지역에 처음 방문했을 때 이곳에서 숙박했다고 한다. 규모는 크지 않기 때문에 잠시 산책하듯 쉬어 가기 좋다.

◎ 山口県下関市阿弥陀寺町4-1 │ ◎ 간몬 터널에서 자전거 5분

하이! 카랏토 요코초 はい! からっと横丁

◇ 선착장 옆, 입장이 무료인 아담한 유원지

시모노세키에서 모지코로 가는 페리 선착장 가까이에 있는 작은 유원지다. 입장은 무료이며 대관람차 등의 놀이 시설 이용은 요금을 지불하면 된다. 페리를 기다리면서 예쁘게 꾸며진 유원지 안에서 산책을 즐기며 사진을 찍거나 유원지 옆의 스타벅스에서 휴식을 취하는 좋다.

◎ 山口県下関市あるかぽーと1丁目40 │ ◎ 간몬 터널에서 자전거 5분 │ ◎ 10:00~21:00(주말, 여름), 11:00~18:00(평일, 여름을 제외한 기간) │ ◎ 입장 무료, 대관람차 700엔, 바나나 코스터 400엔, 회전 그네 300엔 등

기타큐슈의 추천 호텔

기타큐슈를 중심으로 여행한다면, 후쿠오카에서 숙박하는 것보다 호텔 요금이
저렴한 고쿠라에서 숙박하는 것이 좋다.

리가 로얄 고쿠라 リーガロイヤルホテル小倉

고쿠라 역과 연결된 특급 호텔이다. 부속 시설로 7개의
식음료 매장과 실내 수영장(2,160엔) 등을 갖추고 있
다. 객실이 14~20층에 있기 때문에 전망이 좋아 인기
가 많다. 고쿠라 역에서 바로 연결되기는 하지만, 고쿠
라성과 리버워크 반대편 출구에 있어 아루아루 시티를

제외하면 역을 관통해서 지나야 한다.

🏠 小倉北区浅野2-14-2 📍 고쿠라 역 신칸센 출구에서 도보 3
분 📞 093-531-1121 💴 싱글 10,000엔~, 트윈 17,000엔~
🌐 www.rihga.com/kr/kitakyushu 맵코드 16 496 163*30

호텔 테트라 ホテルテトラ

가격 대비 만족도가 높은 비즈니스급 호텔이다. 작은 창
문에 침대와 책상을 제외하면 공간이 없고, 화장실도 좁
다. 하지만 사우나 시설과 다다미로 된 조식 레스토랑의
분위기가 독특한 점이 특징이다. 아침 식사에 나오는 카

레가 맛있는 것으로 인기가 많다.

🏠 小倉北区鍛冶町1-9-8 📍 고쿠라 역 남쪽 출구에서 도보 10
분 📞 093-531-3111 💴 싱글 4,000엔~, 트윈 7,000엔~
🌐 kitakyusyu.e-tetora.com 맵코드 16 466 522*77

니시테쓰 인 고쿠라 西鉄イン小倉

온천과 사우나 시설이 있는 비즈니스급 호텔로, 고쿠라 역의 남쪽 출구에 있다. 호텔 전화번호가 '오빠 사랑해'를 연상하게 하는 '5454'라서 연인들에게 인기가 많다. 참고로 아루아루 시티 옆에 있는 아파(APA) 호텔도 비슷한 가격대에서 온천과 사우나 시설을 갖추고 있어 여행객들에게 인기가 많았지만, CEO가 저술한 난징 대학살과 위안부 문제를 부정하는 서적을

배치해 극우 논란이 일면서 우리나라와 중국 여행객들의 방문이 급격히 줄었다.

ⓐ 小倉北区米町 1-4-11 ⓠ 고쿠라 역 남쪽 출구에서 도보 7분 ⓣ 093-511-5454 ⓢ 싱글 7,000엔~, 트윈 11,000엔~ ⓦ www.n-inn.jp/korean/hotels/kokura 맵코드 16 466 611*03

스테이션 호텔 고쿠라 ステーションホテル小倉

리가 로얄 고쿠라와 함께 고쿠라의 대표적인 특급 호텔로, 고쿠라 역 건물 내에 있어 최고의 접근성을 자랑한다. 모던한 인테리어의 객실은 여성 숙박객에게 좋은 반응을 얻고 있으며, 7층 옥상에 있는 조식 레스토랑은 테라스까지 갖추고 있어 아침 식사 후 여유로운 시간을 즐기기에도 좋다.

ⓐ 小倉北区浅野 1-1-1 ⓠ 고쿠라 역 건물 ⓣ 093-541-7111 ⓢ 싱글 12,000엔~, 트윈 18,000엔~ ⓦ www.station-hotel.com/foreign/korean.html 맵코드 16 466 874*22

사가현
佐賀県

규슈 교통의 중심지

나가사키현과 후쿠오카현 사이에 있는 사가현은 오래전부터 규슈 교통의 중심지 역할
을 했으며, 특히 도스 역은 규슈의 주요 특급 열차들이 정차하고 있다. 2013년 티웨이
항공이 인천-사가 노선에 취항하면서 우리나라 여행객들의 수요도 점차 늘어나고 있
다. 티웨이항공은 사가 공항 인근의 후쿠오카 공항과 구마모토 공항에도 취항하고 있기
때문에, '사가 입국-후쿠오카 출국' 또는 '구마모토 입국-사가 출국' 등 다양한 패턴의
일정을 만들 수 있다.

일본의 3대 미용 온천 중 하나인 우레시노 온천, 바다와 맞닿아 있어 신선한 해산물 가이
세키 요리가 나오는 가라쓰 온천, 오랫동안 규슈의 영주들이 별장을 짓고 휴식을 즐겼던
다케오 온천을 비롯해 아리타 도자기 마을 등 다양한 볼거리가 있다.

우레시노 온천
嬉野温泉

피부가 좋아지는 즐거운 온천

우레시노 온천은 일본의 3대 피부 미용 온천으로 꼽힌다. 뿐만 아니라 사가 공항에서 1시간, 후쿠오카 공항에서 1시간 20분이면 도착하는 훌륭한 접근성이 돋보이는 온천 마을이다. 온천 마을을 따라 흐르는 개천을 산책하며 소소한 즐거움을 느낄 수 있는 이곳은, 오래전부터 녹차의 산지로도 유명하다. 그래서 녹차를 이용한 두부나 전병과 같은 음식, 녹차 비누와 녹차 샴푸 등의 미용용품을 파는 상점들이 많다. 또한 우레시노 온천의 료칸 중에는 녹차를 이용한 테마 온천이 있는 곳도 있다.

오래전 전쟁을 마치고 이곳을 찾은 장군이 온천으로 치유되는 병사들을 보고 '즐겁다'는 뜻의 '우레시이(嬉しい)'라 말한 것에서 우레시노 온천이라 이름 지어졌다는 설과 황후가 온천을 한 뒤 피부가 좋아져서 즐겁다고 말한 데서 유래되었다는 설이 있다.

가는 방법

후쿠오카 국제공항 ···▶ 우레시노 온천

후쿠오카 국제공항 국제선 터미널에서 니시테쓰 버스를 타고, 우레시노 버스 센터(嬉野バスセンター) 또는 우레시노 IC(嬉野インター)에서 하차하면 된다. 버스는 40~50분 간격으로 운행되며, 약 1시간 20분 정도 소요된다. 요금은 1,900엔이다. 직행이 아닐 경우 마을 중심의 버스 센터로 가는 버스를 갈아타야 하는데, 이 버스는 약 1시간 30분~2시간 간격으로 운행되는 단점이 있다.

사가 공항 ···▶ 우레시노 온천

🚕 택시

사가 공항에서 리무진 승합 택시를 이용하면 약 1시간 정도 소요되며, 요금은 1인당 2,000엔이다.

🚌 사가 셔틀

사가 공항에는 티웨이항공이 운항 스케줄에 맞춰 운영하는 '사가 셔틀'이 있다. 출발 전 사전 예약제로 운영되며, '온라인 투어'에서 예약이 가능하다. 사가 셔틀을 이용할 경우, 약 1시간 30분 정도 소요되며 요금은 예약 건당 5,000원이다.

후쿠오카 국제공항 ···▶ 우레시노 온천

버스로 약 35분 소요되며, 요금은 500엔이다.

다케오 온천 ···▶ 우레시노 온천

다케오 온천에서 노선버스 이용 시, 우레시노 버스 센터까지 약 35분이 소요된다. 요금은 660엔이다.

렌터카 여행자를 위한 추천 주차장

우레시노 중앙 주차장 嬉野中央駐車場
📍 嬉野市嬉野町大字下宿乙 📞 0954-42-0336 🕐 24시간 200엔 맵코드 104 043 366*48

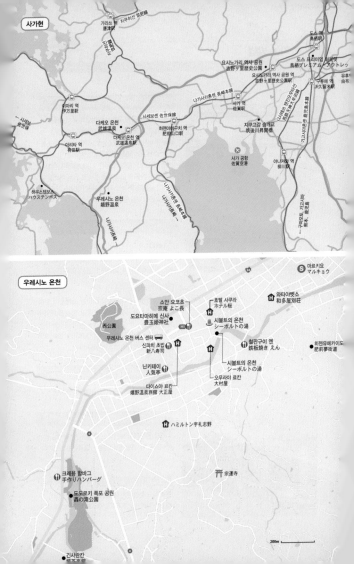

사가현

가라쓰 역
唐津駅

이마리 역
伊万里駅

다케오 온천
武雄温泉

다케오 온천 역
武雄温泉駅

아리타 역
有田駅

하우스텐보스
ハウステンボス

우레시노 온천
嬉野温泉

치쿠히혼센 筑肥線

사세보센 佐世保線

니가사키혼센 長崎本線

하젠야마구치 역
肥前山口駅

요시노가리 역사공원
吉野ヶ里歴史公園

요시노가리 역사 공원역
吉野ヶ里公園駅

사가 역
佐賀駅

지쿠고강 승개교
筑後川昇開橋

사가 공항
佐賀空港

도스 역
鳥栖駅

도스 프리미엄 아웃렛
鳥栖プレミアム・アウトレット

구루메 역
JR久留米駅

유후
由布

야나가와 역
柳川駅

니가사키혼센 長崎本線

우레시노 온천

마르키요
マルキョウ

西公園

소안 요코초
宗庵 よこ長

도요타마히메 신사
豊玉姫神社

우레시노 온천 버스 센터

신파치 초밥
新八寿司

닌키테이
人気亭

다이쇼야 료칸
嬉野温泉旅館 大正屋

호텔 사쿠라
ホテル桜

시볼트의 온천
シーボルトの湯

와타야벳소
和多屋別荘

철판구이 엔
鉄板焼き えん

히젠유메카이도
肥前夢街道

시볼트의 온천
シーボルトの湯

오무라야 료칸
大村屋

ハミルトン宇礼志野

宗運寺

크레용 함바그
手作りハンバーグ

도도로키 폭포 공원
轟の滝公園

긴사란칸
嬉茶来館

200m

우레시노 온천을 체험할 수 있는 곳

시볼트의 온천 シーボルトの湯

우레시노 온천의 료칸에 숙박하지 않더라도 온천을 체험할 방법은 여러 가지가 있다. 가장 저렴하게 이용할 수 있는 곳은 공공 온천인 시볼트의 온천이다. 시볼트 박사가 우레시노 온천에 방문했던 것을 기념해서 만든 온천으로 관내에는 대욕장과 대절탕, 시민 갤러리 등 교류와 휴식의 장소로 이용되고 있다. 시볼트의 온천 외에 일부 료칸에서는 낮에 숙박객이 아닌 사람들에게도 온천을 개방한다.

◎ 嬉野市嬉野町下宿乙818-2 ◎ 우레시노 온천 마을 중심, 버스 센터에서 도보 5분 ◎ 06:00~22:00(수요일 휴관) ◎ 0954-43-1426 ◎ 성인(중학생 이상) 400엔, 대절탕(50분) 2,000엔 별도 맵코드 104 043 166*88

TIP 시볼트의 온천?

우레시노 온천에 있는 시볼트의 온천 외에도 나가사키에는 시볼트 거리와 공원을 찾아볼 수 있는데, '시볼트(Philipp Franz Balthasar von Siebold)'는 1823년 나가사키에 도착한 독일인 의사이다. 개항 이전의 외국인은 나가사키의 인공섬 데지마에서만 생활해야 했는데, 그는 일본인들에게 의술을 전했기에 나가사키 시내로 나가서 진찰하는 것이 허용되었다. 뿐만 아니라 그는 도쿄에서 다이묘에게 알현하고, 일본에 서양의술을 전했다.

그러나 시볼트는 일본인 여성과 결혼해서 아이를 낳은 직후 일본의 중요한 정보를 유럽에 반출하려는 혐의, 이른바 '시볼트 사건'으로 1829년에 홀로 일본에서 추방당했다. 유럽으로 돌아간 시볼트는 일본 전문가로 계속해서 일본에 재입국을 시도하다가, 그가 다시 돌아갈 수 있었던 때는 일본이 개국한 이후인 1859년으로, 그의 나이 63세 때였다.

그가 추방되었던 30년 동안 당시 흔치 않은 혼혈이었던 그의 딸 구스모토 이네(楠本イネ)는 시볼트의 제자들이 돌봐준 덕분에 일본 최초의 서양 의사가 되어 활약할 수 있었다. 여담으로, 구스모토 이네는 시볼트의 제자 중 한 명에게 강간을 당해 딸을 낳은 후 평생을 혼자 살았다. 이네의 딸 구스모토 다카코(楠本高子)는 엄청난 미녀였는데, 훗날 그녀의 사진을 일본의 만화가 마츠모토 레이지(松本零士)는 그녀를 모델로 은하철도 999의 메텔, 우주 전함 야마토의 스타샤를 그렸다고 한다.

구스모토 다카코

도요타마히메 신사 豊玉姫神社

일본 신화 속 바다의 신인 '오오와타츠미노카미(大綿津見神)'의 딸이자 순산을 기원하는 여신 '토요타마히메'를 모시는 신사이다. 순산을 기원하기 위해 찾는 것뿐 아니라, 미용 온천인 우레시노에 있는 곳답게 피부 미인이 되길 기도하기 위해 찾아오기도 한다. 경내의 하얀 메기에 물을 뿌리고 기도를 하면 피부가 좋아진다는 이야기가 전해져 오고 있다.

◎ 嬉野市嬉野町下宿乙2231-2 ♀ 우레시노 버스 센터에서 도보 3분 맵코드 104 043 245*03 / 104 043 366*48(우레시노 중앙 주차장)

소안 요코초
宗庵 よこ長

일본판 《식객》이라 할 수 있는 만화책 《맛의 달인》에 소개되기도 한 우레시노의 대표 맛집이다. 온천 증류수를 이용해 만드는 우레시노 온천 두부의 원조로 알려져 있다. 우레시노 온천 두부는 부드럽고 살짝 또는 단맛이 특징이다. 온천 두부에 네댓 가지 반찬이 제공되는 두부 정식(湯どうふ定食)이 850엔으로 인기에 비해 저렴한 가격이며, 그 외에도 우동, 소바, 덮밥 등 다양한 메뉴가 있다.

◎ 嬉野市嬉野町下宿乙2190 ♀ 우레시노 버스 센터에서 도보 3분 ⏰ 10:00~21:00 (수요일 휴무) ☎ 0954-42-0563 ⓟ 온천 두부 정식(湯どうふ定食) 850엔, 사시미＋온천 두부 정식(刺身付定食) 1,440엔 맵코드 104 043 219*55 / 104 043 366*48(우레시노 중앙 주차장)

이름 그대로 인기 있는 음식점

닌키테이 人気亭 🍴

일본어로 닌키(人気)란 '인기 있다'라고 할 때의 그 인기이다.
상호명답게 우레시노의 인기 음식점으로, 우동과 짬뽕, 덮밥
등을 판매하고 있다. 이곳의 인기 비결은 바로 가격인데, 평균
500엔 선에서 만족스러운 식사를 할 수 있다. 한글 메뉴판도
갖추고 있어서 편리하게 이용할 수 있다.

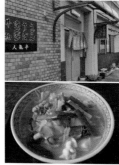

◎ 嬉野市嬉野町大字下宿乙2307 ♀ 우레시노 버스 센터에서 도
보 5분 ⏰ 11:00~21:00 (목요일 휴무) ☎ 0954-43-1137
⟐ 우동·짬뽕 등 530엔~ 맵코드 104 013 874*88 / 104 043
366*48(우레시노 중앙 주차장)

철판구이 엔 鉄板焼き えん 🍴

우레시노 온천의 대표 료칸 중 하나인 와라쿠
엔에서 운영하는 고급 철판구이 전문점이다.
실내에는 우레시노강의 정취를 더하는 빨간
색 다리가 보이는데, 단 12석의 자리만 있으
며 예약제로 운영 중이다. 와라쿠엔에서 숙박
할 경우 저녁 가이세키 요리 대신 추가 요금
을 내고 이곳에서 식사할 수도 있다.

◎ 嬉野市嬉野町下野甲33 ♀ 우레시노 버스 센터에서 도보 약 7분 ⏰ 점심 11:30~14:00, 저녁 18:00~22:00 ☎
0954-43-3181 ⟐ 점심 4,800엔~, 저녁 9,720엔~ 맵코드 104 043 112*06 / 104 043 054*03(와라쿠엔 료칸)

규슈 올레 우레시노 코스 九州オルレ 嬉野コース

미용 온천과 일본 차, 도자기의 마을인 우레시노에는 올레 코스가 만들어져 있는데, 이는 우리나라 제주에서 수출된 것이다. 총 길이 12.5km로 소요 시간은 약 4~5시간이고 난이도는 중상이다. 시작인 히젠 요시다 도자기 회관까지는 4.5km로, 우레시노 온천 거리에서 걸어가면 약 1시간 정도 소요된다.

📍 우레시노 버스 센터에서 도보 약 1시간, 택시 약 10분(1,000엔)

• 규슈 올레 우레시노 코스
총 거리 : 12.5km
소요 시간 : 4~5시간

start ▶ ──4km── ──6.2km── ──2.3km──
히젠 요시다   22세기   도도로키   시볼트의
도자기 회관   아시아의 숲   폭포   온천

히젠 요시다 도자기 회관 肥前吉田燒窯元会館

규슈 올레 우레시노 코스의 시작점에 있는 시설로, 16세기부터 이어져 오는 우레시노 지역의 도자기인 '요시다야키(吉田燒)'의 역사를 전하고 있다. 도자기로 유명한 아리타, 이마리에 갈 시간이 없다면 이곳을 대신 방문해 보는 것도 좋다. 도자기를 구입할 수도 있고, 다양한 체험도 할 수 있다.

🏠 嬉野市嬉野町大字吉田丁4525-1 📍 우레시노 버스 센터에서 도보 약 1시간, 택시 약 10분(1,000엔) 🕐 08:30~16:30(마지막 입장 15:00) 📞 0954-43-9411 💴 입장 무료, 체험 700엔~ 맵코드 461 587 335*52

22세기 아시아의 숲 22世紀アジアの森 📷

아시아 여러 나라에 서식하는 꽃과 나무들을 심어 자연 속 국제 교류의 장소로 만들었다. 이곳의 식물들이 울창하게 자라고 뿌리를 뻗어 나가는 동안 국제 교류가 활발하게 이뤄져 아시아 국가 간 관계가 튼튼해지길 바라는마음으로 '22세기 아시아의 숲'이라는 이름을 붙였다. 특히 '메타세쿼이아' 400여 그루가 있어 여름에는 신록을, 가을에는 단풍을 뽐낸다.

◉ 嬉野町大字吉田 ♀ 규슈 올레 코스 내, 히젠 요시다 도자기 회관에서 도보 약 1시간

온천 거리 끝에 있는 폭포

도도로키 폭포 공원 轟の滝公園

우레시노 마을을 가로지르는 요시다강의 마을 끝자락에 있는 폭포이다. 높이 11m에 3단으로 되어 있고 폭포는 2,500만 년 전 화산 활동으로 생겼는데, 평지에서는 좀처럼 찾아보기 힘든 독특한 풍경이다. 굉음을 뜻하는 '도도로키'라는 이름에 걸맞게 수량이 많은 여름에는 큰 소리를 내며 시원하게 쏟아진다. 온천 거리에서 강을 따라 산책하는 기분으로 다녀오기 좋은 곳이다.

◎ 嬉野市嬉野町大字下宿丙163-1 ♥ 우레시노 버스 센터에서 도보 약 20분 맵코드 104 012 311*71 (공원 주차장)

수제 함바그 전문점

크레용 함바그 手作りハンバーグの店 くれよん

온천 거리에서 조금 떨어진 도도로키 폭포 공원 옆에 있는 수제 함바그 전문점이다. 엄선한 소고기와 닭고기를 사용한 함바그는 사이즈와 소스에 따라 가격이 달라진다. 데미글라스 소스를 기본으로 버섯 크림, 크림 카레 등의 소스를 선택할 수 있으며, 한글 메뉴판도 있어 어렵지 않게 주문할 수 있다.

◎ 嬉野市嬉野町大字下宿丙180 ♥ 우레시노 버스 센터에서 도보 약 20분 ⏰ 11:00-22:00 (일요일은 21:30까지) ☎ 0954-42-1281 ◎ 함바그 800~1,100엔, 샐러드&음료 세트 추가(+350엔), 디저트 추가(+230엔) 맵코드 104 012 279*60

우레시노의 차를 체험하는 곳

긴사란칸 嬉茶楽館

550여 년이 넘는 긴 역사를 갖고 있는 우레시노 녹차와 관련된 시설로, 우레시노 시청과 농업 협동조합인 JA에서 운영하고 있다. 맛있는 차를 내리는 방법(30분 100엔), 녹차로 하는 직물 염색 체험(1시간 1,000엔), 녹차 공방 견학(30분 무료) 등의 체험을 할 수 있다.

◎ 嬉野市嬉野町大字岩屋川内乙2713 ♥ 우레시노 버스 센터에서 도보 약 25분 ⏰ 견학 08:30~17:00, 체험 10:00~16:00(토·일·공휴일 휴관) ☎ 0954-43-5266 ◎ 체험 시설에 따라 다름 맵코드 461 582 700*82

우레시노 온천의 료칸

우레시노는 지역의 특산물인 녹차를 이용하는 테마 온천을 갖춘 곳도 많고,
전통 료칸은 숙박비에 일본식 코스 요리인 가이세키가 포함되어 있다.

와라쿠엔

和楽園

우레시노 온천 마을의 대표적인 료칸으로, 한국인 관
광객들의 관심이 많은 곳으로도 잘 알려져 있다. 우레
시노 온천의 명물인 녹차를 테마로 한 온천도 있으며,
본관의 일반 객실에는 가족과 커플만을 위한 대절 노
천 온천(貸切露天風呂, 50분 2,000엔)을 이용할 수 있
다. 본관 객실 외에도 객실 내에 전용 노천 온천이 있
는 사잔테이(山茶亭) 객실, 보다 업그레이드된 특별실
스이게츠(翠月)가 있어 럭셔리한 료칸 체험도 할 수 있
다. 숙박객이 아니어도 료칸의 온천을 당일치기로 이
용할 수 있다.

🚉 嬉野市嬉野町下野甲33 🚏 우레시노 버스 센터에서 도보 5
분 📞 0954-43-3181 💰 당일치기 온천 1인 1,000엔
(11:30~20:00) / 숙박비 본관 객실 1박 15,000엔~, 사잔
테이 22,000엔~, 스이게츠(특별실) 1인 1박 28,000엔~ 맵
코드 104 043 054*03

와타야벳소

和多屋別荘

우레시노 지역에서 가장 인기 있는 료칸으로, 5만 평
규모의 부지에 현대식 건물인 타워관과 전통적인 모습
을 간직한 별관들이 조화를 이루고 있다. 실내 온천과
노천 온천은 피부 미용에 좋은 '나트륨 – 탄산수소염
염화물천'을 이용한다. 넓은 정원은 산책하기 좋
고, 본관 로비의 카페는 음료나 술을 마시며 족욕을 할
수 있어 큰 인기를 얻고 있다. 외래 입욕이 가능해 숙박
객이 아니어도 온천을 이용할 수 있으며, 료칸 내 식당
에서 1,500엔 이상의 점심 또는 저녁 식사를 하는 경
우는 온천을 무료로 이용할 수 있다.

🚉 嬉野市嬉野町下宿乙738 🚏 우레시노 버스 센터에서 도보
10분 📞 0954-42-0210 💰 당일치기 온천 1인 2,000엔
(11:00~21:00) / 숙박비 일반 객실 14,000엔~, 노천 온천이
있는 별채 객실 30,000엔~ 맵코드 104 043 328*82

다케오 온천
武雄温泉

규슈의 최고급 료칸이 있는 온천 마을

우리나라에는 비교적 많이 알려져 있지 않지만, 1300
년의 역사를 가진 규슈의 대표적인 온천 중 하나이다.
전설에 의하면, 오래전 무사가 칼로 바위를 내려쳤는
데 그곳에서 온천이 솟아났다고 한다. 3,000년 수령
의 나무를 비롯해 숲과 정원에 둘러싸여 있는 아름다
운 풍경으로 오래전부터 귀족들이 별장을 지어 휴양
하던 곳이다. 또한 규슈의 최고급 료칸인 '치쿠린테이'
가 있는 곳이기도 하다. 조용한 분위기 때문에 일본의
연예인과 유명 인사들이 몰래 찾는 온천지이기도 했
지만, 2022년 개통 예정인 나가사키 신칸센의 정차
역으로 선정되면서 최근에는 관광지로서의 개발이 활
발해지고 있다.

가는 방법

하카타 역 … 다케오 온천

하카타 역에서 특급 열차로 약 1시간 10분 정도 소요되며, 요금은 2,580엔이다.

사가 역 … 다케오 온천

일반 열차는 약 50분 정도 소요되며, 요금은 560엔이다. 특급 열차는 약 25분 정도 소요되며, 요금은 1,180엔이다.

사가 공항 … 다케오 온천

🚕 택시

사가 공항에서 리무진 승합 택시를 이용하면 약 1시간 정도 소요되며, 요금은 1인당 2,000엔이다.

🚌 사가 셔틀

티웨이항공이 운항 스케줄에 맞춰 운행하는 사가 셔틀을 이용하면, 약 1시간 정도 소요된다. 사전 예약제로 운영되기에 출발 전에 미리 예약해야 하며, '온라인 투어'에서 쉽게 예약할 수 있다. 사가 셔틀을 이용할 경우, 요금은 예약 건당 5,000원이다.

우레시노 온천 … 다케오 온천

우레시노 온천에서 노선버스를 이용하여 다케오 온천 입구까지 갈 수 있다. 약 35분 정도 소요되며, 요금은 660엔이다.

렌터카 여행자를 위한 추천 주차장

다케오 온천 역 주차장 武雄温泉駅駐車場

⊙ 佐賀県武雄市武雄町大字富岡8260　📞 0956-25-4021　⊙ 20분 무료, 1시간 100엔　맵코드 104 408 151*63

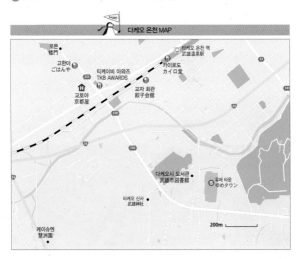

다케오 온천 MAP

로몬 楼門

우리나라의 한국은행 본점(현 화폐 박물관), 일본 은행 본점, 도쿄 역 등을 설계한 건축가 '타쓰노 긴고(辰野金吾)'는 20세기 초반 일본 건축의 아버지로 불린다. 이 붉은색 로몬은 사가현 출신인 그가 1914년에 건축한 것으로 다케오 온천의 상징이다. 2005년 국가의 중요 문화재로 지정되었다.

◉ 武雄市武雄町大字武雄7425 ♥ 다케오 온천 역에서 도보 약 15분 맵코드 104 407 120*11

다케오 온천 대중욕장 武雄温泉大衆浴場

다케오 온천의 온천 협회에서 운영하는 대중탕이다. 온천의 수질은 다양한 성분을 조금씩 함유하고 있지만, 기본적으로 약알칼리성 온천수로 보습성이 우수해 피부 미용과 피로 회복에 좋다. 남녀 별도의 일본 온천 세 곳 중 '모토유'와 '호라이유'는 실내 온천만 있으며, '사기노유'에는 사우나 시설과 노천 온천 시설까지 마련되어 있다. 총 7개의 가족 온천 중 '도노사마유'는 에도 시대에 이 지방 영주가 전용 온천으로 이용하기 위해 제작한 대리석 욕조가 설치되어 있다.

◉ 佐賀県武雄市武雄町大字武雄7425 ♥ 다케오 온천 역에서 도보 약 15분 ⏰ 06:30~24:00 ☎ 954-23-2001 맵코드 104 407 180*30

구분	온천명	운영 시간	이용 요금
일반 온천	모토유(元湯)	06:30~24:00	400엔
	호라이유(蓬莱湯)	06:30~21:30	400엔
	사기노유(鷺乃湯)	06:30~24:00	600엔
가족 온천	도노사마유(殿様湯)	10:00~23:00	3,300엔(평일), 3,800엔(주말)
	가로유(家老湯)	10:00~23:00	2,500엔(평일), 3,000엔(주말)
	에사키테이(柄崎亭)	10:00~23:00	1,900엔(평일), 2,200엔 또는 2,900엔(주말)

화려한 꽃으로 가득한 넓은 정원

미후네야마라쿠엔 御船山楽園

다케오 지역의 28대 영주가 별장으로 쓰기 위해 3년에 걸쳐 1854년 완성한 화려한 정원으로, 봄에는 5천 그루의 벚꽃과 5만 그루의 철쭉이 장관을 이룬다. 2016년 여름에 일시적으로 설치되었던 야간의 레이저 맵핑은 매년 여름 개최될 예정으로, 2017년에는 7월 중순부터 10월 초순까지 뷰티 브랜드인 시세이도와 함께 레이저 맵핑을 연출했다. 3만 평의 광대한 부지에는 호텔과 일본 최고급 료칸인 '치쿠린테이(竹林亭)'가 있다.

◎ 武雄市武雄町大字武雄4100 ♀ 다케오 온천 역에서 택시로 약 5분, 도보 20분 ⏱ 08:00~17:00[여름철 레이저 맵핑 20:00~22:30] ☎ 0954-23-3131 ◉ 400엔 [여름철 레이저 맵핑 1,600엔] 맵코드 104 347 369*71

요코 미술관과 함께 있는 일본 정원

케이슈엔 慧洲園

20세기 일본 최고의 정원사로 꼽히며 후쿠오카의 오호리 공원, 미국 보스턴 미술관의 일본 정원 등을 만든 나카네 긴사쿠(中根金作)의 작품이다. 케이슈엔은 도자기 관련 미술관인 요코 미술관(陽光美術館)의 정원으로 만들어졌는데, 미술관보다 정원의 인기가 더 많다. 폭포와 산, 사가현의 명물인 녹차밭도 정원에서 표현하고 있다. 정원 한편에는 전통 찻집도 운영하고 있다.

◎ 武雄市武雄町武雄4075-3 ♀ 다케오 온천 역에서 택시로 약 4분, 도보 15분 ⏱ 09:00~17:00 [수요일 휴관 / 단, 4~5월, 10~11월은 휴관 없음] ☎ 0954-20-1187 ◉ 미술관 성인 600엔, 정원 600엔 / 미술관+정원 1,000엔 맵코드 104 346 779*60

다케오시 도서관 武雄市図書館

인구 5만 명이 채 되지 않는 다케오시의 도서관은 원래 전체 인구의 20%도 이용하지 않는 도서관이었다. 시는 시민들의 세금이 아깝다고 생각해 일본 전역에서 서점을 운영하는 TSUTAYA의 모회사에 위탁 경영을 맡기게 되고, 이후 연간 100만 명이 찾아며 일본에서 가장 인기 있는 도서관으로 탈바꿈하였다. 휴관일 없이 매일 밤 9시까지 운영하고, 편안하게 오랫동안 머물 수 있는 편의를 제공하기 위해 스타벅스를 입점시키는 등 일반 도서관에서는 볼 수 없는 서비스를 제공하고 있다. 또한 탁 트인 공간과 천정의 유리로 자연 채광이 들어오는 인테리어가 돋보인다. 도서관 바로 앞에는 쇼핑몰인 유메 타운이 있다.

◎ 武雄市武雄町大字武雄5304-1 ◑ 다케오 온천 역에서 도보 15분, 버스로 약 5분 ⏱ 09:00~21:00 ☎ 0954-20-0222 ◉ 무료(도서관 내 사진촬영 불가) 맵코드 104 378 243*03

교자 회관 餃子会館

다케오의 대표 맛집으로, 라멘과 교자만 판매한다. 화이트 교자라 불리는 이곳의 교자는 동그란 모양이 특징이며, 파이같이 바삭한 만두피와 36가지 속 재료가 들어 있어 간장에 찍어 먹지 않아도 맛있다. 참고로, 볼륨감 있는 교자는 구워서 나오는데, 15분 정도의 시간이 걸린다. 기본 라멘인 모시모시 라멘은 돼지 뼈를 베이스로 하지만 향이 진하지 않다.

◎ 武雄市武雄町昭和3-4 ◑ 다케오 온천 역에서 도보 5분 ⏱ 11:00~21:00(목요일 휴무) ☎ 0954-22-3472 ◉ 모시모시 라멘 550엔, 화이트 교자 8개 450엔 맵코드 104 377 892*55

치즈 삼겹살 돈가스 맛집

고한야 ごはんや 🍴

점심에만 영업하는 곳으로, 정갈한 식사를 즐길 수 있다. 인기 메뉴는 삼겹살과 치즈로 만든 돈가스인 치즈 바라카츠 정식(チーズバラカツ定食, 760엔)과 야키 짬뽕(焼ちゃんぽん, 580엔) 이다. 양이 많은 편이 아니라 야키 짬뽕은 주먹밥(おにぎり, 오니기리 / 250엔)과 함께 주문하는 것을 추천하고, 정식 메뉴는 밥을 한 번 더 무료(おかわり無料)로 먹을 수 있다.

◎ 武雄市武雄町武雄7358 ♀ 다케오 온천 역에서 도보 10분 ⏱ 11:00~14:30(일요일 휴무) ☎ 0954-22-6626 ₩ 1,000엔 미만 맵코드 104 407 034*77 / 104 408 151*63(다케오 온천 역 중앙 주차장)

다케오 버거를 뜻하는 TKB

티케이비 아와즈 TKB AWARDS 🍴

사가, 다케오 지역에서 자란 고기와 채소 등을 이용한 수제 버거 전문점으로, 흔히 '다케오 버거'라 불린다. 다케오 지역의 브랜드 돼지고기를 이용한 '와카쿠스 로스카츠 버거(若楠ロースかつバーガー, 단품 500엔)'는 KBC 규슈 방송에서 기획한 '규슈에서 가장 맛있는 햄버거'라는 프로그램에서 1위로 선정되기도 했다.

◎ 武雄市武雄町大字富岡7811-5 ♀ 다케오 온천 역에서 도보 10분 ⏱ 화~금요일 점심 11:00~16:00, 저녁 18:00~22:00 / 토요일 점심 11:00~18:00, 저녁 20:00~24:00 / 일요일 11:00~18:00 / 월요일 휴무 ☎ 080-3958-3411 ₩ 1,000엔 미만 맵코드 104 377 850*82

에키벤 그랑프리 우승의 도시락 맛집

카이로도 カイロ堂 🍴

열차 도시락인 에키벤을 파는 곳으로, 규슈 에키벤 그랑프리에서 3년 연속 우승한 기록을 갖고 있다. 흔히 규슈에서 제일 맛있는 도시락집으로 통한다. 매장 내부에는 테이블이 있어 도시락을 바로 먹을 수도 있다. 점내 음식(店内飲食)의 경우, 도시락으로 구입(弁当単品)한 것보다 150엔 비싸다.

◎ 武雄市武雄町大字富岡8249-4 ♀ 다케오 온천 역 내부(관광 안내소 안쪽에 위치, 북쪽 출구 외부에서도 입장 가능) ⏱ 08:30~18:00 ☎ 0954-22-2767 ₩ 사가규 극상 갈비 야키니쿠 벤토(佐賀牛 極上カルビ焼肉弁当, 2014년 우승 도시락) 1,620엔, 사가규 스키야키 벤토(佐賀牛すき焼き弁当, 2012~2013년 우승 도시락) 1,300엔 맵코드 104 408 151*63

다케오 온천의 료칸

숙박보다는 잠시 들르는 여행객이 많지만, 규슈에서 최고급으로 꼽히는 치쿠린테이를 비롯해 조용한 료칸 숙박을 즐길 수 있다.

치쿠린테이

竹林亭

다케오 온천 지역의 영산인 미후네산을 포함하는 15만 평의 넓은 부지에 11개의 객실이 있는 규슈 최고급 료칸으로, 남쪽의 영빈관이라 불리기도 한다. 8개의 객실에는 전용 노천 온천이 있으며, 모든 객실의 저녁 식사는 객실 내 가이세키 요리로 제공된다.

🏠 武雄市武雄町大字武雄4100 🚩 다케오 온천에서 차로 약 5분 (도보 15분) 📞 0954-23-0210 💰 숙박비 1인 1박 12,000엔~ 맵코드 104 347 369*71

교토야

京都屋

2010년에 창업 100주년을 맞은 역사 깊은 료칸이다. 객실뿐만 아니라 료칸의 곳곳에서 1920년대 그대로의 정취를 느낄 수 있으며 오르골, 램프 등의 골동품도 전시되어 있다. 료칸 부지 내에 솟아나는 온천도 좋은 수질을 자랑한다. 다케오 역까지 클래식 차로 송영해 주는 것이 인상적이다.

🏠 武雄市武雄町大字武雄7266-7 🚩 다케오 역에서 차로 약 3분(도보 8분) 📞 0954-23-2171 💰 숙박비 1인 1박 12,000엔~ 맵코드 104 377 786*25

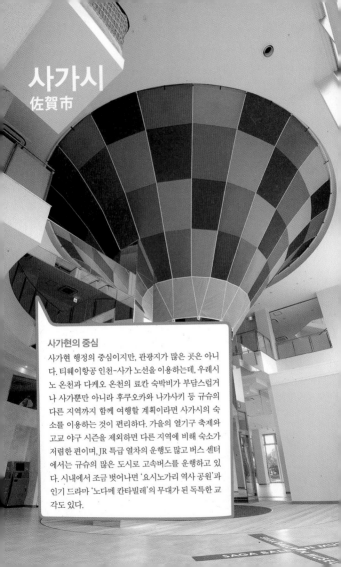

사가시
佐賀市

사가현의 중심

사가현 행정의 중심이지만, 관광지가 많은 곳은 아니다. 티웨이항공 인천-사가 노선을 이용하는데, 우레시노 온천과 다케오 온천의 료칸 숙박비가 부담스럽거나 사가뿐만 아니라 후쿠오카와 나가사키 등 규슈의 다른 지역까지 함께 여행할 계획이라면 사가시의 숙소를 이용하는 것이 편리하다. 가을의 열기구 축제와 고교 야구 시즌을 제외하면 다른 지역에 비해 숙소가 저렴한 편이며, JR 특급 열차의 운행도 많고 버스 센터에서는 규슈의 많은 도시로 고속버스를 운행하고 있다. 시내에서 조금 벗어나면 '요시노가리 역사 공원'과 인기 드라마 '노다메 칸타빌레'의 무대가 된 독특한 교각도 있다.

가는 방법

후쿠오카 국제공항 ⋯ 사가시

후쿠오카 국제공항 국제선 터미널에서 니시테쓰 버스를 이용하면 약 1시간 정도 소요된다. 요금은 편도가 1,230엔이고, 왕복은 2,210엔이다.

사가 공항 ⋯ 사가시

 택시

리무진 승합 택시 이용 시, 약 40분 정도 소요된다. 요금은 1인당 2,000엔이다.

 버스

공항버스 이용 시 약 35분 정도 소요되며, 요금은 600엔이다.

우레시노 온천 ⋯ 사가시

우레시노 온천에서 노선버스를 이용하여 다케오 온천까지 이동 후 버스 또는 열차로 환승해서 사가 역

까지 갈 수 있다. 환승 시간까지 약 1시간 20분 정도 소요되며, 요금은 1,200엔이다.

다케오 온천 역 ⋯ 사가시

일반 열차는 약 50분(560엔) 정도 소요되며, 특급 열차는 약 25분(1,180엔) 정도 소요된다.

렌터카 여행자를 위한 추천 주차장

애플 파크 사가 역 앞 アップルパーク佐賀駅前

ⓞ 佐賀市駅前中央1-3 ⓒ 092-271-6400 ⓦ 1시간 200엔 맵코드 87 351 215*71

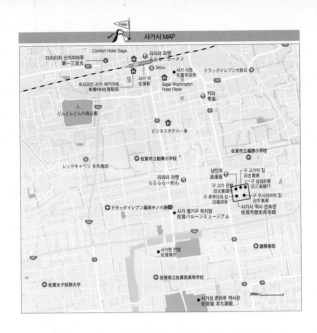

다이이치 산키치마루
第一三吉丸

Comfort Hotel Saga

라라라 라멘
ららら ラーメン

Seiyu

사가 시청
佐賀市役所

토요코인 사가 에키마에
東横INN佐賀駅前

사가 역
佐賀駅

Saga Washington
Hotel Plaza

ドラッグイレブン大財店

키라
キラ
李楽

どんどんどんの森公園

ビジネスホテル一楽

佐賀市立嘉瀬小学校

レッドキャベツ 多布施店

佐賀市立勧興小学校

남만좌
浪漫座

구 고가의 집
旧古賀家

구 삼성은행
旧三省銀行

라라라 라멘
ららら らーめん

구 고가 은행
旧古賀銀行

구 후쿠다의 집
旧福田家

구 우사지마의 집
旧牛島家

ドラッグイレブン薬局中ノ小路店

사가 열기구 뮤지엄
佐賀バルーンミュージアム

사가시 역사 민속관
佐賀市歴史民俗館

사가현 현청
佐賀県庁

諸隈病院

佐賀県立佐賀西高等学校

佐賀女子短期大学

사가성 혼마루 역사관
佐賀城 本丸御殿

200m

사가성 혼마루 역사관 佐賀城 本丸御殿

사가시의 중앙에 자리한 사가성은 평지에 지어진 성으로, 1838년에 완공되었지만 화재로 소실되기를 여러 차례 반복해 현재는 일부만 남아 있다. 그 안에 있는 사가성 혼마루 역사관은 영주가 머물던 혼마루 저택을 복원한 박물관이다. 목조 건물로는 일본 최대 규모이며, 700장 이상의 다다미가 펼쳐진 넓은 공간에는 막부 말기와 메이지 유신 기간의 사가에 관해 전시하고 있다. 수로가 감싸고 있는 성터는 공원으로 조성되었고, 박물관과 미술관 등 문화 시설과 산책 코스가 조성되어 있다.

🏢 佐賀市城内 2-18-1 📍 사가 역에서 도보 약 25분 🕒 09:30~18:00 📞 0952-41-7550 💰 무료 맵코드 87 291 079*58 / 87 291 172*03 (사가성 혼마루 역사관 주차장, 무료)

일본 유일의 열기구 박물관

사가 열기구 뮤지엄 佐賀バルーンミュージアム

매년 가을, 아시아 최대의 열기구 축제가 개최되면 100기가 넘는 열기구가 띄워지고 100만 명가량의 관람객이 찾아오는 사가에 설립된 열기구 박물관이다. 축제 역사와 자료 등을 전시하고 있으며, 열기구의 원리를 배우고 체험하는 코너도 있다. 280인치의 대형 화면에서 박력 있는 열기구 영상을 보는 것도 즐겁다.

◎ 佐賀市松原2丁目 2-27 ♀ 사가 역에서 현청 방향으로 도보 약 20분 ☎ 0952-40-7114 ⏰ 10:00~17:00(월요일 및 연말연시 휴관) ₩ 성인 500엔, 초등학생·중학생·고등학생 200엔 맵코드 87 291 789*47 / 87 291 172*03(사가 성 혼마루 역사관 주차장, 무료)

5개의 건물로 이루어진 역사 민속 자료관

사가시 역사 민속관 佐賀市歴史民俗館

사가성 가까이에 있는 야나기마치는 100년 이상의 역사적 건물이 많이 모여 있는 지역이다. 구 고가 은행, 구 삼성 은행, 구 고가의 집, 구 우시지마의 집, 구 후쿠다의 집 총 5개의 건물을 사가시 역사 민속관이라고 말하며, 일반인에게 무료로 공개하고 있다. 전통 일본식 건물과 1900년대 초반 서양식 건물들의 내부에는 역사와 전통과 관련된 전시 및 체험 시설이 있다.

◎ 賀県佐賀市 柳町2-9 ♀ 사가 역에서 도보 20분 ⏰ 09:00~17:00(매주 월요일 및 공휴일 다음 날 휴관, 월요일이 공휴일인 경우 화요일 휴관) ☎ 0952-22-6849 ₩ 무료 맵코드 87 322 062*28 / 87 291 172*03(사가성 혼마루 역사관 주차장, 무료)

낭만좌 浪漫座 🍴

사가시 역사 민속관 건물 중 가장 화려한 구 고가 은행 건물의 1층에 있는 레스토랑으로, 복고풍의 낭만적인 분위기 속에서 가벼운 식사와 커피를 즐길 수 있다. 레스토랑 내에서도 당시 은행과 관련된 자료를 볼 수 있으며, 시기에 따라 재즈 콘서트 등이 개최되기도 한다.

◎ 賀質佐賀市 柳町2-9 ♀ 사가 역에서 도보 20분, 사가시 역사 민속관 중 구 고가 은행 1층 ⏱ 10:00~17:00, 점심 11:30~14:30(매주 월요일 및 공휴일 다음 날 휴무, 월요일이 공휴일인 경우 화요일 휴무) ☎ 0952-24-4883 ⓦ 점심 1,000엔~, 커피&케이크 세트 750엔 ⓦ www.romanza.jp/index.html 맵코드 87 322 062*28 / 87 291 172*03(사가성 혼마루 역사관 주차장, 무료)

라라라 라멘 らららラーメン 🍴

사가 역 바로 앞에 있는 돈코츠 라멘 전문점으로, 사가 시내 4개의 매장에 이어 돈코츠 라멘의 본고장인 후쿠오카 지역에도 매장을 열었다. 돼지 뼈를 이용하지만 진하지 않고 깔끔한(あっさり, 앗사리) 계열의 수프라서 일본 라멘 초심자도 부담 없이 먹을 수 있다. 매장 분위기도 산뜻해 여자 혼자 방문하기도 좋다. 사가성, 사가 열기구 뮤지엄 가까이에 중앙 혼마치점이 있다.

◎ 佐賀市駅前中央1-13-21 ♀ 사가 역 북쪽 출구에서 도보 1분 ⏱ 11:00~24:00 ☎ 0952-31-7848 ⓦ 앗사리 돈코츠(あっさり豚骨) 580엔, 반숙 계란 포함(半熟味玉入り) 680엔, 차슈 포함(肉入り) 780엔 맵코드 87 351 215*71

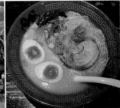

최고급 사가규 전문 레스토랑

키라 季楽 🍴

일본의 농협인 JA그룹의 A코프 사가에서 직영하는
레스토랑으로, 사가현의 특산품인 소고기 사가규와
신선한 농산물을 이용하고 있다. 후쿠오카의 나카스
와 도쿄 긴자에도 분점을 낼 만큼 인기 있는 곳으로, 저
녁 식사는 10,000엔 이상의 코스가 대부분이다. 점심
식사가 비교적 저렴하기는 하지만 일본산 소고기는
2,000엔 전후, 사가규는 5,000엔 정도의 예산이 필요
하다.

🏠 佐賀市大財3-9-16　📍 사가 역에서 도보 8분　🕐 점심
11:00~15:00, 저녁 17:00~22:00(매월 두 번째 수요일
휴무)　📞 0952-28-4132　💰 점심 2,000~, 저녁 7,000
엔~　맵코드 87 321 890*88

후쿠오카점
🏠 福岡県福岡市中央区西中洲6-8　📍 캐널시티 하카
타에서 도보 10분, 아크로스 후쿠오카에서 도보 2분　🕐
11:30~15:00, 17:30~22:30

사가 역 앞의 해산물 이자카야

다이이치 산키치마루 第一三吉丸

남쪽으로는 아리아케해, 북쪽으로는 대한해협과 맞닿아 있는 사가현의 신선한 해산물을 메인으로 하는 식당 겸 이
자카야이다. 제철 해산물을 중심으로 사가의 향토 요리와 사가규 소고기를 이용한 메뉴가 있으며, 회식을 위한 코
스 메뉴도 있다. 사가 역 가까이에 있어 저녁 식사 후 가볍게 한잔하기 좋은 곳이다.

🏠 佐賀市神野東2-4-56　📍 사가 역에서 도보 3분　🕐 점심 11:30~14:00, 저녁 17:00~24:00(첫째, 셋째 일요일 휴
무)　📞 050-5869-7165　💰 점심 2,000엔~, 저녁 3,000엔~　맵코드 87 350 320*82

사가의 근교 관광지

근교 여행

✿ 지쿠고가와 승개교 筑後川昇開橋

- 佐賀市諸富町大字為重石塚
- 사가 버스 센터에서 하이쓰에(無津江) 방면 버스를 이용하여 승개교 버스 정류장(昇開橋バス停)에서 하차(약 30분, 450엔) 후도보 5분
- 맵코드 87 178 351*03

교각 가동 시간 09:00~16:00
(매시각 35분 상승, 정각 하강)
교각 통행 가능 시간 09:00~16:00
(매시각 05분부터 35분까지)
※ 연말연시(12/29~1/3) 가동 중지
※ 대형 선박 운행 등에 따라 가동 시간
및 통행 가능 시간 변경
※ 구마모토 지진 재해 복구 공사로
2018년 3월 31일까지 통행 전면 금지

'노다메 칸타빌레'의 촬영지

드라마와 애니메이션으로 큰 인기를 끌었던 '노다메 칸타빌레'의 엔딩이 촬영된 곳이다. 고향 사가로 돌아온 노다메가 그녀를 따라온 치아키와 다시 만났던 곳이 바로 지쿠고가와 승개교가 보이는 '히가타요카 공원(千潟よか公園)'이다. 총 길이 507m, 높이 30m의 철탑 사이에 놓인 중앙부가 23m 높이까지 엘리베이터처럼 올라가 대형 선박이 지날 수 있도록 한 독특한 다리이다. 이곳은 노다메 칸타빌레에 나오기 이전부터 연인들이 영원한 사랑을 기원하며 자물쇠를 달던 곳이다.

208

✿ 도스 프리미엄 아웃렛

○ 佐賀県鳥栖市弥生が丘8-1
♀ 후쿠오카 텐진 버스 터미널에서 아웃
렛행 버스 이용, 약 60분(왕복 1,000엔)
/ 후쿠오카 하카타 역에서 JR 열차 이
용, 도스 역까지 약 30분(560엔) / 사가
역에서 JR 열차 이용, 슨스 역까지 약
30분(460엔) / 도스 역에서 셔틀버스
또는 노선버스 이용, 약 15분(셔틀버스
무료, 노선버스 210엔)
◎ 10:00~20:00(매년 2월 셋째 주 목
요일 휴무)
© 0942-87-7370
맵코드 37 856 283*25

규슈 최대의 아웃렛 매장

전 세계적인 아웃렛 체인 기업인 첼시 그룹에서 운영하는 곳이다. 우리나라 아웃렛보다 조금 더 저렴한 편이며
특히 GAP, Paul Smith, Burberry 그리고 아동복 브랜드인 Petit Bateau, Miki House 등의 브랜드가 국내 구
입가와 가격 차이가 크게 나는 편이다. 규슈 제일의 규모를 자랑하는 아웃렛으로 쇼핑 외에 규슈 지역의 인기 있
는 맛집들이 모여 있어 식사하기도 좋다. 렌터카를 이용하는 여행객들이 찾아가기는 좋지만, 대중교통의 접근
성은 좋지 않은 편이다.

✿ 요시노가리 역사 공원 吉野ヶ里歴史公園

○ 佐賀県神埼郡吉野ヶ里町田手
1843 / 사가역 버스 센터에서 버스로
요시노가리 역사 공원 남쪽(吉野ヶ里歴
史公園南)까지로 약40분(520엔) 이동 후
도보 5분 / 사가 역에서 JR 열차로 요시노
가리 역사 공원(吉野ヶ里歴史公園)까
지 약 11분(280엔) 이동 후 도보 15분
♀ 성인 420엔, 어린이 80엔
맵코드 37 510 807*60

역사를 테마로 한 공원

벼농사가 일본에 전래된 기원전 3세기(야요이 시대)에 외부의 적으로부터 마음을 지키기 위해 참호와 벽을 쌓
으며 살던 곳이다. 1986년 발굴이 시작된 후부터 현재까지는 거주용 건물, 지도자의 건물, 파수 망루 등이 복원
되어 역사를 테마로 한 공원으로 선보이고 있다. 선사 시대의 벼농사와 관련된 유물 및 발굴 과정 등을 보관·전
시하고 있으며, 아이들을 위해 미끄럼틀을 비롯한 놀이 공간도 마련되어 있어 어린아이의 교육에 도움이 되는
여행지이다.

나가사키현
長崎県

매력적인 관광지와 명물 요리가 많은 곳

규슈의 서쪽 끝에 있는 나가사키현은 육로로 사가현과 접하고 있으며, 시마바라반도에서는 페리를 이용해 구마모토까지 이동할 수 있다. 리아스식 해안의 나가사키현은 크고 작은 섬들이 971개나 있으며, 이는 일본의 현 중에서 가장 많다. 해안선의 길이 역시 4,137km로, 나가사키현보다 20배 넓은 홋카이도보다도 길다.

일본, 서양, 중국의 문화가 만나면서 만들어진 독특한 식문화로 인해 나가사키만의 명물 요리가 많다. 대표적으로 '짬뽕'과 '카스텔라'를 꼽을 수 있다. 유럽을 테마로 하는 하우스 텐보스, 수제 버거의 성지인 사세보, 지옥 계곡이 있는 운젠, 잉어가 헤엄치는 거리 시마바라 등 매력적인 관광지가 있다.

나가사키시

長崎市

아름다운 항구 도시

나가사키 짬뽕과 카스텔라로 잘 알려진 나가사키시
는 아름다운 항구 도시이며, 일본의 3대 야경을 볼 수
있는 곳이다. 일본에서 가장 먼저 서양 문물을 받아들
이고, 중국과도 가깝기 때문에 다양한 문화가 공존하
고 있다. 도심은 비교적 큰 편으로 번화가인 간코도리,
일본의 3대 차이나타운인 신치 주카가이, 서양식 건
물이 모여 있는 글로버 정원, 원자 폭탄이 투하된 평화
공원으로 구분할 수 있는데 각 지역별 이동은 노면 전
차를 이용하는 것이 좋다.

가는 방법

후쿠오카 ┅ 나가사키

JR 열차

후쿠오카의 하카타 역에서 나가사키까지는 특급 카모메호를 이용하면 된다. 소요 시간은 1시간 50분이며, 요금은 4,190엔이다. 하카타 역에서 열차가 출발할 때에는 나가사키로 가는 카모메호와 함께 사세보 역으로 가는 미도리호, 하우스텐보스로 가는 하우스텐보스호가 함께 출발해서 중간에 분기하는 경우가 있다. 때문에 이동할 때 다른 차량에 임의로 앉으면 다른 곳으로 갈 수 있으니 주의해야 한다.

고속버스

후쿠오카에서 나가사키까지 고속버스로 약 2시간 20분 정도 소요되며, 요금은 2,570엔이다. 하카타 역 버스 터미널, 텐진 버스 터미널, 후쿠오카 공항에서 출발하는 버스가 있다.

하우스텐보스 ┅ 나가사키

하우스텐보스에서 나가사키까지는 쾌속 시사이드 라이너 열차를 이용한다. 소요 시간은 1시간 25분이며, 요금은 1,470엔이다.

나가사키 공항 ┅ 나가사키 시내

리무진 버스

나가사키 공항에서 공항 리무진 버스를 이용해 나가사키시까지 갈 수 있다. 약 45분 정도 소요되며, 요금은 900엔이다. 그러나 운행 편수가 많지 않기 때문에 버스를 이용할 경우에는 시간적 여유를 넉넉히 두는 것이 좋다.

택시

공항에서 시내까지 약 45분 소요(약 10,000엔)

JR 열차

리무진 버스

쾌속 시사이드 라이너

시내 교통

총 4개의 노선으로 이루어진 노면 전차가 운행되고 있으며, 이외에도 시내버스가 곳곳에서 운영되고 있다. 일반적인 여행 일정에서 시내버스를 이용하는 일은 극히 드물며, 노면 전차를 3~5회 정도 이용하는 경우가 많다. 전차의 요금은 거리에 상관없이 1회에 120엔이며, 하루 동안 무제한 이용할 수 있는 1일 승차권은 500엔이다.

일본 26성인 순교지
日本二十六聖人殉教地

나가사키 역
長崎駅

아뮤 플라자
AMU PLAZA

호텔 뉴 나가사키
ホテルニュー長崎

나가사키에키마에
長崎駅前

호텔 윙포트 나가사키
ホテルウイング・ポート長崎

고토마치
五島町

公会堂前公園

유메 타운
ゆめタウン

오오하토
大波止

컴포트 호텔
コンフォートホテル

분메이도(총본점)
文明堂総本店

메가네 바시
眼鏡橋

하나고자
花ござ

데지마 워프
長崎出島ワーフ

데지마
出島

데지마
出島

中央公園

모스 버거
Mos Burger

니시하마노마치
浜町

간코도리
観光通

간코도리
観光通り

남반차야
南蛮茶屋

나가사키 싯포쿠 하마카츠
長崎卓袱浜勝

비스트로 보르도
ビストロ ボルドー

츠루쨩
ツル茶ん

소후쿠지
崇福寺

츠키마치
築町

이온
AEON

이와사키 혼포
岩崎本舗

도미 인 나가사키
ドーミーイン長崎

나가사키 워싱턴호텔
長崎ワシントンホテル

시안바시
思案橋

야사카신사
八坂神社

나가사키현 미술관
長崎県美術館

나가사키 물가의 숲 공원
長崎水辺の森公園

시민뵤인마에
市民病院前

소슈우린
蘇州林

코우잔로우
江山楼

신치 주카가이
長崎中華街

쇼카쿠지시타
正覚寺下

신와루
新和楼

구 나가사키 영국 영사관
旧長崎英国領事館

히가시야마테 13번관
東山手13番館

호텔 몬트레 나가사키
ホテルモントレ長崎

오우라카이간도리
大浦海岸通り

히가시야마테 12번관
東山手12番館

稲荷神社

시카이로우
四海楼

짬뽕 박물관
ちゃんぽんミュージアム

오란다자카
オランダ坂

디지털 박물관
鷹島デジタル
ミュージアム

오우라텐슈도 시타
大浦天主堂下

오카 그림책 미술관
おかの絵本美術館

ANA 크라운 플라자 호텔 나가사키 그라바 힐
ANAクラウンプラザホテル長崎グラバーヒル

오우라 천주당 앞 상점가
大浦天主堂前 商店街

분메이도
文明堂

글로버 정원
グラバー園

글로버 주택
グラバー住宅

오우라
大浦

천주당 사제관
浦上主堂司祭館

이시바시
石橋

오우라 천주당
大浦天主堂

전통 예능관
長崎伝統芸能館

레토로 사진관
レトロ写真館

오우라 천주당
大浦天主堂

구 워커 주택
旧ウォーカー住宅

구라바 스카이로드
グラバースカイロード

うめさき歯科医院

どんの山公園

200m

나가사키 역 長崎駅

후쿠오카의 하카타 역에서 출발한 특급 카모메호의 종착역으로, 열차를 이용한 나가사키 여행이 시작되는 곳이다. 역 앞에는 나가사키시의 각 지역으로 연결되는 노면 전차 1호선과 3호선이 운행하고 있다. 또한 나가사키시에서 운영하는 관광 안내소에서는 다양한 이벤트 정보와 지도 등을 구할 수 있다. 역과 연결된 쇼핑몰 아뮤 플라자는 나가사키에서 가장 큰 쇼핑몰이다. 도큐 핸즈, 프랑프랑, 애프터눈 티, GAP, 무인양품(MUJI) 등이 입점해 있으며, 인기 음식점도 많이 입점해 있다.

아뮤 플라자 AMU PLAZA
○ 長崎市尾上町1-1 ♀ 나가사키 역에서 연결, 도보 1분 ⓢ 쇼핑몰 10:00~21:00, 레스토랑 11:00~23:00 ☎ 095-808-2001 맵코드 443 884 765*22

시카이로우 四海楼

1899년 창업한 나가사키 짬뽕의 원조집이다. 초대 운영자인 천핑순(陣平順)이 당시 나가사키에 거주하고 있던 중국인 노동자와 유학생들에게 저렴하면서도 영양가 높은 음식을 제공하기 위해 해산물과 야채를 이용한 나가사키 짬뽕을 처음 고안한 것으로 알려져 있다. 현대식으로 리뉴얼한 건물로 1층에는 기념품 상점, 2층에는 짬뽕 역사 박물관, 3층에는 다목적홀, 4층에는 연회장, 5층에는 레스토랑이 있다. 5층의 레스토랑에서는 아름다운 나가사키의 풍경이 펼쳐진다.

○ 長崎市松が枝町4-5 ♀ 노면 전차 오우라텐슈도시타(大浦天主堂下) 역에서 도보 3분 ⓢ 점심 11:30~15:00, 저녁 17:00~20:00 ☎ 095-822-1296 ◉ 짬뽕 1,080엔, 사라 우동 972엔 맵코드 443 824 889*85

예쁜 동화책이 가득한 미술관

이노리노오카 그림책 미술관 祈りの丘絵本美術館 📷

담쟁이덩굴로 둘러싼 영국식 건물에 있는 어린이를 위한 그림책 미술관이다. 나가사키에 본사를 두고 있는 어린이 도서 전문 출판사에서 운영하는 미술관으로, 아이뿐만 아니라 성인들도 가 볼 만한 감성적인 장소다. 전 세계에서 수집한 3,000점 이상의 그림책이 전시된 미술관 1층에는 나무 소재의 장난감과 그림책, 그림엽서 등을 판매하는 코너도 있다.

📍 長崎市南山手町2-10 🚋 노면 전차 오우라텐슈도시타(大浦天主堂下) 역에서 언덕 상점가를 따라 도보 3분 🕙 10:00~17:30(월요일 휴관) 📞 095-828-0716 💰 성인 300엔, 학생(초·중·고) 200엔 맵코드 443 824 739*25 / 443 854 020*77(시카이로 옆 시영 주차장)

천주교 성인 관련 자료가 전시된 기념관

일본 26성인 순교지 日本二十六聖人殉教地 📷

1560년 선교사 성 프란치스코 자비에르가 나가사키에 천주교를 전파하기 시작한 후 그 영향력이 점차 커지자, 1587년 선교사들을 추방하기 시작했고 1614년에는 천주교 금지령이 내려지기에 이르렀다. 이러한 박해 과정에서 1597년 유럽인 선교사 및 일본인 신자 26명이 사형을 당했는데, 메이지 유신 후 신앙의 자유를 얻게 되면서 이때 순교한 사람들은 1862년에 성인으로 추대되었다. 1950년 로마 교황 피오 12세가 가톨릭 교도의 공식 순례지로 공표했으며, 성인 추대 100주년이 되던 1962년에는 26성인의 기념비가 세워졌다. 기념비 뒤 독특한 모

양의 첨탑이 있는 건물은 26명의 성인과 천주교 금지령에 관련된 자료들이 전시되어 있는 기념관이다.

📍 長崎市西坂町 7-8 🚋 나가사키 역에서 도보 3분 🕙 기념관 09:00~17:00 📞 095-822-6000 💰 기념관 성인 500엔, 중고생 300엔, 초등학생 150엔 맵코드 262 029 146*36

오우라 천주당 大浦天主堂 [오우라텐슈도]

정식 명칭이 '일본 26 순교자 천주당(日本二十六聖殉教者天主堂)'인 오우라 천주당은, 1865년 프랑스인 신부에 의해 창건되었다. 일본에서 가장 오래된 목조 성당으로, 일본의 국보로 지정된 건물 중 유일한 서양식 건물이다. 1614년에 천주교 금지령이 내려진 이후 나가사키의 천주교인들은 대대로 숨어서 신앙을 지켜왔다. 1865년 3월 17일, 처음으로 자신이 천주교인임을 밝힌 이사벨 유리 이후 수만 명의 천주교인들이 모습을 드러내기 시작했고, 당시의 교황 비오 9세는 '동양의 기적'이라며 큰 감동을 했다. 이를 계기로 이날을 임의의 기념일로 지정했으며 1981년 교황 바오로 2세가 성당에 방문한 것을 기념하여 세워둔 동상이 있다.

◎ 長崎市南山手町5-3 ♀ 노면 전차 오우라텐슈도시타(大浦天主堂下) 역에서 도보 5분 / 글로버 정원 제1 게이트에서 도보 3분 ⊙ 08:00~18:00 ☎ 095-823-2628 ◉ 성인 600엔, 중학생·고등학생 400엔, 초등학생 300엔 맵코드 443 824 620*30 / 443 854 020*77(시카이로 옆 시영 주차장)

글로버 정원 グラバー園 [구라바엔]

미나미야마테(南山手) 언덕에 위치해 아름다운 정원을 배경으로 나가사키항을 전망할 수 있는 곳이다. 1863년 영국인 상인 토마스 글로버가 지은 저택으로, 당시 외국인이 모여 살던 미나미야마테 지역에서도 가장 아름다운 풍경이 펼쳐지는 곳이었다. 1970년 공원으로 조성되어 당시의 모습을 간직하고 있으며, 글로버의 저택 외에도 다수의 역사적 건물이 남아 있다. 정원 전체가 경사를 이루고 있는데, '구라바 스카이 로드'를 이용해 제2 게이트로 입장할 경우 가장 높은 곳에 위치한 구미쓰비시 제2 도크하우스(旧三菱第2ドックハウス)부터 언덕길을 내려오게 되어 좀 더 편하게 정원을 둘러볼 수 있다. 글로버 정원의 아래쪽에 있는 제1 게이트에서 해변까지 좁은 내리막길을 따라 상점가들이 모여 있으며, 오우라 천주당도 있다.

◎ 長崎市南山手町8-1 ♀ 구라바 스카이 로드에서 도보 2분 / 노면 전차 오우라텐슈도시타(大浦天主堂下) 역에서 도보 7분 ⏰ 08:00~18:00 ☎ 095-822-8223 ⓦ 성인 610엔, 고등학생 300엔, 초등학생·중학생 180엔 맵코드 443 824 616*00 / 443 854 020*77(시카이로 옆 시영 주차장, 언덕 아래)

중세 서양식 복장으로 사진을 찍어 보자
레토로 사진관 レトロ写真館

⏰ 10:00~17:00 (7월~10월은 10:00~20:00, 30분 전 접수 마감) ⓦ 30분 600엔

나가사키 지방 재판소 소장의 관사로 이용되던 건물이다. 지금은 개항 당시의 풍경을 간직한 건물을 배경으로 그 당시 서양인의 복장을 대여해서 기념사진을 찍을 수 있는 레토로 사진관으로 운영되고 있다. 여기서 나만의 추억을 만들어 보는 것도 좋다.

글버 정원 주인의 집
구 글로버 주택 旧グラバー住宅

나가사키에서 가장 큰 성공을 거둔 무역업자이자, 글로버 정원의 주인인 글로버의 저택이다. 일본의 중요 문화재로 지정되어 있는 이 건물은, 위에서 보면 네잎 클로버의 모습을 하고 있으며 다양한 볼거리도 많이 있다.

일본을 대표하는 기린 맥주의 로고
기린 맥주 로고의 모델

아사히 맥주, 삿포로 맥주와 함께 일본을 대표하는 기린 맥주의 로고는 용과 말이 합쳐진 '기린(중국의 전설상 생물)'이다. 구 글로버 저택의 온실 옆에 있는 기린의 석상이 바로 기린 맥주 로고의 모델이라고 하는데, 로고 속 기린의 수염은 토머스 글로버의 수염을 바탕으로 했다는 설도 있다.

오페라 나비 부인의 주인공
미우라 타마키 동상

미국인 장교와 결혼한 게이샤의 슬픈 이야기를 다룬 오페라 '나비 부인'은, 나가사키를 배경으로 하고 있다. 글로버 정원의 구 글로버 주택 앞에는 이 오페라가 세계적으로 인정받는 데 큰 공헌을 한 도쿄 출신의 성악가 '미우라 타마키(三浦環)'의 동상이 있다.
참고로 JR 규슈의 특급 열차 카모메(かもめ) 중 885계 열차로 운행되는 하카타발 나가사키행 열차에서는, 우라카미(浦上) 역 직전부터 나비부인의 아리아 '어떤 개인 날(Un bel divedremo)'의 선율이 차내에 잔잔하게 흐른다.

연인과 함께 찾는 두 번째 하트 돌
하트 모양의 돌

글로버 정원의 산책로 중, 돌로 포장된 곳에 하트 모양의 돌이 있다. 이 돌을 만지면 사랑이 이루어진다고 하여 연인들에게 인기가 많다. 입장 시 받는 팸플릿의 지도를 보면 찾는 것은 어렵지 않다. 나가사키의 또 다른 하트 돌은 메가네 바시에 있다.

오래전 유럽인들이 거주하던 언덕

오란다자카 オランダ坂

일본어로 네덜란드를 뜻하는 '오란다'와 언덕을 뜻하는 '자카(坂)'가 합쳐진 이곳의 명칭은, 나가사키 개항기에 서양인들이 거주하던 지역이라는 뜻이다. 유럽 분위기의 벽돌 타일이 깔린 언덕 주변에는 영사관 등으로 이용되던 서양식 건물들이 남아 있다. 그중 가장 인기 있는 곳은 히가시야마테 13번관(東山手十三番館)으로, 1894년에 지어졌다. 현재는 국가 등록 유형 문화재로 보존 중이며, 무료로 내부를 둘러볼 수 있다.

◎ 長崎市東山手町3-1 ♀ 노면 전차 시민뵤인마에(市民病院前) 역에서 도보 3분(오르막길), 노면 전차 이시바시(石橋) 역에서 도보 5분(내리막길) ☎ 095-829-1013 ◉ 무료 맵코드 443 854 238*41(오란다자카 입구의 주차장)

세계에 열려 있던 유일한 창구

데지마 出島

천주교 포교 금지 목적으로 네덜란드의 상인들을 격리하고 거주시키기 위해 조성된 부채꼴 모양의 작은 섬이다. 일본의 쇄국 정책 시기에 서양과 교류를 할 수 있었던 유일한 곳이라는 상징적인 의미를 갖고 있다. 메이지 유신 이후 1904년 나가사키 항만 개량 공사에 의해 주변이 매립되어 육지와 연결되면서 당시의 모습은 찾아볼 수 없게 되었으나, 1996년부터 복원 사업이 시작되어 지금까지도 복원 중이다. 크게 4개의 시대별 전시를 하고 있는데, 한글 안내문도 잘 되어 있고, 미니어처와 멀티미디어 자료 등 다양한 볼거리를 갖추고 있다.

◎ 長崎市出島町6-1 ♀ 노면 전차 데지마(出島) 역에서 도보 1분 ⏰ 08:00~18:00 ☎ 095-821-7200 ◉ 성인 510엔, 고등학생 200엔, 초등학생 100엔 맵코드 443 240 750*55 / 443 854 689*22(데지마 주차장, 30분 120엔)

데지마 워프 出島ワーフ, DEJIMA WHARF 🍴

데지마 복원 사업의 일환으로 조성된 복합 상업 시설로, 데지마와 가까운 바닷가에 있다. 노천카페와 레스토랑이 있어 식사를 하거나, 물가의 숲이라는 뜻의 '스이헨노모리 공원'을 바라보며 여유로운 시간을 보내기에 좋다. 데지마 워프 옆에 있는 쇼핑몰 유메 타운에는 푸드 코트와 나가사키 기념품을 파는 상점, 유니클로와 보세 옷 가게들이 입점해 있다.

📍 長崎市出島町1-1 📍 노면 전차 데지마(出島) 역에서 도보 3분 🕐 상점에 따라 다르지만, 대부분 10:00~23:00 📞 095-828-3939 맵코드 443 854 802*60 / 443 854 410*58(현영 토키와 주차장)

분메이도 총본점 文明堂 総本店 ☕

1900년에 개업하여 나가사키 시내에 13개, 일본 내 100여 개의 지점이 있는 카스텔라 전문점 분메이도의 총본점이다. 고풍스러운 검은색 일본식 건물은 주위의 현대적 건물들과 조화를 이루고 있다. 나가사키 시내는 물론 규슈 전역에 지점이 있기 때문에 카스텔라는 어느 곳에서나 구입할 수 있지만, 총본점 한정품을 맛보기 위해서라면 방문해 볼 가치가 있다.

📍 長崎市江戸町1-1 📍 노면 전차 오오하토(大波止) 역에서 도보 1분, 노면 전차 데지마(出島) 역에서 도보 5분 🕐 08:30~19:30 📞 095-824-0002 카스텔라 한 조각 108엔, 카스텔라 1,296엔~, 특선 카스텔라(총본점 한정) 3,024엔~ 맵코드 443 884 058*33

일본 3대 차이나타운

신치 주카가이 新地中華街

도쿄 근교의 요코하마, 오사카 근교의 고베와 함께 일본의 3대 차이나타운 중 하나이다. 데지마 바로 옆에 있는 이곳도 데지마와 마찬가지로 인공으로 조성된 섬이었으나, 메이지 시대에 주변이 매립되면서 데지마를 비롯한 육지와 연결되어 활기찬 곳으로 변했다. 주작(남문), 백호(서문), 현무(북문), 청룡(동문)으로 둘러싸인 중화가의 중심지에는 50여 곳에 이르는 음식점과 기념품 가게 등이 있다. 나가사키 짬뽕을 전문으로 하는 음식점이 가장 많이 몰려 있는 곳이다.

ⓞ 長崎市新地町 ♀ 데지마(出島)에서 도보 5분, 노면 전차 츠키마치(築町) 역에서 도보 3분 맵코드 44 240 519*52 / 44 240 425*52(미나토 공원 타워 주차장 湊公園タワーパーキング / 30분 150엔)

20여 가지 재료로 만든 왕 씨의 특상 짬뽕

코우잔로우 江山楼 🍴

ⓞ 長崎市新地町12-2 ♀ 신치 주카가이 동문에서 도보 1분 ⓣ 11:00~20:30 ⓒ 095-821-3735 ⓦ 왕 씨의 특상 짬뽕 1,620엔 맵코드 44 240 490*85

주말에는 긴 행렬을 기다릴 각오를 해야 할 만큼 인기가 많은 곳이다. 나가사키 근해의 어패류 등 20여 가지의 고급 재료들만으로 우려낸 국물을 이용한 '왕 씨의 특상 짬뽕(特上チャンポン)'이 인기 메뉴다. 메뉴판에는 세금 8%가 포함되지 않은 금액으로 되어 있다.

가장 가는 면을 맛볼 수 있는 곳

쇼슈우린 蘇州林 🍴

ⓞ 長崎市新地町11-14 ♀ 신치 주카가이 남문에서 도보 1분 ⓣ 11:00~20:30(수요일 휴무) ⓒ 095-823-0778 ⓦ 사라 우동 951엔, 짬뽕 951엔 맵코드 44 240 458*33

남문으로 들어가 바로 오른편에 자리한 곳으로, 얌차(중국식 만두)와 짬뽕을 전문으로 하는 곳이다. 짬뽕과 함께 '면발의 가늘기는 나가사키 부동의 1위'라고 평가받는 사라 우동(皿うどん)과 쇼메이 만두도 인기 메뉴 중 하나이다.

TIP 일본의 3대 차이나타운

요코하마와 고베, 나가사키에 조성된 일본의 3대 차이나타운에는 지역적인 공통점이 있다. 세 곳 모두 항구 도시로, 일본이 개항하면서 중국인과 서양인들이 함께 모여 살던 곳이라는 것이다. 항구에서 하역 일을 많이 한 중국인들은 항구에서 가까운 곳에 마을을 조성했고, 서양인들은 먼 이국땅을 그리며 바다를 내려다볼 수 있는 언덕에 집을 짓고 살았다. 나가사키, 고베, 요코하마는 일본의 3대 차이나타운이 있고, 나가사키, 고베, 하코다테에는 일본의 3대 야경이 있다.

동파육을 먹는 새로운 방법

이와사키 혼포 岩崎本舗 ❶

📍 長崎市大手1-10-12 📍 차이나타운의 북쪽 끝(현무문)에서 작은 다리를 건너 왼쪽 🕐 09:00~19:00 ☎ 095-845-1562 💰 250엔부터 🗺 맵코드 262 149 509*22

나가사키 짬뽕과 함께 차이나타운의 대표적인 먹거리로는 '카쿠니만쥬(角煮まんじゅう)'를 꼽을 수 있다. 중국식 고기찜 요리인 동파육을 좀 더 편하게 먹기 위해 부드러운 빵에 싸서 먹는 퓨전 음식이다. 차이나타운에서 이를 판매하는 곳들이 여럿 있지만, 이와사키 혼포가 원조로 알려져 있다. 나가사키 역, 하우스텐보스, 나가사키 공항, 오우라 천주당 앞에도 매장이 있다.

간코도리 観光通り 📷

나가사키에서 가장 번화한 거리로, 다이마루(大丸) 백화점과 하마야(浜屋) 백화점을 중심으로 하마노마치 아케이드(浜町アーケード)가 길게 이어져 있다. 수없이 많은 상점은 물론 카스텔라 상점과 기념품 가게도 곳곳에 보이며, 무엇보다 나가사키를 대표하는 음식 중 하나인 도루코 라이스 전문점이 많다. 아케이드로 되어 있기 때문에 비가 오더라도 쇼핑과 먹거리를 충분히 즐길 수 있는 곳이다.

📍 長崎市銅座町6 📍 노면 전차 간코도리(観光通) 역에서 바로 / 나가사키 역에서 도보 20분 / 신치 주카가이에서 도보 5분 🗺 맵코드 44 240 708*82 / 44 240 597*25(시안바시 주차장 しあんばし一般有料駐車場 / 30분 150엔)

규슈 최고(最古)의 카페

쓰루짱 ツル茶ん ❶

📍 長崎市油屋町2-47 📍 노면 전차 시안바시(思案橋) 역에서 도보 4분, 하마노마치 아케이드 끝에서 바로 🕐 09:00~22:00 ☎ 095-824-2679 💰 도루코 라이스 1,280엔, 나가사키풍 밀크셰이크 680엔 🗺 맵코드 44 240 718*06

규슈 내에서 가장 오래된 카페로, 1925년에 창업하였다. 인테리어 소품으로 사용되는 오래된 물건들과 다소 낡아 보이는 벽돌로 된 외관은 세월을 실감하게 한다. 총 6가지 종류의 도루코 라이스와 함께 창업당시의 맛을 그대로 유지하고 있는 수제 아이스크림과 나가사키풍 밀크셰이크는 디저트로 인기 만점이다. 간코도리에서 가장 인기가 많은 곳이다.

도루코 라이스의 원조집
비스트로 보르도 ビストロ ボルドー 🍴

📍 長崎市万屋町5-22 ♀ 노면 전차 간코도리(観光通) 역에서 도보 3분 ⏰ 점심 11:30~14:30, 저녁 18:00~21:00 (첫째, 셋째 월요일 휴무) 📞 095-825-9378 💰 도루코 라이스 1,200엔 🗺️맵코드 44 240 807*28

허름한 입구 때문에 들어가기 망설여지는 곳이지만, 이곳이 도루코 라이스의 원조이다. 도루코 라이스를 고안한 사람이 은퇴한 후에 그의 아들이 대를 이어 경영하고 있다. 원조집답게 까다로운 식재료 선택으로 음식의 맛을 유지하고 있다. 우측 상단의 사진은 2대째 가게를 운영 중인 우에하라 씨이다.

나가사키 스타일의 가이세키 요리, 싯포쿠
나가사키 싯포쿠 하마카츠 長崎卓袱浜勝 🍴

📍 長崎市鍛冶屋町6-50 ♀ 노면 전차 시안바시(思案橋) 역에서 도보 3분 ⏰ 11:00~22:00 📞 095-826-8321 💰 부라부라 싯포쿠 3,672엔, 기본 싯포쿠 요리 코스 5,400~10,800엔 🗺️맵코드 44 241 720*11

중국과 서양의 문화에 영향을 받은 나가사키답게, 일본식 코스 요리인 가이세키 요리도 외국 식문화의 영향을 받았다. 300여 년의 역사를 갖고 있는 이곳은 나가사키 싯포쿠를 전문으로 하는 고급 음식점이다. 코스 요리 외에 비교적 부담 없이 즐길 수 있는 도시락 형태의 싯포쿠 요리(ぶらぶら卓袱, 부라부라 싯포쿠)도 있다.

> **TIP**
> ### 도루코 라이스(トルコライス)란?
> 나가사키 짬뽕과 마찬가지로 나가사키의 다양한 문화 속에서 생겨난 음식으로, 현지인들에게 많은 사랑을 받고 있다. 기본적으로 돈가스, 스파게티, 볶음밥이 한 접시에 나오는 것을 도루코 라이스라고 한다. 레스토랑마다 독특한 소스를 이용해 색다른 맛을 만들어 내고 있다.

소후쿠지 崇福寺

일본의 불교 사원 중 중국의 영향을 가장 많이 받은 곳으로 꼽히는 소후쿠지는 1629년에 창건되었다. 정문인 붉은 아카몬(赤門)이 이 사원의 상징인데, 화려한 형태를 하고 있어 '용궁의 문'이라 불리기도 한다. 사원 내부에는 관우, 항해의 여신 마조 등도 함께 모시고 있다. 소후쿠지가 있는 가메야마 산기슭에는 야사카 신사, 기요미즈데라 등의 여러 사원이 있다.

◎ 長崎市鍛冶屋町7-5 ♀ 노면 전차 쇼가쿠지시타(正覚寺下, 종점) 역에서 도보 3분 ⓒ 08:00~17:00 ☎ 095-823-2645 ◎ 성인 300엔, 고등학생 200엔 맵코드 44 241 609*52 / 44 240 597*25(시안바시 주차장 しあんばし一般有料駐車場 / 30분 150엔)

메가네 바시 眼鏡橋

나가사키 최대의 번화가 하마노마치 아케이드를 벗어나 북측으로 조금만 올라가면, 깊은 역사를 느낄 수 있는 오래된 상점가와 옛 모습을 간직한 평범한 일본식 가옥들이 눈에 들어온다. 이곳의 서정적인 분위기에 맞춰 잔잔하게 흐르는 나카시마 가와(中島川)에는 '나카시마 가와 석조 다리군(中島川石橋郡群)'이라 불리는 10여 개의 돌다리가 있어 주변이 공원으로 조성되어 있다. 그중 아치형 다리가 물에 비친 모습이 안경과 같다고 해서 메가네 바시라고 불리는 돌다리가 가장 유명하다. 일본에는 이러한 메가네 바시 수십여 개가 있으며, 일본의 중요 문화재로 지정된 것만 9개에 이른다. 나가사키의 메가네 바시는 수많은 메가네 바시 중에서 가장 오래된 것으로, 1634년 고후쿠지의 승려가 세운 것으로 알려져 있다. 강의 상류를 따라 오른쪽 산책로를 걷다 보면 제방에서 하트 모양의 돌을 볼 수 있어 연인들이 많이 찾는 곳이기도 하다.

◎ 長崎市魚の町 ♀ 노면 전차 니기와이바시(賑橋) 역에서 도보 3분 / 간코도리에서 도보 10분 맵코드 44 270 236*03 / 44 270 201*52(니기와이바시 주차장, 30분 150엔)

옛 민가를 리뉴얼한 클래식한 찻집

남반차야 南蛮茶屋

네덜란드에서 나가사키에 처음으로 커피가 전해진 에도 시대 초기에 커피를 '남반차'라고 한 것에서 카페 이름이 유래되었다. 162년 전에 건축된 일본의 민가를 리뉴얼한 카페 내부에는, 남반차가 전해지던 당시를 추억할 수 있는 예스러운 소품들이 진열되어 있다.

◎ 長崎市古川町 1-1 ♀ 메가네 바시에서 도보 3분, 간코도리에서 도보 8분 ☎ 095-823-9084 ⏰ 12:00(불규칙)~23:00 ❸ 남반차(스트롱 커피) 450엔, 남반차 + 비스킷 세트 780엔 맵코드 44 270 144*66

평화 기원을 위해 조성된 공원

평화 공원 平和公園

원자 폭탄 낙하 중심지와 그 북쪽의 언덕을 포함하는 지역에 평화를 기원하기 위해 조성된 공원이다. 평화 공원의 상징인 평화 기념상은 나가사키 출신의 미술가 기타무라 세이보(北村西望)가 1955년 완성한 것으로, 높이 9.7m, 무게 30t에 이르는 거대한 청동상이다. "오른손은 원자 폭탄을 가리키고, 왼손은 평화, 얼굴은 전쟁 희생자의 명복을 빈다"라고 뒷면에 작가의 메시지가 새겨져 있다.

또 하나의 볼거리는 평화의 샘이다. 원자 폭탄이 투하된 후 고온으로 물이 모두 증발하자 물을 애타게 찾으며 많은 사람들이 죽어 갔다. 이 샘은 그들의 명복을 빌기 위해 만들어졌으며, 앞의 비석에는 실제로 한 소녀가 적은 글귀가 새겨져 있다. "목이 너무 말라 참을 수 없었습니다. 물에는 기름 같은 것이 떠 있었습니다. 너무나 물이 먹고 싶어 결국 기름이 있는 채로 마셨습니다."

◎ 長崎市松山町9 ♀ 노면 전차 마쓰야마초(松山町) 역에서 도보 10분 ☎ 095-829-1171 맵코드 262 088 561*82

우라카미 천주당 浦上天主堂

메이지 유신 이후 신앙의 자유를 얻게 된 천주교인들이 건립한 성당으로, 1914년 완공 당시에는 동아시아에서 규모가 가장 컸다. 하지만 1945년 8월 9일 오전 11시 2분에 투하된 원자 폭탄으로 인해 잿더미만 남게 되었다. 현재의 성당은 1959년에 재건된 것으로, 내부에는 피폭 후 잔해물에서 찾은 마리아상의 머리 부분을 비롯한 각종 상상이 보존되어 있다.

🚉 長崎市本尾町1-79 ♀ 노면 전차 마쓰야마초(松山町) 역에서 도보 10분, 평화공원에서 도보 5분 ⏰ 09:00~17:00(월요일은 내부 참관 불가) ☎ 095-844-1777 맵코드 262 089 674*66

미사 시간
월~목요일 06:00
금요일 19:00
[매월 첫주]
금요일 10:00, 18:30
(십자가의 길 기도)
토요일 19:00
일요일 06:30, 07:30, 09:30

나가사키 원폭 자료관 長崎原爆資料館

1945년 8월 9일 오전 11시 2분, 3일 전 히로시마에 투하된 리틀보이에 이어 사상 두 번째 원자 폭탄 팻맨이 나가사키에 투하되었다. 당시 24만 명의 인구 중 7만 4천 명이 사망하고 건물의 36%가 전소되었다. 원래 원자 폭탄 투하 예정지는 군수 공장이 모여 있는 기타큐슈의 고쿠라였지만, 당일 짙은 구름으로 시야가 확보되지 않아 2차 목표지였던 나가사키시에 투하되었다고 한다. 원폭 자료관에는 이와 관련한 다양한 자료들이 전시되어 있으며, 주변에는 공원이 조성되어 추모비 등이 세워져 있다.

🚉 長崎市平野町7-8 ♀ 노면 전차 하마구치초(浜口町) 역에서 도보 5분, 평화 공원, 우라카미 천주당에서 도보 10분 ⏰ 09:00~18:00 (11~3월은 09:00~17:00) ☎ 095-844-1231 💴 성인 200엔, 고등학생 이하 100엔 맵코드 262 089 330*58

일본의 3대 야경

이나사야마 공원 稲佐山公園

하코다테야마에서 보는 하코다테, 롯코산에서 보는 고베, 이곳에서 보는 나가사키는 일본 3대 야경으로 불린다. 해발 333m의 낮은 산이면서도 훌륭한 야경을 볼 수 있는 것은 항구와 함께 경사면에 위치한 건물들이 입체적으로 보이기 때문이다. 저녁에는 하루 4편 나가사키 시내의 주요 호텔과 나가사키 역을 경유하는 무료 셔틀버스가 로프웨이 정류장까지 운행하고 있다.

◎ 長崎市淵町407-6 ♀ 나가사키 역에서 버스 이용 로프웨이 정류장(ロープウェイ前)까지 약 10분(150엔), 로프웨이 이용 약 5분(왕복 성인 1,230엔, 중학생 920엔, 초등학생 610엔) ⏰ 09:00~22:00 (12~2월은 21:00까지) ☎ 095-861-7742 맵코드 443 882 816*06(전망대 주차장 / 30분 100엔, 주말 이용 불가) / 262 026 565*88(주말 이용 가능, 전망대까지 도보 15분)

무료 셔틀버스

[출발지]
호텔 베르뷰 나가사키 데지마 - 호텔 몬트레이 나가사키 - ANA 크라운플라자 - 호텔 뉴 나가사키 - 나가사키 역

[시간]
19:00, 19:30, 20:00, 20:30(호텔 베르뷰 나가사키 데지마 기준, 로프웨이 정류장까지 약 25분 소요)

나가사키의 호텔

데지마 쪽의 호텔은 차이나타운 등이 가까워 나가사키 시내 여행이 편리하고,
나가사키 역 앞의 호텔은 공항이나 다른 도시로의 이동이 편리하다.

도미 인 나가사키 ドーミーイン長崎

차이나타운 남문 옆에 있는 비즈니스급 호텔로, 도미 인
의 체인 호텔답게 호텔 내에 사우나 시설은 물론 저녁에
는 무료 소바를 제공하고 있다. 아침 식사 메뉴도 일반
비즈니스급 호텔에 비해 잘 나오는 편이다. 단, 트윈룸
객실은 많지 않다.

🏠 長崎市銅座町7-24 ♀데지마(出島)에서 도보 5분, 노면 전차
츠키마치(築町) 역에서 도보 3분 ☎ 095-820-5489 💰 싱글
7,000엔~, 더블 9,000엔~ 맵코드 44 240 612*71

호텔 몬토레 나가사키 ホテルモントレ長崎

도쿄, 오사카, 삿포로 등지에도 지점이 있는 부티크 호
텔 체인으로, 유럽풍 분위기의 외관과 실내 인테리어로
여성 여행자들에게 인기가 많은 곳이다.

🏠 長崎市大浦町1-22 ♀노면 전차 오우라카이간도리(大浦海
岸通) 역에서 도보 2분 ☎ 095-827-7111 💰 싱글 7,500엔~,
더블&트윈 9,000엔~ 맵코드 443 854 145*60

호텔 뉴 나가사키 ホテルニュー長崎

교통의 거점인 나가사키 역에 인접해 있으며, 나가사키
시내 여행은 물론 어디로든 이동이 편리한 호텔이다. 항
구가 보이는 일부 객실이 인기가 많다.

🏠 長崎市大黒町14-5 ♀나가사키 역에서 바로 ☎ 095-826-
8000 💰 싱글 8,500엔~, 트윈 10,000엔~ 맵코드 443 884
686*36

나가사키 닛쇼칸 長崎にっしょうかん

나가사키 시내에서 조금 떨어진 언덕에 자리한 전통 료칸식 호텔이다. 나가사키 시내와 항구를 내려다볼 수 있는 넓은 온천이 매력적이며, 이나사야마 전망대 못지 않은 아름다운 풍경을 객실에서 볼 수 있다. 단, 시내까지의 접근성이 좋지 않기 때문에 대중교통을 이용하는 여행이라면 다소 불편할 수 있다.

⊙ 長崎市西坂町20-1 ♀나가사키 역에서 차로 15분 / (무료 셔틀버스 운행) ☎095-824-2151 ⊙ 일반 객실 1박 2식 8,000엔~
맵코드 44 300 399*17

하우스텐보스
ハウステンボス

아름다운 자연과 고풍스러운 유럽

네덜란드어로 '숲속의 집'을 뜻하는 하우스텐보스는, 1992년 네덜란드 거리를 테마로 영업을 시작한 테마 파크 겸 리조트이다. 현재는 네덜란드뿐 아니라 유럽 전체를 테마로 하고 있어 일본이 아닌 유럽에 와 있는 기분이 든다. 이런 분위기에 맞게 하우스텐보스에서는 '입장한다, 퇴장한다' 대신 '입국한다, 출국한다'라고 말한다. 숲속의 집이라는 이름대로 아름다운 꽃과 나무가 가득하며 봄, 여름, 가을은 계절에 따른 꽃을, 겨울에는 화려한 조명을 이용한 축제가 열린다.

가는 방법

후쿠오카 ··· 하우스텐보스

🚆 열차

후쿠오카 하카타 역에서 특급 열차를 이용하면 약 1시간 45분 정도 소요되며, 요금은 3,360엔이다.

※ 하카타 역에서 출발하는 특급 열차 '하우스텐보스호'는 사세보로 가는 '미도리호', 나가사키로 가는 '카모메호'와 함께 출발해서 중간에 분기한다. 때문에 열차의 이동 중 지정된 차량이 아닌 곳에 있으면 하우스텐보스가 아닌 엉뚱한 곳에 갈 수 있으니 주의해야 한다.

🚌 버스

후쿠오카 하카타 버스 터미널에서 고속버스로 약 2시간 정도 소요되며, 요금은 2,260엔이다.

후쿠오카 하카타 역 🚆 특급 열차 3,360엔, 1시간 45분 하우스텐보스
🚌 고속버스 2,260엔, 2시간

나가사키 ··· 하우스텐보스

🚆 열차

나가사키 역에서 JR 열차로 약 1시간 30분 정도 소요되며, 요금은 1,470엔이다.

🚌 버스

나가사키 역에서 고속버스로 약 1시간 20분 정도 소요되며, 요금은 1,400엔이다. 하루 2편만 운행한다.

나가사키 역 🚆 JR 열차 1,470엔, 1시간 30분 하우스텐보스
🚌 고속버스 1,400엔, 1시간 20분

나가사키 공항 ··· 하우스텐보스

나가사키 공항에서 버스로 약 50분 정도 소요되며, 요금은 1,150엔이다.

나가사키 공항과 리무진 버스

특급 하우스텐보스호

하우스텐보스의 볼거리

하우스텐보스는 어트랙션(놀이기구)을 중심으로 하는 다른 테마파크들과 다르게 아름다운 꽃을 보며 산책을 하거나 작은 유람선을 이용해 운하를 따라 내려가는 등 여유롭게 유럽의 거리를 둘러보는 곳이다. 아름답고 이국적인 풍경 때문에 사진 찍기 좋으며, 우리나라의 연예인들도 하우스텐보스에 방문해 화보나 뮤직비디오를 촬영하기도 한다. 2010년 일본의 여행사 H.I.S.가 하우스텐보스를 인수하면서 이벤트성 어트랙션과 쇼 등을 매우 빠른 주기로 바꾸고 있으니, 여행을 계획한다면 공식 홈페이지(한글) 또는 블로그를 참고하는 것이좋다.

◉ 長崎県佐世保市ハウステンボス町1-1 ⏰ 10:00~22:00, 09:00~23:00 등 운영일에 따라 다름 ⏧ 1일 패스포트 성인 6,900엔, 중·고등학생 5,900엔, 4세~초등학생 4,500엔 🌐 www.huistenbosch.co.kr 맵코드 307 320 527*52 (제1주차장, 800엔/1회)

하우스텐보스의 상징

돔토른 DOMTOREN

📍 유트레히트 지구 🎟 패스포트 대상 시설, 프리미엄 전망대 500엔 추가

하우스텐보스의 상징이라고 할 수 있는 건물로, 실제 네덜란드에 있는 교회의 종루를 재현한 105m의 높은 탑이다. 80m 높이의 전망대에서는 하우스텐보스의 아름다운 거리는 물론 멀리 바다까지 한눈에 내려다볼 수 있다. 500엔의 추가 요금을 내면 4층(65m)의 프리미엄 전망대를 이용할 수 있다. 소파에 앉아서 여유롭게 전망을 감상할 수 있고, 음료가 포함되어 있다.

다양한 종류의 리조트 호텔

하우스텐보스의 호텔

일반 테마파크와 달리 여유로운 분위기의 하우스텐보스는 리조트 호텔에 방문하듯 찾는 사람도 많다. 테마파크 내에 유럽의 건물을 재현한 화려한 외관의 호텔 두 곳, 숲과 호수로 둘러싸인 별장식 호텔 한 곳, 장기 투숙형 호텔 한 곳이 있다. 테마파크 입구의 양옆에도 특급 호텔 체인인 호텔 닛코와 호텔 오쿠라 두 곳이 있다.

사세보, 히라도

佐世保, 平戸

사세보의 명품 버거와 천주교 성지인 히라도

사세보시는 일본 자위대의 해군과 미군 기지가 있는 군사 도시로, 우리나라의 한려해상 국립공원과 같은 '구주쿠시마(九十九島)'를 보는 것 외에는 여행객에게 매력적인 관광지가 많지 않다. 하지만 일본 열차의 최서단 역과 천주교 성지가 있는 히라도섬에 가기 위해서는 반드시 거쳐야 하는 곳이며, 하우스텐보스에서 가깝고 숙박비가 저렴하여 늦게까지 하우스텐보스에 있다가 사세보에서 숙박하는 경우도 많다. 무엇보다 사세보를 빼놓을 수 없는 이유는 바로 사세보의 햄버거 때문이다. 사세보 버거를 먹는 단 하나의 목적만으로도 이곳을 방문하는 이유는 충분하다.

가는 방법

후쿠오카 ⋯ 사세보

🚄 열차

후쿠오카 하카타 역에서 특급 열차(미도리호)로 약
1시간 55분이 소요되며, 요금은 3,360엔이다.

🚌 버스

후쿠오카 하카타 버스 터미널에서 고속버스를 타고
약 2시간 10분이 소요되며, 요금은 2,260엔이다.

하우스텐보스 ⋯ 사세보

🚄 열차

하우스텐보스에서 일반 열차로 20분 소요된다. 단, 하
이키(早岐) 역에서 1회 환승하며, 요금은 280엔이다.

🚌 버스

노선 버스로 약 35분 정도 소요되며, 요금은 500엔
이다.

사세보 MAP

237

사세보 버거 佐世保バーガー 🍴

사세보는 주둔 중인 미 해군 7함대의 영향으로 이국적인 정취가 흐르는 곳이다. 많은 관광객들이 사세보를 찾는 가장 큰 이유는 바로 이곳의 명물인 사세보 버거 때문이다. 1950년대부터 시내 곳곳에는 수제 버거 전문점들이 생기기 시작했는데, 오늘날까지 손수 만든 빵과 사세보에서 재배된 야채 그리고 일본산 소고기를 이용하는 등 철저한 'Made in Sasebo'를 지향하고 있다. 사세보 버거의 인기를 유지하기 위해 철저한 인증 제도는 물론, 열차 역에서는 인기 햄버거 전문점을 소개하는 '버거 MAP'을 배포하고 있다. 수많은 사세보 버거 중 BEST 3를 소개한다.

가격은 저렴, 크기는 최강의 사세보 버거 🍔

히카리 ハンバーガーショップヒカリ

사세보 5번가점
📍 사세보 역 도보 1분 ⏰ 10:00~21:00(연중무휴) 💰 햄버거 350엔, 정보 스페셜 치킨 버거 570엔

히카리 본점
📍 佐世保市矢岳町1-1 📍 사세보에서 가코마에행(鹿子行き) 버스로 약 8분, 모토마치 시립 종합 병원 앞(本町市立総合病院前) 하차 후 도보 5분 ⏰ 10:00~20:00(수요일 휴무) 📞 0956-25-6685 맵코드 89 025 293*00

1951년 개업한 히카리는 비교적 저렴한 가격과 17cm에 이르는 큰 버거로 인기가 많다. 차로 10분 거리에 있는 본점보다는 사세보 5번가의 매장을 방문하는 것이 좋다.

히카리의 최대 라이벌, 사세보 버거 🍔

로그킷 ログキット

사세보 역점
📍 JR 사세보 역내 ⏰ 10:00~20:00 💰 USA 햄버거 650엔, 스페셜 버거 880엔

로그킷 본점
📍 佐世保市矢岳町1-1 📍 햄버거 숍 히카리 본점 바로 옆 ⏰ 10:00~21:00, 일요일 10:00~20:00 📞 0956-24-5034 🌐 www.logkit.jp 맵코드 89 025 293*00

히카리의 바로 옆, 같은 건물에 있는 사세보 버거 전문점으로 히카리의 최대 라이벌이면서 서로 다른 분위기를 가지고 있다. 히카리는 테이크아웃하기 좋은 곳이지만, 로그킷은 패밀리 레스토랑 같은 인테리어를 하고 있어 매장 내에서 식사를 하기 좋다. JR 사세보 역내에도 매장이 있다.

가와바타도리에 있는 사세보 버거
빅맨 BIGMAN ⑪

○ 佐世保市上京町7-10 ♀ 사세보 역에서 도보 10분
⏰ 11:00~22:00 ☎ 0956-24-6382 Ⓦ 베이컨 에
그 버거 500엔, 검은 돼지 버거 600엔, 샌드위치 700엔
맵코드 307 581 866*88

가와바타도리에 있는 햄버거 전문점이다. 직접 만든
베이컨이 들어가는 베이컨 에그 버거(ベーコンエッ
グバーガー)를 비롯해 검은 돼지 버거(黒豚バーガ
ー, 쿠로부타 바가구) 등의 햄버거와 샌드위치가 있
다. 다소 좁은 가게지만, 기다리는 동안 햄버거를 만
드는 모습을 볼 수 있어 지루하지 않다.

항구, 바다와 맞닿은 복합 쇼핑몰
사세보 5번가 さ せ ぼ 五 番 街 🛍

사세보의 중심 상점가인 산카마치, 욘카마치 아케이
드와 사세보 역 사이에 있는 복합 쇼핑몰이다. '바다,
사람, 그리고 마을이 이어진다'는 테마를 갖고 있는 이
쇼핑몰은 중저가 패션 잡화 브랜드들이 입점해 있다.
그러나 여행객들이 이곳을 찾는 가장 큰 이유는 바로
음식 때문이다. 100엔 초밥 전문점인 '스시로', 사세
보의 명물인 사세보 버거의 대표 상점 중 하나인 '히카
리(ヒカリ)'가 이곳에 입점해 있다.

○ 佐世保市新港町2-1 ♀ JR 사세보 역에서 도보 1분 ⏰
09:00~상점에 따라 다름 ☎ 0956-37-3555 맵코드
307 582 361*36

구주쿠시마 九十九島

📷

사세보시의 서측에서 히라도(平戸)까지 총 25km에 걸쳐 200여 개의 작은 섬들이 마치 우리나라의 한려해상 국립공원처럼 모여 있는 곳이다. 사이카이 국립공원(西海国立公園)으로 지정되었으며, 이곳을 총칭하여 '구주 쿠시마(九十九島)'라고 부른다. 유람선을 이용해서 푸른 바다를 항해할 수 있으며, 사세보 시내 근교에 설치된 전망대에 올라 해안가를 바라보는 것도 빼놓을 수 없는 명품 전망이다.

펠퀸 크루즈로 구주쿠시마를 항해하는 곳
사이카이 펄씨 리조트
西海 パールシーリゾート

○ 世保市鹿子前町1008 ♀ JR 사세보 역에서 유료 셔
틀버스로 약 25분(230엔) / 셔틀버스는 사세보 역에서
09:30~15:30까지 30분마다 출발 ⏰ 09:00~18:00
(11~2월은 17:00까지) ☎ 0956-28-4187
ⓦ 성인 1,440엔, 어린이 720엔 (수족관, 배 전시관, 아
이맥스 모두 공통) ⊕ www.pearlsea.jp/korean
맵코드 307 546 862*41

펠퀸 크루즈
⏰ 10:00, 11:00, 13:00, 14:00, 15:00 (임시편 등으
로 변동 있음) ⓦ 성인 1,400엔, 초등학생 이하 700엔

구주쿠시마를 항해하는 유람선 펠퀸 크루즈가 출항
하는 곳이다. 수족관, 배 전시관, 진주 추출 체험, 아
이맥스 영화관 등의 즐길거리와 기념품 등을 판매하

는 상점가 그리고 식당가가 있어 유람선을 기다리는
시간을 보내기는 적당한 곳이다. 하지만 펠퀸으로 크
루징을 즐기지 않는다면, 굳이 방문할 필요는 없다.
바다의 여왕을 이미지화한 흰 선체와 목조 구조의 깔
끔한 인테리어로 장식된 펠퀸(펄퀸)은 약
50분간 구주쿠시마의 아름다운 바다를 항해한다.

사세보와 구주쿠시마를 한눈에 볼 수 있는 곳
유미하리다케 전망대 弓張岳展望台

○ 佐世保市小野町 ♀ JR 사세보 역에서 시영 버스(市バ
ス) 유미하리다케행(弓張岳行き) 버스로 30분
⏰ 24시간 개방 맵코드 89 054 131*55

동쪽으로 사세보 시내와 항구, 서쪽으로 사이카이 국
립공원의 구주쿠시마가 한눈에 펼쳐진다. 석양 또는
야경 사진을 찍기에 최고의 장소지만, 버스 운행 편
수가 많지 않기 때문에 대중교통을 이용하는 데는 다
소 무리가 있을 수 있다.

천주교 성지, 사원과 절이 있는 풍경

히라도 平戸島

나가사키현의 북부에 위치한 섬이다. 그러나 규슈 본
섬과 400m 거리의 해협을 두고 있으며, 현재는 교
량으로 연결되어 있다. 1550년 포르투갈의 상인들
이 내항한 이후 나가사키항과 함께 서양과의 무역이
활발히 이루어진 곳이다. 일본에 천주교를 전파한 자
비에르 신부도 이곳을 중심으로 선교를 했으며, 이후
천주교 박해의 중심지가 되었다. 작은 시골 마을이지
만 천주교 성지를 찾기 위해 여행객들이 꾸준히 방문
한다. 사원과 교회가 함께 있는 모습이 히라도의 대
표적 풍경이다.

♀ 사세보 역에서 마츠우라 철도 니시큐슈선 열차 이용 타비라히
라도구치역(약 1시간 30분 소요, 1,220엔)까지 이동 후, 역
에서 차로 10분 / 사세보 역에서 히라도까지 급행 버스(약 1시
간 30분 소요) 이용 후, 히라도 시청 앞(平戸市役所前)까지 약 1시간 30분(1,350엔)

사원과 교회가 있는 풍경

히라도 자비에르 기념 교회

平戸ザビエル記念教会

⊙ 平戸市鏡川町259-1 **♀** 히라도 시청 앞(平戸市役所前)
버스 정류장에서 도보 10분 **◉** 내부 관람 6:00~16:30
(단, 일요일은 10:00~16:00) **☎** 0950-22-2442 **⊙**
무료 **맵코드** 89 696 846*41

히라도는 일본에 처음으로 천주교를 전파한 프란치
스코 자비에르 신부가 세 번 방문한 지역으로, 천주
교 금교령이 내려진 후에도 많은 신자들이 머무른
곳이다. 자비에르 기념 교회가 건립된 것은 1931년
으로 본래 대천사 미카엘 성당이었지만, 1970년대
자비에르의 동상이 세워지면서 현재의 이름으로 불

리고 있다. 항구 마을에서 성당으로 가는 언덕을 오
르는 도중 고묘지(光明寺), 즈이운지(瑞雲寺) 절을
볼 수 있다. 절의 지붕 너머로 보이는 성당의 첨탑은
히라도를 상징하는 이미지이다.

규슈 철도 최서단 역

다비라히라도구치 역 たびら平戸口駅

⊙ 平戸市田平町山内免 **♀** 사세보 역에서 열차로 약 1시간
30분 **맵코드** 89 700 126*60

나가사키현 히라도시 다비라정 야마우치멘에 위치
한 마츠우라 철도(松浦鉄道)의 열차역으로, 오키나
와를 제외하면 일본의 최서단에 있는 역이다. 열차역
에서 히라도섬으로 가기 위해서는 버스를 이용해야
하며, 역 앞에는 작은 철도 박물관도 있다.

운젠
雲仙

서양인들이 가장 먼저 찾은 일본의 온천

나가사키 남부의 시마바라반도에 있는 운젠은 해발 700~800m 높이에 있어 여름에도 비교적 시원해 피서지로도 유명하다. 운젠이 피서지로 이용되기 시작한 역사는 100년도 넘었다. 1889년 상하이에서 발행된 영자 신문에 운젠 온천이 소개되면서 여행객들이 급증했고, 호텔과 료칸 그리고 골프장까지 지어지기 시작했다. 유황 성분이 가득한 온천수는 치유 효과가 높아 료칸에서 장기 투숙을 하며 요양을 하기에 좋고, 운젠 지옥은 천주교의 성지 순례 코스이기도 하다. 나가사키에서 버스를 이용해 올 수 있을 뿐만 아니라 구마모토에서 페리와 버스를 이용해서도 방문이 가능하다. 잠시 들러 온천만 하기보다는 여유롭게 숙박하면서 방문하는 것이 좋다.

가는 방법

나가사키 ⋯ 운젠

🚌 버스
나가사키 버스 터미널에서 현영 버스로 약 1시간 40분이 소요된다. 요금은 1,800엔이며, 하루 3편만 운행한다.

🚃 열차
나가사키에서 운젠을 가기 위해서는 열차 이용 후, 버스로 갈아타야 한다. 나가사키 역에서 JR 열차를 타고 JR 이사하야 역까지 이동, 약 20분 정도 소요된다. 그리고 JR 이사하야 역에서 시마테쓰 버스를 타고 약 1시간 20분 정도 가면 운젠이다. 열차 요금은 1,280엔이며, 버스 요금은 1,350엔이다.

후쿠오카 ⋯ 운젠

후쿠오카에서 운젠을 가기 위해서는 열차 이용 후, 버스로 갈아타야 한다. 후쿠오카 하카타 역에서 JR 열차를 타고 JR 이사하야 역까지 이동, 약 1시간 30분 정도 소요된다. 그리고 JR 이사하야 역에서 시마테쓰 버스를 타고 약 1시간 20분 정도 가면 운젠이다. 열차 요금은 4,230엔이며, 버스 요금은 1,350엔이다.

구마모토 ⋯ 운젠

구마모토에서는 페리를 이용해 시마바라까지 간 후 다시 버스를 타고 운젠까지 가야 한다. 구마모토항에서 페리를 이용해 시마바라까지 약 50분이 소요되며, 요금은 1,000엔이다. 그리고 시마바라 역에서 시마테쓰 버스를 타고 약 1시간 정도 가면 운젠에 도착한다. 시마테쓰 버스의 요금은 830엔이다.

렌터카 여행자를 위한 추천 주차장

제3 주차장 청칠 지옥 주차장 第三駐車場 清七地獄駐車場

🚏 雲仙市小浜町雲仙 📞 0957-73-2543(운젠 자연공원 재단) 💰 1회(하루) 500엔 맵코드 173 556 440*47

현영 버스

東園

自雲堂

松板商店

호텔 토요칸
ホテル東洋館

湯の里温泉
公同浴場

카세야 료칸
かせや旅館

불량식품 박물관
駄菓子屋 博物館

온천 신사
温泉神社

시아테쓰 운젠 영업소
島鉄雲仙営業所

후키야
富貴屋

雲仙スカイホテル

운젠 지옥
雲仙地獄

규슈 호텔
九州ホテル

운젠 지옥
雲仙地獄

운젠 산 정보관
雲仙お山の情報館

비도로 미술관
ビードロ
美術館

운젠 유메이
雲仙有明

운젠 미야자키 료칸
雲仙宮崎旅館

운젠 후쿠다야
雲仙福田屋

운젠 칸코 호텔
雲仙観光ホテル

유야도 운젠신유
ゆやど 雲仙新湯

로테이이 한즈이로
眺亭半水盧

식물이 자라지 않는 곳

운젠 지옥 雲仙地獄 📷

화산의 열기와 유황을 함유한 가스로 식물이 자라지 않아 황폐하게 보이는 곳을 '지옥 계곡'이라 부른다. 화산 지대에 속하는 일본이기 때문에 이러한 지옥은 10여 곳에 이르며, 운젠 지옥은 하코네의 오와쿠다니, 북해도의 노보리베쓰와 함께 큰 인기를 얻고 있다. 천주교 박해 당시에 처형지로 이용된 '세이시치 지옥(清七地獄)', 불륜을 저지른 이토라는 여인이 처형당한 '오이토 지옥(お糸地獄)', 요란한 소리와 함께 펄펄 끓는 온천이 뿜어져 나오는 '아비규환 지옥(大叫喚地獄)' 등 30여 개의 지옥이 있으며 모두 둘러보는 데 약 30분 정도가 소요된다. 지옥 계곡의 열기로 찐 달걀도 지옥의 명물 중 하나이다.

📍 버스의 종점인 시마테쓰 운젠 영업소에서 도보 5분 💰 무료 🌐 www.unzen.org/k_ver

시마바라 전역에 대한 자료 전시

운젠 산 정보관 雲仙お山の情報館 📷

국립공원 운젠의 자연과 역사 그리고 화산과 온천뿐만 아니라 야생 조류와 식물까지 시마바라 전역에 대한 자료를 전시하고 있다. 운젠 지역에는 별도의 코인 로커가 없는데, 이곳에서 무료로 짐을 맡아 주고 있다. 영어로도 안내가 되어 있다.

🏠 雲仙市小浜町雲仙 320 📍 버스의 종점인 시마테쓰 운젠 영업소에서 도보 3분 🕘 09:00~17:00 (4~10월은 18:00까지, 목요일 휴관) 📞 0957-73-3636 💰 무료 맵코드 173 556 291*66

닛타토케 고개 로프웨이 仁田峠ロープウェイ

운젠 온천의 뒤편에 있는 닛타토게(仁田峠)에서 해발 1,333m 묘켄다케(妙見岳)까지 운행하는 케이블카이다. 5월 중순부터 6월 초까지는 철쭉으로 뒤덮이고, 여름에는 산딸나무 그리고 가을에는 단풍으로 아름다운 풍경을 연출한다. 겨울에는 산 정상부에 영하 기온의 바람이 불면서 안개와 구름이 나무줄기나 가지에 얼어 붙은 무빙을 볼 수 있다.

◎ 雲仙市小浜町雲仙551 ♀ 운젠 온천에서 차로 15분 ⏱ 4월~10월 08:30~17:20, 11월~3월 08:30~17:10 ☎ 0957-73-3572 ⓦ **편도** 성인 630엔, 어린이 320엔 / **왕복** 성인 1,260엔, 어린이 630엔 맵코드 173 589 616*00

운젠 골프장 雲仙ゴルフ場

1913년 개장된 일본 최초의 퍼블릭 골프장으로, 고베 인근의 회원제 골프장인 고베 골프 클럽에 이어 일본에서 두 번째로 개장한 골프장이다. 운젠 온천을 방문하는 외국인 여행객들을 위해 개장하면서, 치유 목적의 온천에서 레저와 함께 즐기는 온천이라는 개념이 시작되었다. 현대적 기준으로 보면 아쉬움이 있는 코스지만, 운젠 온천에서 숙박을 하며 가볍게 운동하기에는 부족함이 없다.

◎ 雲仙市小浜町雲仙 548 ♀ 운젠 온천에서 차량으로 약 3분 ☎ 0957-73-3368 ⓦ 셀프 플레이 1R 평일 6,500엔, 주말 9,000엔 (4인 플레이 시, 1인당 요금) 맵코드 173 557 747*25

운젠의 료칸

1900년대 초반부터 관광객에게 알려지며 온천 휴양지로 발달한 운젠에는 대형 온천 호텔과 한즈이료와 같이 규슈 전체에서 손꼽히는 고급 료칸도 있다.

로테이 한즈이료

旅亭半水廬

일본 최초의 국립공원인 나가사키현 운젠에 위치한 고급 료칸이다. 6,000평의 광대한 부지에 8개의 동이 있고, 총 14개의 객실이 있다. 료칸은 새소리와 시냇물 소리를 들으며, 자연과 동화되는 참된 휴식을 즐길 수 있다. 스테프는 1인 1고객 접대를 기본으로 하는 최상의 오모테나시와 객실, 자연환경, 식사, 온천 등 머무는 동안 생애 단 한 번 경험할 수 있는 각별한 시간을 선사해 준다.

🏠 雲仙市小浜町雲仙380-1 🚶 운젠 버스 터미널에서 도보 8분
📞 0957-73-2111 💰 1인 1박 43,000엔~ 맵코드 173 526 384*06

운젠 미야자키 료칸

雲仙宮崎旅館

운젠 온천의 높은 지대에 자리한 큰 규모의 호텔식 료칸이다. 아름다운 꽃으로 가득한 정원은 운젠 제일을 자랑하며, 스텝 1인이 최대 2개의 객실만 담당하여 보다 세심한 서비스를 경험할 수 있다. 아침 식사 전 대접하는 우메보시와 차, 오래전부터 이어져 오는 세차 서비스 등의 친절함을 맛볼 수 있다. 일본의 왕인 덴노도 숙박할 정도로 유서 있는 료칸이다.

🏠 雲仙市小浜町雲仙320 🚶 운젠 버스 터미널에서 도보 8분
📞 0957-73-3331 💰 1인 1박 18,000엔~ 맵코드 173 556 207*22

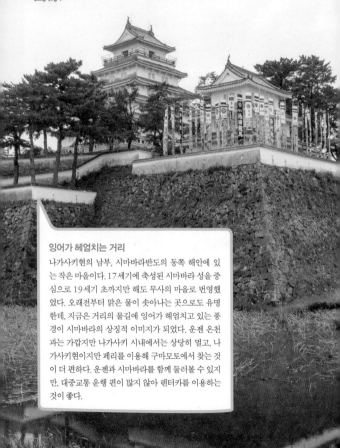

시마바라
島原

잉어가 헤엄치는 거리

나가사키현의 남부, 시마바라반도의 동쪽 해안에 있
는 작은 마을이다. 17세기에 축성된 시마바라 성을 중
심으로 19세기 초까지만 해도 무사의 마을로 번영했
었다. 오래전부터 맑은 물이 솟아나는 곳으로도 유명
한데, 지금은 거리의 물길에 잉어가 헤엄치고 있는 풍
경이 시마바라의 상징적 이미지가 되었다. 운젠 온천
과는 가깝지만 나가사키 시내에서는 상당히 멀고, 나
가사키현이지만 페리를 이용해 구마모토에서 찾는 것
이 더 편하다. 운젠과 시마바라를 함께 둘러볼 수 있지
만, 대중교통 운행 편이 많지 않아 렌터카를 이용하는
것이 좋다.

가는 방법

운젠 …▶ 시마바라

운젠에서는 시마테쓰 버스를 이용해 시마바라까지
갈 수 있다. 약 1시간 정도 소요되며, 요금은 830엔
이다.

운젠 | 🚌 시마테쓰 버스 830엔, 1시간 | 시마바라

시마테쓰 버스

후쿠오카 …▶ 시마바라

후쿠오카에서 시마바라를 가기 위해서는 열차를 이
용 후, 버스로 갈아타야 한다. 후쿠오카 하카타 역에
서 JR 열차를 타고 JR 이사하야 역까지 이동, 약
1시간 30분 정도 소요된다. 그리고 JR 이사하야 역
에서 시마테쓰 버스를 타고 약 2시간 20분 정도 가
면 시마바라이다. 열차 요금은 4,230엔이며, 버스
요금은 1,800엔이다.

하카타역 | 🚃 JR 열차 4,230엔, 1시간 30분 | JR 이사하야역 | 🚌 시마테쓰 버스 1,800엔, 2시간 20분 | 시마바라

나가사키 …▶ 시마바라

나가사키에서 시마바라를 가기 위해서는 열차 이용
후, 버스로 갈아타야 한다. 나가사키에서 JR 열차를
타고 JR 이사하야 역까지 이동, 약 20분 정도 소요
된다. 그리고 JR 이사하야 역에서 시마테쓰 버스를
타고 약 2시간 20분 정도 가면 시마바라이다. 열차
요금은 1,280엔이며, 버스 요금은 1,800엔이다.

나가사키 | 🚃 JR 열차 1,280엔, 약 20분 | JR 이사하야역 | 🚌 시마테쓰 버스 1,800엔, 2시간 20분 | 시마바라

구마모토 …▶ 시마바라

구마모토에서는 페리를 이용해 시마바라까지 갈 수
있다. 구마모토항에서 페리를 이용해 시마바라까
지 약 50분이 소요되며, 요금은 1,000엔이다.

렌터카 여행자를 위한 추천 주차장

중앙 주차장(잉어가 헤엄치는 거리) 中央駐車場
🏠 島原市新町 2-101 📞 0957-62-5480 💰 1시간 100
엔 맵코드 173 719 623*06

시마바라 島原

시마바라성
島原城

하야메카와
速魚川

시마바라 미즈아시키
しまばら水屋敷

시마바라 세류테이
島原 清流亭

시마바라 유스이칸(용수관)
しまばら湧水館

시메이소
四明荘

잉어가 헤엄치는 거리
鯉の泳ぐまち

시마바라
島原

Cosmo 주유소

시마바라 상공회의소
商工会議所

시마테쓰 혼샤마에
島鉄本社前

호텔 난푸로
ホテル南風楼

시이
해변

시마바라
종합 운동 공원
島原綜合
運動公園

미나이 시마바라
南島原

료칸 우에노유
旅館上の湯

시마바라 가이코우
島原外港

250

시마바라 가이코우
島原外港
(시마바라 외항)

구마모토

시마바라를 대표하는 이미지

잉어가 헤엄치는 거리 鯉の泳ぐ町

시마바라는 일본의 명수백선(名水百選)에 꼽힐 만큼 맑은 지하수가 샘솟는 곳이며, '잉어가 헤엄치는 거리(코이노 오요구 마치)'는 이런 시마바라를 대표하는 거리이다. 시마바라 성에서 도보 약 10분, 251번 국도에 있는 상공 회의소 안쪽으로 들어가면 골목길의 한쪽을 따라 낸 수로에 잉어가 헤엄치는 모습을 볼 수 있다. 관광 교류 센터인 '시마바라 세류테이', 무료 휴게소인 '시마바라 유스이칸', 국가 지정 문화재로 지정된 별장 '시메이소' 등의 볼거리가 있다.

♀ 시마바라 역에서 도보 약 10분, 251번 국도에서 시마바라 상공회의소와 Cosmo 주유소 사이의 길로 들어가 도보 약 3분 맵코드 173 719 712*03

시마바라의 관광 교류 센터
시마바라 세이류테이 島原 清流亭

♀ 잉어가 헤엄치는 거리 내 ⏰ 09:00~18:00(연중무휴)

시마바라 상공 회의소 뒤쪽에 있는 '잉어가 헤엄치는 거리'에 새롭게 오픈한 시설로, 정식 명칭은 '관광 교류 센터(세이류테이)'이다. 시마바라의 관광지와 특산품 등을 소개하며, 정원에는 예쁜 정자와 물레방아 등 전통적인 분위기를 연출하고 있다.

국가 지정 문화재로 지정된 별장
시메이소 四明荘

♀ 잉어가 헤엄치는 거리 내 ⏰ 09:00~17:00

60개 이상의 장소에서 매일 22만 톤의 샘물이 솟아나는 시마바라에 어울리는 독특한 별장으로, 무료 방문할 수 있다. 사방이 뚫린 건물에서 보는 3개의 작은 연못에는 잉어가 살고 있으며, 계절에 따라 다른 정취의 나무와 꽃들이 보는 이의 마음을 편안하게 해준다.

철물점에 있는 찻집 겸 갤러리

하야메카와 速魚川

1877년에 창업해 규슈에서 두 번째로 오래된 철물점으로, 국가의 유형 문화재로 등록된 하야메카와에 운영하고 있다. 철물점이지만 대부분이 주방용품과 인테리어 소품을 판매하고 있기 때문에 여성들이 좋아한다. 정원에 흐르는 작은 개천을 배경으로 커피와 간자라시(찹쌀떡에 꿀물을 부은 시마바라의 명물 음식)를 맛보며 여유로운 시간을 보낼 수 있다.

⊙ 島原市上の町 912 ♀ 시마바라 역에서 도보 5분, 시마바라성 앞 ⏰ 10:00~18:00 ☎ 0957-62-3117 ☕ 커피 500엔, 간자라시 400엔, 젠자이(우리나라 팥죽과 비슷함) 400엔 맵코드 173 749 227*03

연못이 있는 일본 전통 찻집

시마바라 미즈야시키 しまばら水屋敷

하루에 4천리터씩 솟아나는 샘물을 이용하는 일본의 전통 카페이다. 1800년대 말에 지어진 목조 주택을 개조한 건물을 이용하고 있어 예스러운 분위기를 느끼기에 좋다. 7명 이상의 일행은 받지 않기 때문에 소란스럽지 않은 것도 매력적이다.

⊙ 島原市万町513 ♀ 시마바라 역에서 도보 10분 ⏰ 11:00~17:00 ☎ 0957-62-8555 ☕ 간자라시 315엔, 커피 470엔 맵코드 173 719 857*14

시마바라성 島原城

1618년부터 7년에 걸쳐 축성된 것으로, 그리스도교 탄압의 중심지이기도 했던 과거 역사를 갖고 있어 성의 1층은 그리스도교 자료 전시관(キリシタン史料館)으로 사용되고 있다. 5층의 천수각에는 시마바라 시내는 물론 아리아케 바다(有明海)까지 볼 수 있는 전망대가 있다. 성내에는 나가사키 평화 공원에 설치된 평화 기념상의 작가 기타무라 세이보의 작품을 전시하는 기타무라 세이보 기념관(北村西望記念館)도 있다.

◎ 島原市城内 1-1183-1 ♀ 시마바라 역에서 도보 5분 ⏱ 09:00~17:30 ☎ 0957-62-4766 ⊙ 540엔(천수각, 그리스도교 자료 전시관, 기타무라 세이보 기념관 공통 입장권) 맵코드 173 749 248*47

오이타현
大分県

일본 온천의 중심, 벳푸와 유후인

북규슈의 동부 해안에 위치한 오이타현은 벳푸와 유후인을 포함해 오이타현 전역에 4,538개, 분당 291,350L의 온천이 솟아나고 있어 '일본 최고의 온천현 오이타'라는 구호로 관광객을 맞이한다. 현의 중심부에는 산과 분지가 있고, 동부는 바다와 맞닿아 있어 다양한 음식을 맛볼 수 있다. 인천~오이타 구간에 티웨이항공이 취항하고 있어 항공편을 이용해 쉽게 찾아갈 수 있으며, 후쿠오카와 구마모토에서 고속버스와 특급 열차를 이용할 수도 있다. 단, 2017년 여름 호우로 열차 노선이 유실된 구간이 많아 규슈 횡단 특급 열차는 아소~오이타~벳푸 구간만 운행하며, 인기 관광 열차인 유후인노모리는 고쿠라를 경유해서 운행하고 있다.

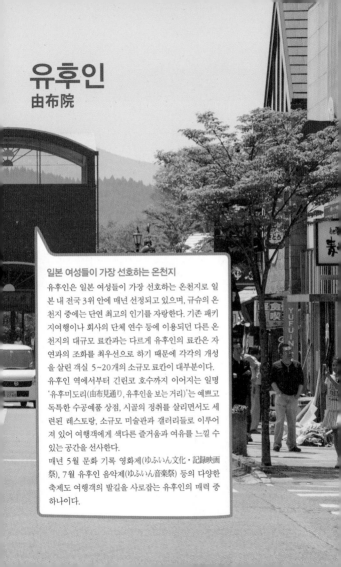

유후인
由布院

일본 여성들이 가장 선호하는 온천지

유후인은 일본 여성들이 가장 선호하는 온천지로 일본 내 전국 3위 안에 매년 선정되고 있으며, 규슈의 온천지 중에는 단연 최고의 인기를 자랑한다. 기존 패키지여행이나 회사의 단체 연수 등에 이용되던 다른 온천의 대규모 료칸과는 다르게 유후인의 료칸은 자연과의 조화를 최우선으로 하기 때문에 각각의 개성을 살린 객실 5~20개의 소규모 료칸이 대부분이다. 유후인 역에서부터 긴린코 호수까지 이어지는 일명 '유후미도리(由布見通り, 유후인을 보는 거리)'는 예쁘고 독특한 수공예품 상점, 시골의 정취를 살리면서도 세련된 레스토랑, 소규모 미술관과 갤러리들로 이루어져 있어 여행객에게 색다른 즐거움과 여유를 느낄 수 있는 공간을 선사한다.

매년 5월 문화 기록 영화제(ゆふいん文化・記録映画祭), 7월 유후인 음악제(ゆふいん音楽祭) 등의 다양한 축제도 여행객의 발길을 사로잡는 유후인의 매력 중 하나이다.

가는 방법

후쿠오카 … 유후인

후쿠오카에서 유후인까지 대중교통을 이용하는 방법은 고속버스와 JR 열차 두 가지가 있다. 고속버스가 조금 더 빠르고 저렴하지만, '유후인노모리' 관광 열차 때문에 조금 비싸더라도 열차를 이용하는 경우가 많다. 여행 첫째 날 공항에서 유후인으로 바로 이동하는 일정이라면, 열차보다는 고속버스를 이용하는 것이 효율적이다.

🚌 고속버스

니시테쓰 고속버스는 하카타 역 옆에 있는 하카타 버스 센터에서 출발해 텐진 버스 터미널과 후쿠오카 국제공항 국제선 터미널을 경유해 유후인까지 이동한다. 버스는 1시간에 1대꼴로 운행되며, 피크 시간에는 추가 편이 편성되어 30분 간격으로 운행되기도 한다. 후쿠오카 출발지에 관계없이 요금은 동일하며, 2매 티켓은 혼자 왕복으로 이용하거나 2명이 편도로 이용할 수도 있다. 4매 역시 2명이 왕복 또는 4명이 편도로 이용할 수 있다. 유후인이 종점이기 때문에 버스 하차에 큰 어려움은 없다. 참고로 유후인 도착 직전에 유후인 IC에 잠시 정차하는데, 이곳에서 내리지 않도록 주의하자.

💴 편도 2,880엔, 2매 5,140엔, 4매 8,220엔

🚆 JR 특급 열차

'유후인노모리'는 숲을 이미지화한 진한 녹색 외관에 나무 인테리어로 꾸며져 있다. 이외에도 유후인 기념품을 판매하는 코너, 기념사진 촬영 코너 등 다양한 서비스를 제공해 일본에서 인기 있는 관광 열차 중 하나이다. 하루 2~3편만 운행되며 100% 예약제이다. JR 북규슈 레일 패스로도 이용할 수 있지만, 당일 또는 전날 예약할 경우 좌석이 없을 때가 많다. 유후인노모리를 반드시 타고자 하면 인터넷으로 사전에 예약하는 것을 추천한다. 일본어 사이트지만, 번역기를 이용해 예약하거나 일부 여행사를 통해 예약을 대행할 수도 있다.

💴 편도 4,480엔, 2매 8,020엔

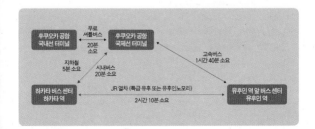

후쿠오카 공항 국내선 터미널 — 무료 셔틀버스 20분 소요 — 후쿠오카 공항 국제선 터미널

후쿠오카 공항 국내선 터미널 — 지하철 5분 소요 — 하카타 버스 센터 하카타 역

후쿠오카 공항 국제선 터미널 — 시내버스 20분 소요 — 하카타 버스 센터 하카타 역

후쿠오카 공항 국제선 터미널 — 고속버스 1시간 40분 소요 — 유후인 역 앞 버스 센터 유후인 역

하카타 버스 센터 하카타 역 — JR 열차 (특급 유후 또는 유후인노모리) 2시간 10분 소요 — 유후인 역 앞 버스 센터 유후인 역

구마모토 · 아소 · 구로카와 … 유후인

구마모토에서 출발하여 아소와 구로카와를 경유해 유후인과 벳푸까지 운행하는 '규슈 횡단 버스(九州橫斷バス)'를 이용할 수 있다. 하루 2편만 운행하기 때문에 일정에 주의해야 하고, 예약자가 없는 경우 운행을 하지 않을 수 있으니 반드시 사전에 예약해야 한다. 후쿠오카-유후인 버스와 마찬가지로 규슈 고속버스 예약 센터에서 예약이 가능하다. 소요 시간은 약 1시간 30분 정도이며, 요금은 2,000엔이다.

오이타 공항 … 유후인

티웨이항공이 취항하고 있는 오이타 공항에서 유후인까지 버스로 약 55분 소요되며 요금은 1,550엔이다. 버스 운행 간격은 1시간~1시간 30분으로 일정을 정하는 데 주의해야 한다.

오이타 공항 리무진 버스

유후인 버스 센터

규슈 횡단 버스

TIP 교통편 사전 예약하기

레일 패스를 이용하지 않는 경우

유후인노모리 예약을 위해서는 'JR 규슈 홈페이지(train.yoyaku.jrkyushu.co.jp)'에 이메일 인증을 하고, 회원가입을 먼저 해야 한다. 회원가입을 하고 해외 결제가 가능한 신용 카드를 등록한 후 예약을 할 수 있다. 인터넷 예약 후 탑승권 티켓을 받는 것이 아니라, 예약 번호를 받고 일본에 도착해 JR 열차역에서 티켓을 수령해야 한다. 이때, 예약하면서 사용한 신용 카드가 없으면 티켓을 받을 수 없으니 주의하자. 인터넷 예약은 1개월 전부터 할 수 있다.

레일 패스를 이용하는 경우

레일 패스를 이용하더라도 유후인노모리는 예약을 해야 탑승할 수 있다. 2017년 8월 1일부터 JR 규슈의 글로벌 사이트에서 레일 패스 구매자에 한해 사전 예약이 가능한 영어 사이트를 오픈했다. 한글 사이트의 배너를 이용해 해당 페이지로 이동할 수 있다.

고속버스를 이용하는 경우

탑승일 1개월 전부터 규슈 고속버스 예약 센터에 전화(092-734-2727, 한국어 응대)하거나 규슈 버스 네트워크 포털 사이트(www.atbus-de.com.k.jo.hp.transer.com)에서 예약할 수 있다. 예약 후 공항의 버스 센터에서 티켓을 수령한 다음 탑승을 해야 하기 때문에 공항 도착 후 바로 버스를 이용할 예정이라면 수하물 찾는 시간 등을 고려해 도착 시간 + 1시간~1시간 30분 후의 버스를 예약하는 것이 좋다.

유후인 IC

렌터카 여행자를 위한 추천 주차장

타임즈 유후인 역 앞 タイムズ由布院駅前

🅟 湯布院町川北6 ⏰ 평일 1시간 200엔, 토~일요일 · 공휴일 30분 200엔 맵코드 269 357 147*74

※ 렌터카를 이용해 2~3시간 정도 유후인을 방문했다면 유노쓰보 거리, 긴린코 호수 주변의 주차장을 이용하는 것이 좋다.

타임즈 유후인 タイムズ湯布院

🅟 湯布院町川上3021 ⏰ 평일 1시간 200엔, 토~일요일 · 공휴일 30분 200엔 맵코드 269 358 527*14

※ 타임즈 유후인 주차장 가까이에 있는 대형 마트 A코프의 주차장은 무료이지만, 관광 목적으로 주차 시 25,000엔 이하의 벌금이 부과될 수 있다.

TIP 료칸 숙박이 여행 첫날인 경우

❖ 여행 첫날 료칸에서 숙박할 예정이라면 최소한 오후 3시 이전에 후쿠오카 공항에 도착하는 항공편을 이용해야 한다. 저녁 식사가 포함된 료칸에 오후 7시 이후 체크인한다면 식사를 못하는 경우가 많고, 비용은 환불되지 않는다.

❖ 체크인 시간(대부분 오후 3시) 전에 유후인에 도착하면, 우선 택시로 료칸에 이동해서 짐을 맡기고 산책을 나서자. 유후인은 시골 마을이라 한글 이정표가 거의 없기 때문에 택시를 타고 이동해서 료칸의 위치를 확인하는 게 좋다. 그리고 유노쓰보 거리 북쪽의 료칸은 언덕에 있는 경우가 많아 캐리어를 끌고 가기 어렵다.

❖ 유후인과 후쿠오카에서 각각 1박씩 할 예정이라면, 첫날은 유후인에서 숙박을 하는 것이 좋다. 마지막 날 유후인 료칸에서 숙박한 후 공항에 가기 전까지 후쿠오카 시내를 구경한다면 짐이 문제다. 후쿠오카 시내에 코인 로커가 많지 않기 때문에 비어 있는 코인 로커를 찾기 어렵다. 마지막 날 후쿠오카 시내에서 숙박을 하면 호텔 체크아웃 후 공항 가기 전까지 짐을 맡겨둘 수 있다.

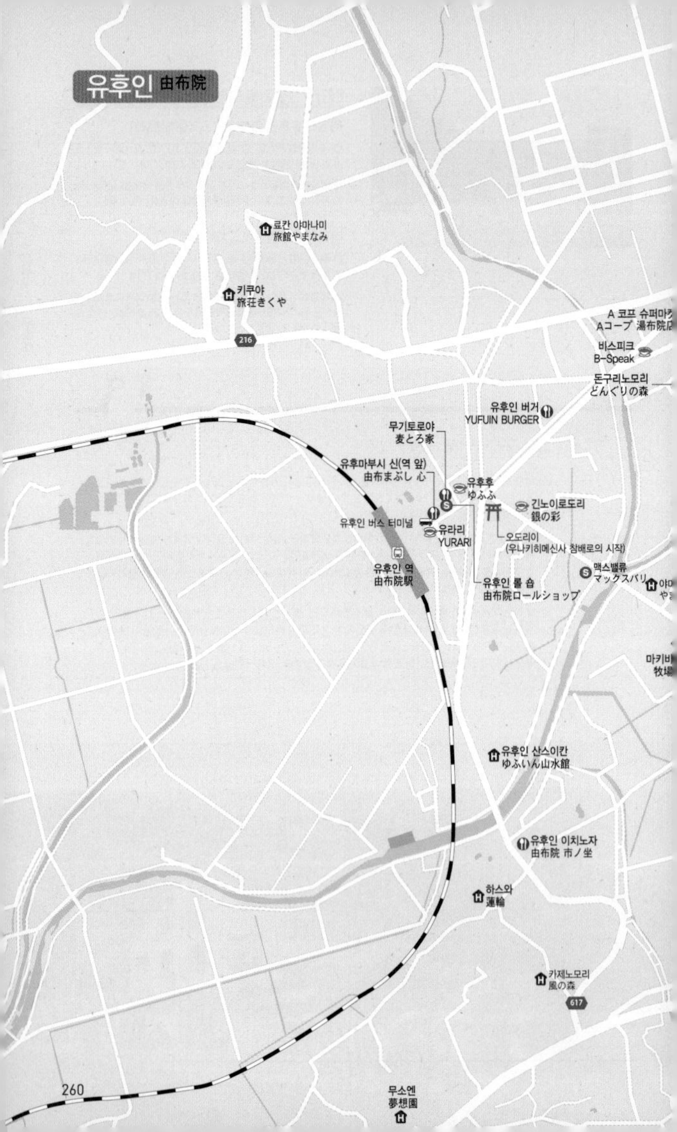

유후인 由布院

료칸 야마나미
旅館やまなみ

키쿠야
旅荘きくや

216

A 코프 슈퍼마켓
Aコープ 湯布院店

비스피크
B-Speak

돈구리노모리
どんぐりの森

유후인 버거
YUFUIN BURGER

무기토로야
麦とろ家

유후마부시 신(역 앞)
由布まぶし 心

유후후
ゆふふ

긴노이로도리
銀の彩

유후인 버스 터미널

유라리
YURARI

오도리이
(우나키히메신사 참배로의 시작)

유후인 역
由布院駅

유후인 롤 숍
由布院ロールショップ

맥스밸류
マックスバリュ

야마
や

마키바
牧場

유후인 산스이칸
ゆふいん山水館

유후인 이치노자
由布院 市ノ坐

하스와
蓮輪

카제노모리
風の森

617

260

무소엔
夢想園

이누야시키
ゆふいんの犬屋敷

콘자쿠앙
今昔庵

호테이야
ほてい屋

블루발렌
Blue Ballen

유후인 오르골의 숲
由布院 オルゴールの森

슈 고에몬
シェ五衛門

마메키치 혼포
豆吉本舗

비 허니
Bee Honey

216

유후마부시 신
(긴린코 본점)
由布まぶし 心

스누피차야 유후인
OOPY茶屋 由布院

유후인
由布院の猫屋敷

네코야시키

마르크 샤갈 유후인 긴린코 미술관
マルク シャガール ゆふいん金鱗湖 美術館

고에몬
五衛門

우케츠키
受け月

금상 고로케
金賞 コロッケ

시탄유
下ん湯

규슈 유후인 민예촌
九州 湯布院 民芸村

고에몬
湯布院
菓子工房五衛門

긴린코 호수
金鱗湖

란푸샤
洋灯舎

산토칸
湯布院山灯館

타노쿠라
田乃倉

히노하루 료칸
日の春旅館

타마유
由布院сの湯

소안 코스모스
草庵秋桜

카메노이벳소
亀の井別荘

금상 고로케(2호점)
金賞 コロッケ

카지쿠라 고에몬
菓子蔵 五衛門

베터이 이츠키
由布院別邸樹

그란마
グランマ

유베르 호텔
ユウベルホテル

216

츠에노쇼
津江の庄

유후인 스테인드 글라스 박물관
Yufuin Sutendo Glass Museum

슈호칸
秀峰館

카이카테이
おやど 開花亭

바이엔
梅園

사쿠라테이
さくら亭

메바에소
旅館めばえ荘

우나키히메 신사
宇奈岐日女神社

메이메이
菜明

사이가쿠간
翻彩品館

11

美里

유후인 역 由布院駅 📷

오이타(大分) 출신의 건축가 이소자키 아라타(磯崎新)가 설계한 모던한 느낌의 역이다. 역 정면에 유후인의 거리와 멀리 유후다케산이 펼쳐져 역에 도착하는 순간부터 유후인의 정취를 느낄 수 있다. 열차역의 한자는 '由布院'이고, 유후인의 지명은 '湯布院'이다. 한자가 서로 다른 이유는 1955년 유후인(由布院)과 유노히라(湯平)가 합병하면서 지명은 '湯布院'이 되었지만, 그 전에 생긴 열차역의 이름은 바뀌지 않았기 때문이다.

📍 湯布院町川北8-2 🕐 05:30~22:30 📞 097784-2021 맵코드 269 357 117*88

유후인 역 아트홀 由布院駅 アートホール 💬

📍 유후인 역 내 🕐 09:00~19:00 💰 무료

유후인 역의 대합실은 일반 공모에서 당선된 회화와 사진 등의 예술 작품이 전시되어 있는 아트홀로 사용되고 있다. 그래서 다른 역보다 열차를 기다리는 시간이 즐겁다.

온천 여행의 아쉬움을 달래주는 곳
유후인 역 족욕장 由布院駅 足湯

📍 유후인 역 1번 플랫폼 오른쪽 끝 ⓦ 성인 160엔, 어린이 80엔 (수건 및 그림엽서 1매 포함)

규슈 온천 관광의 중심지에 있는 열차역답게 역내에 도 족욕장이 설치되어 있다. 하카타 방면으로 출발하는 열차가 들어오는 1번 플랫폼 오른쪽에 있으며, 여행을 마치고 열차를 기다리며 마지막으로 온천의 아쉬움을 달래기에 좋은 곳이다.

유후인의 다양한 정보를 얻을 수 있는 곳
유후인 관광 안내소 由布院 観光案内所

📍 유후인역을 나와서 오른쪽으로 도보 약 1분 ☎ 0977-84-2446

2018년 4월 오픈한 유후인 종합 안내소로 1층에는 안내 데스크와 유료 짐 보관소가 있으며, 2층에는 휴식 공간 및 유후인, 오이타현 관련 책자 등을 열람할 수 있는 공간이 있다. 전면 유리로 되어 있는 밝은 공간으로 열차나 버스 시간 전에 유후인 역에 도착했다면 이곳에서 시간을 보내는 것도 좋다.

 TIP 짐 보관, 배송 서비스, 치키 서비스

유후인 역 출구에서 나와 오른쪽에 있는 유후인 관광 안내소에는 '유후인 치키' 서비스가 있다. 이는 짐을 숙소까지 옮겨주는 서비스로 유후인 료칸에 숙박할 예정이고, 오전에 도착했거나, 숙박 후 오후에 유후인을 떠날 때 이용하기 편리한 서비스이다. 숙소로 짐을 보내는 것은 1개 500엔, 2개 900엔, 3개 1,100엔, 4개 이상은 1개당 350엔이다. 13시까지 맡길 경우 15시에 도착, 15시까지 맡기면 16시까지 숙소에 도착한다. 반대로 숙소에서 체크아웃을 하고 짐을 보관해서 출발할 때 찾을 수도 있다.

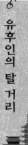
유후인의 탈거리

쓰지바샤 辻馬車

유후인 역에서 붓산사(佛山寺)와, 우나키히메 신사(宇奈岐日女神社)를 다녀오는 코스로 한적한 시골의 풍경을 천천히 감상할 수있다.

> ⏰ 09:00~16:00 / 약 50분 소요(30분에 1편 운행, 12~2월과 우천시 또는 말 컨디션이 안 좋을 경우 휴무) 💰 성인~중학생 1,500엔, 4세~초등학생 1,000엔

택시 TAXI

유후인의 택시는 기본요금이 620엔으로 우리나라에 비하면 비싼 편이지만, 대부분의 지역이 택시로 1,000엔이면 이동할 수 있는 거리이다. 송영 버스가 없는 료칸으로 갈 때나, 료칸에서 열차역으로 이동할 때 택시를 부르는 것이 편리하다. 참고로, 유후인 지역의 택시는 콜비를 받지 않기 때문에 료칸뿐 아니라 음식점에서도 택시를 요청해서 이동할 수 있다. 유후인 분지를 내려다볼 수 있는 사기리다이 전망대를 가고 싶다면 관광 택시를 이용하는 것도 좋은 방법이다. 관광 택시는 시간에 따라 요금을 받으며, 4인까지 탈 수 있는 소형 택시로 유후인 주변만 보는 경우 1시간 4,000엔, 2시간 8,000엔이다.

> 💰 일반 택시 기본 620엔(단, 유후인의 대부분 지역 1,000엔 정도로 이동 가능) / 콜비 무료 / 관광 택시 1시간 4,000엔, 2시간 8,000엔

인력거 人力車

유후인 역 앞과 긴린코 호수 주변에서 쉽게 볼 수 있다. 1
구간 약 15분이며, 기념사진을 찍어 주기도 하고 유후인
의 주요 관광지를 안내해 준다.

🕐 09:30~일몰까지 / 약 15분 소요 ₩ 1인 3,000엔, 2인
4,000엔, 3인 6,000엔(3인의 경우, 2대로 운행)

스카보로 スカーボロ

이탈리아의 클래식 버스를 이용해 유후인을 둘러볼 수
있다. 번화가와 다소 떨어진 유후인 역 서쪽까지 편안하
게 다녀올 수 있다는 것이 매력적이다.

🕐 10:00, 11:00, 12:10, 14:10, 15:10 / 약 50분 소요
₩ 1,200엔

렌탈 사이클 レンタサイクル

직접 자전거를 빌려 원하는 코스를 빠르고 편안하게 둘
러볼 수 있는 방법이다. 관광 안내소에서의 자전거 렌탈
은 무조건 17시까지 반납해야 한다. 1박 이상의 렌탈은
역 밖에 있는 렌탈 사이클 '키쿠스이(レンタサイクル キ
クスイ)'에서 할 수 있다.

관광안내소 🕐 09:00~17:00 🚲 1시간 200엔, 5시간 이상 1,000엔   키쿠스이 🕐 15:00~다음 날 10:00까지 ₩ 1,000엔

유후인의 고급스러운 디저트 카페

유라리 YURARI

오이타현의 신선한 식재료를 사용하며, 본연의 맛을 지키기 위해 심플하게 만드는 디저트로 인기 있는 곳이다. 가격은 비싼 편이지만, 이곳의 디저트를 맛보면 오히려 합리적인 가격이라는 생각이 절로 든다. 병에 담아 테이크아웃 판매도 하지만, 유라리 특제 캐러멜 소스와 푸딩의 조화를 느끼고 싶다면 매장에서 먹는 것을 추천한다.

Ⓐ 湯布院町川北5-6 Ⓥ 유후인 역에서 도보 1분 Ⓛ 09:30 ~17:30 Ⓦ 푸딩(プリン) 360엔~, 커피 450엔~, 프리미엄 바닐라 푸딩 410엔, 치즈 케이크 500엔 맵코드 269 357 118*41 / 269 357 147*74(타임즈 유후인 역 앞 주차장)

차에 말아 먹는 유후인의 특별한 덮밥

유후마부시 신 由布まぶし 心

빨간 노렌(천막)에 검은색 글씨로 적힌 마음 심(心)이 인상적인 음식점으로, 유후인에서 주목받는 음식점 중 하나이다. 긴린코 호수와 역 앞, 두 개의 매장 모두 인기가 많다. 일반적인 덮밥과 달리 뜨겁게 달궈진 도나베(土鍋, 토기 냄비)에 음식이 나온다. 그냥 먹을 수도 있고 우리나라 보리굴비처럼 차에 말아 먹기도 한다. 마부시 메뉴는 장어(鰻, 우나기), 토종닭(地鶏, 지도리), 분고 소고기(豊後牛, 분고규)로 세 가지가 있는데, 세트로 주문하면 푸짐한 전채 요리와 함께 나온다.

긴린코 본점 金鱗湖本店 [긴린코 혼텐]

Ⓐ 湯布院町川上1492-1 Ⓥ 긴린코 호수에서 도보 1분 Ⓛ 10:30~18:30(화요일 휴무) Ⓒ 0977-85-7880 맵코드 269 359 612*66

역 앞 지점 駅前支店 [에키마에시텐]

Ⓐ 湯布院町川北5-3 2층 Ⓥ 유후인 역에서 도보 1분 Ⓛ 점심 11:00~16:00, 저녁 17:30~21:00 (목요일 휴무) Ⓒ 0977-84-5825 Ⓦ 분고규 마부시 2,222엔, 장어 마부시 2,222엔, 토종닭 마부시 1,991엔 맵코드 269 357 179*55

긴린코 본점

역 앞 지점

무기토로야 麦とろ家

유후인의 대표적인 특산물 중 하나인 참마를 이용한 향토 요
리 전문점으로, 100% 자연산만을 고집하는 곳이다. 메뉴판
에 커다란 사진과 함께 한국어로도 설명이 되어 있어 주문하
기 좋다. 참마 정식(とろ定食)이 대표 메뉴지만, 걸쭉한 참
마가 부담스럽다면 일반 정식에 참마국(とろ汁)이 포함된
메뉴를 주문해도 좋다.

◎ 湯布院町川北2-11 丸福ビル 2층 **♥** 유후인 역에서 도보 5분 **⏱**
11:30~21:00(수요일 휴무) **☎** 0977-84-2363 **₩** 참마 정식
1,100엔, 닭튀김 정식 1,110엔, 닭튀김정식 + 참마국 1,350엔 맵
코드 269 357 179*14 / 269 357 147*74(타임즈 유후인 역 앞 주차장)

유후인 롤 숍 由布院ロールショップ

유후인 역에서 가장 가까운 롤 케이크 전문점으로, 기본 맛인
플레인 롤 케이크, 일본의 전통을 맛볼 수 있는 녹차 롤 케이크
등 계절에 따라 다양한 맛의 롤케이크를 판매하고 있다. 매장
내에 카페가 있어 롤 케이크와 커피를 세트로 판매한다. 소프
트 아이스크림 크레미아(クレミア)는 아이스크림콘이 랑그
드사 쿠키로 되어 있는 것으로 유명한데, 유후인에서 먹으려
면 이곳이 유일하다.

◎ 湯布院町川北2-8 **♥** 유후인 역에서 도보 1분 **⏱** 09:30~18:00
₩ 롤 케이크(15cm) 1,400엔, 쿠레미아 아이스크림 500엔, 롤 케
이크 + 음료 세트 500~650엔 맵코드 269 357 179*17 / 269
357 147*74(타임즈 유후인 역 앞 주차장)

유후후 ゆふふ

비스피크(B-speak)와 함께 유후인에서 가장 인기 있는 롤
케이크 전문점이다. 역 앞 도보 3분 거리 내에 2층 규모의 큰
매장이 있어 테이크아웃과 레스토랑에서 먹는 것이 가능하
며, 그 옆의 매장은 테이크아웃 전문점이다. 신선한 우유와 계
란으로 만든 푸딩도 인기 상품이다.

◎ 湯布院町川北2-1 **♥** 유후인 역에서 도보 3분 **⏱**
10:00~18:00 **☎** 0977-85-5839 **₩** 유후
인치타마고 롤 케이크 조각(湯布院地たまごロ
ールカット) 300엔, 1롤은 1,200엔, 푸딩(プリ
ン) 310엔 맵코드 269 358 180*60

유후인 버거 YUFUIN BURGER 🍴

오이타현의 특산인 분고규 소고기 패티와 자연 효모로 직접 만든 빵을 이용하는 햄버거 가게이다. 비교적 저렴한 데리야키 버거도 인기 메뉴지만 크림치즈가 밑에 깔려 있는 유후인 버거를 맛보는 것을 추천한다.

📍 湯布院町川上3053-4 📍 유후인 역에서 도보 6분 🕐 11:00~18:00(수요일 휴무) 📞 0977-85-5220 💴 데리야키 버거 380엔, 유후인 버거 680엔, 베이컨 & 오믈렛 스페셜 버거 790엔 맵코드 269 358 307*58 / 269 357 147*74(타임즈 유후인 역 앞 주차장)

긴노이로도리 銀の彩 ☕

유후인 역에서 유노쓰보 거리로 가는 대로에서 살짝 벗어난 안쪽 골목에 자리하고 있어 현지인들의 인기에 비해 여행객들에게는 크게 알려지지 않았다. 디저트 전문점으로 예쁜 조각 케이크와 소프트아이스크림 등을 판매하며, 홀 케이크도 있으니 기념일에 유후인 료칸에서 숙박한다면 이곳에서 케이크를 준비하는 것도 좋다. 테이블이 2개밖에 없는 매장 한쪽에는 예쁜 액세서리와 소품도 판매한다.

📍 湯布院町川上2935-3 📍 유후인 역에서 도보 5분 🕐 11:00~19:30(휴일은 홈페이지 참조) 📞 050-5571-4463 💴 커피 300엔~, 케이크 + 커피 세트 500엔~, 케이크 12cm 2,200엔~ 🌐 www.ginnoirodori.jp 맵코드 269 358 154*06 / 269 357 147*74(타임즈 유후인 역 앞 주차장)

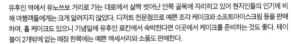

최고급 료칸에서 운영하는 롤 케이크 전문점

비스피크 B-SPEAK

유후인의 최고급 료칸인 산소 무라타에서 운영하는 롤 케이크 전문점이다. 엄선된 재료로 만들어지는 부드러운 롤 케이크는 유후인을 대표하는 먹거리 중 하나이다. 평일에도 오후 1~2시쯤이면 매진되는 경우가 많고, 주말과 휴일에는 일반 판매 자체가 불가능한 경우도 있으므로 예약하는 것이 좋다. 예약은 5일 전부터 가능하다.

ⓐ 湯布院町川上3040-2 ♥ 유후인 역 앞에서 큰 길을 따라 직진, 도보 약 7분 ⓢ 10:00~17:00 ⓟ 0977-28-2066 (예약은 15~17시, 5일 전부터 가능) ⓦ 롤 케이크 1,420엔, 1/3 사이즈 475엔 맵코드 269 358 402*88

유후인 마을의 대형 마트

A 코프 슈퍼마켓 Aコープ 湯布院店

유후인 상점가에 있는 대형 마트로 생활용품과 식품 등이 있어 현지인들도 많이 이용하는 곳이다. 유후인에서만 구입할 수 있는 유후인 사이다를 비롯해 선물용 과자들을 저렴하게 판매한다. 렌터카 여행객들 중 일부는 이곳에 무료로 주차를 하기도 하는데, 물품 구입 없이 주차만 하는 경우 최대 25,000엔의 벌금이 부과될 수 있으니 주의하자. 우리나라 렌터카 차량 번호판의 '허'처럼 일본의 렌터카도 'わ'로 써 있기 때문에 주차 단속 주의 대상이다.

ⓐ 湯布院町川上3028 ♥ 비스피크(B-Speak) 바로 옆 ⓢ 10:00~19:00 ⓟ 0977-85-2241 맵코드 269 358 466*33

캐릭터 상점가

유노쓰보 거리에는 미야자키 하야오의 애니메이션 관련 상품들을 파는 '돈구리노모리(どんぐりの森)'와 일본을 대표하는 캐릭터인 헬로키티 전문점 '산리오야(さんりお屋)', '게게게의 기타로(ゲゲゲの鬼太郎)' 등 다양한 캐릭터용품점이 있다. 돈구리노모리 앞에는 작은 벤치가 있어 잠시 휴식을 취할 수 있으며, 어린이들은 토토로와 사진도 찍으며 놀기 좋은 공간이 준비되어 있다. 산리오야에서는 유후인에서만 판매하는 지역 한정 키티를 만나볼 수 있다.

산리오야

돈구리노모리

돈구리노모리 どんぐりの森
ⓐ 湯布院町川上3019-1 ⓟ비스피크(B-Speak)에서 도보 2분 ⓛ 09:00~17:30 ⓒ0977-85-4785 맵코드 269 358 499*52

산리오야 サンリオ屋
ⓐ 湯布院町川上3010-1 ⓟ비스피크(B-Speak)에서 도보 3분 ⓛ 09:00~18:00 ⓒ0977-28-8302 맵코드 269 358 532*14

금상 고로케 金賞コロッケ

NHK 방송사에서 전국으로 방영한 제1회 일본 전국 고로케 콩쿠르에서 금상을 수상한 고로케 가게이다. 고소한 고로케 냄새로 유노쓰보 거리를 산책하는 사람들의 발길을 사로잡는다. 바삭바삭한 튀김옷 안에 고구마, 감자 등이 크림만큼이나 부드러운 맛을 전해 준다.

ⓐ 湯布院町川上1079-8 ⓟ비스피크(B-Speak)에서 도보 5분 ⓛ 09:00~18:00 ⓒ0977-28-8888 ⓦ150엔~ 맵코드 269 358 533*06

당신의 No.1이 되고 싶은 치즈 타르트

고에몬 湯布院 菓子工房五衛門

유후인 상점가에 4개의 매장을 운영하고 있는 디저트 & 제과 전문점이다. 각 매장이 조금씩 다른 콘셉트로 운영되고 있지만, 대표 메뉴인 바움쿠헨(나뭇결 모양의 빵), 치즈 케이크, 소프트아이스크림은 어디서나 구입할 수 있다. 특히 알라 모드 (A la mode) 매장의 반숙 치즈 케이크를 추천하며, 여행 선물로는 유통 기한이 비교적 긴 바움쿠헨이나 개별 포장된 디저트들이 좋다.

고에몬
- 湯布院町大字川上1527-1
- B-Speak에서 도보 3분
- 08:30~17:00 0977-85-3763
- 맵코드 269 358 598*52

알라 모드 湯布院町大字川上 A la mode 五衛門
- 湯布院町大字川上1526-1
- B-Speak에서 도보 3분(고에몬 건너편)
- 08:30~17:00 0977-28-2520
- 맵코드 269 358 598*88

카지쿠라 고에몬 菓子蔵 五衛門
- 湯布院町大字川上1551-8
- 긴린코 호수에서 도보 2분
- 08:30~17:00 0977-85-5083
- 맵코드 269 359 489*85

슈 고에몬 シェ五衛門
- 湯布院町1535-6
- B-Speak에서 도보 4분
- 08:30~17:00 0977-84-3607
- 맵코드 269 359 600*71

ⓦ 반숙 치즈 케이크 1조각 310엔, 커피 세트 500엔 / 플레인 바움쿠헨 4cm 1,030엔, 6cm 1,230엔

알라 모드

일본 전통차와 스누피의 만남

스누피차야 유후인
SNOOPY茶屋 由布院

스누피 캐릭터를 이용한 카페는 일본뿐만 아니라 우리나라에서도 어렵지 않게 찾아볼 수 있다. 하지만 이곳의 스누피는 일본의 전통과 조화를 이루는 특별함이 있다. 2014년 오픈과 동시에 큰 이슈가 되었던 것도 전통차와 스누피의 만남 때문이었다. 유후인에 첫 매장을 낸 이후 이세와 교토에 매장을 냈으며, 스누피 모양의 오므라이스 같은 식사 메뉴와 산책하며 먹기 좋은 말차 소프트아이스크림 등을 판매하고 있다. 또한 매장 안쪽에는 캐릭터 판매 코너까지 갖추고 있다.

ⓐ 湯布院市湯布院町川上1524-27 ⓟ 유노쓰보 거리 중심, 유후인 역에서 도보 10분 ⓣ 캐릭터 매장 09:30~17:00, 카페 10:00~17:00 0977-85-2760 ⓦ 스누피 오므라이스 1,500엔, 스누피 말차 파르페 950엔, 스누피 그린티 라테 800엔 맵코드 269 358 599*11

마메키치 혼포 豆吉本舗 🛍

콩을 테마로 새로운 과자 문화를 만들고 있는 곳으로, 수십 종류의 콩 과자를 판매하고 있다. 와사비 맛, 매실 맛, 검은깨 맛, 카레 맛 등 수십 가지의 메뉴를 모두 시식해 볼 수 있다. 상점가를 산책하면서 먹기도 좋고, 저녁에는 숙소에서 안주로 먹기에도 안성맞춤이다.

🚉 湯布院町川上1524-27 ♀ 비스피크(B-Speak)에서 도보 8분
🕐 4~11월 09:00~18:00, 12-3월 10:00~17:00(수요일 휴무)
📞 0977-85-2945 맵코드 269 359 570*28

이누야시키 · 네코야시키 ゆふいんの犬屋敷 · 由布院の猫屋敷 🛍

강아지(犬, 이누)와 고양이(猫, 네코) 인형부터 도자기나 나무 등의 소재로 만든 강아지와 고양이, 다양한 종류의 액세서리와 머그컵 그리고 의류 등을 판매하고 있는 상점이다. 이누야시키와 네코야시키는 바로 옆에 있으며, 손 흔드는 고양이 '마네키네코'는 장사가 잘되길 기원한다는 의미를 담고 있어 기념품으로 인기가 많은데, 네코야시키에서 판매하고 있다.

이누야시키

네코야시키

🚉 湯布院町川上1511-1 ♀ 비스피크(B-Speak)에서 도보 10분, 오르골의 숲 바로 앞 🕐 09:00~18:00 📞 이누야시키 0977-28-8555, 네코야시키 0977-28-8888 맵코드 269 359 664*11(이누야시키) / 269 359 635*22(네코야시키)

비 허니 BEE HONEY ☕

벌꿀을 이용한 40여 종의 제품을 판매하고 있는 전문점이다. 벌꿀이 들어간 음료수와 아이스크림이 인기가 많으며 특히 벌꿀 아이스크림에 새콤한 유자 과즙을 얹은 '도로리유즈소프트(とろ-リ柚子ソフト)'가 인기다. 밝은 분위기의 점포 내에 테이블이 마련되어 있다.

🚉 湯布院町川上1481-1 ♀ 비스피크(B-Speak)에서 도보 10분, 오르골의 숲 대각선 건너편 🕐 09:30~17:30 📞 0977-85-2733 🍦 도로리유즈소프트 350엔, 벌꿀소프트 300엔 맵코드 269 359 697*55

지중해풍의 공예품 전문점

블루 발렌 BLUE BALLEN

산토리니를 연상시키는 하얀 벽과 파란 문의 상점 안에는 예쁜 목각 공예품이 가득하다. 액세서리, 인테리어 소품들은 직접 나무를 깎고 칠해서 만드는 수공예품이기 때문에 가격대가 상당히 높은 편이다. 2층은 전시 공간이자 쿠키 전문점으로 마치 갤러리 카페에 온 듯하다.

◉ 湯布院町川上1510 ♀ 비스피크에서 도보 8분 ⏰ 10:00~18:00 ☎ 0977-84-4968 맵코드 269 359 633*00

유노쓰보 거리 중심의 오르골 전문점

유후인 오르골의 숲 由布院 オルゴールの森

비스피크(B-Speak)에서 긴린코 호수까지 이어지는 유노쓰보 거리의 거의 중간쯤에 위치한 상점으로, 2층의 유럽식 목조 건물에는 1,500여 종의 오르골이 전시되어 있다. 매장 앞마당의 폭스바겐 구형 비틀은 기념사진을 찍기 좋으며, 그밖에도 음료 자판기와 벤치가 있어 잠시 쉬어 가기 좋다. 1층에는 유리 공예 전문점인 가라스노 모리(ガラスの森)가 있다.

◉ 湯布院町川上1477-1 ♀ 비스피크에서 도보 10분 ⏰ 09:00~17:30 ☎ 0977-85-5085 맵코드 269 359 665*33

1층 유리의 숲

2층 오르골의 숲

옛 민가를 이전한 민속 박물관

규슈 유후인 민예촌 九州 湯布院 民芸村

규슈 각 지역의 오래된 건물들을 이전한 민속촌 같은 곳으로, 죽공예와 전통 염색, 화지 공예 등을 시연 및 판매한다. 민예촌 내의 고토인에서는 일본, 중국, 우리나라 도자기도 전시하고 있다. 그러나 입장료에 비해 볼거리가 많지 않으며, 특히 료칸에서 숙박한다면 굳이 옛 민가를 볼 필요가 없다.

🚉 湯布院町湯の坪1542-1 📍 유노쓰보 거리의 네코야시키에서 우회전 후 도보 2분, 자동차 역사관 옆, 입구는 강변에 있음 🕐 평일 08:30~17:00, 주말 08:30~17:30 📞 0977-85-2288 💰 성인 650엔, 중고생 370엔, 초등생 250엔 맵코드 269 359 514*25

신비로운 안개가 감싸는 유후인의 상징

긴린코 호수 金鱗湖

아기자기한 유후인의 분위기를 한층 더해 주는 안개의 근원은 바로 호수이다. 온천의 원천이 흐르고 있어 호수의 온도가 높아 새벽이 되면 원천수와 호수의 온도 차이로 몽환적인 느낌을 주는 안개가 유후인 전체를 감싼다. 원래의 이름은 언덕 아래의 호수를 의미하는 '다케모토노이케(岳下の池)'였는데, 메이지(明治) 17년(1884년) 모리쿠소라는 유학자가 이곳의 노천탕 '시탄유'에서 온천을 하다가 호수에서 뛰어오른 물고기의 비늘이 석양에 비쳐 금빛으로 빛나는 것을 보고 '긴린코'라고 하여 바뀌게 되었다. 호수를 한 바퀴 둘러보는 데 약 10분 정도 소요되며, 호수에서 시작되는 개천을 따라 자연 산책로가 조성되어 있다.

🚉 湯布院町川上 📍 유후인 역에서 도보 20분, 비스피크(B-Speak)에서 도보 13분 맵코드 269 359 555*00 / 269 359 583*82(긴린코 인근 유료 주차장, 길이 매우 좁으니 주의)

분위기 있는 갤러리와 유럽풍의 카페

우케츠키 受け月

갤러리와 카페를 함께 운영하는 곳이다. 유료라고 해도 손색없을 만큼 분위기 있는 갤러리에 유럽풍의 테이블과 의자가 마련된 카페다. 롤 케이크와 치즈 케이크, 초콜릿 등으로 인기를 얻고 있으며 생일과 결혼기념일 케이크도 주문 제작한다. 주문된 케이크는 원하는 날과 시간에 숙박하고 있는 곳으로 배달해 준다.

🚉 湯布院町川上1503-7 📍 유노쓰보 거리의 네코야시키에서 우회전, 규슈 자동차 역사관 앞의 오른쪽 골목으로 들어가서 1분 🕐 09:00~17:00(목요일 휴무) 📞 0977-84-4677 💰 우케츠키 롤 케이크 1,350엔, 치즈 케이크 1,200엔, 주문 케이크 3,000엔~ 맵코드 269 359 604*66

마르크 샤갈의 미술품을 전시
마르크 샤갈 유후인 긴린코 미술관
マルクシャガール ゆふいん金鱗湖 美術館

20세기를 대표하는 러시아 출신의 화가 마르크 샤갈의 미술품이 전시된 미술관이다. 그의 대표작 '서커스'를 비롯해 39점의 작품이 진열돼 있다. 하지만 정작 사람들이 이곳을 많이 찾는 이유는 미술관 관람이 아닌 카페 때문이다. 샤갈이 살던 마을 이름을 딴 카페 '라 루 쉐'에서는 긴린코 호수를 바라보며 여유로운 시간을 즐길 수 있다.

📍 湯布院町川上岳本1592-1 ● 긴린코 호수 바로 옆 ⏰ 09:00~17:00(단, 카페는 일요일과 공휴일에 07:00부터 영업) 📞 0977-28-8500 💴 미술관 성인 600엔 / 카페 커피 500엔~, 쉬폰 케이크 350엔~ 맵코드 269 359 616*82 / 269 359 583*82(긴린코 인근 유료 주차장, 길이 매우 좁으니 주의)

긴린코 호수 옆에 설치된 공동 온천장
시탄유 下ん湯

긴린코 호수 옆에 설치되어 있는 공동 온천장이다. 소박한 외관과 온천에서 바라보는 긴린코의 모습으로 인기가 높은 곳이지만, 남녀 혼탕이기 때문에 실제 이곳에서 온천을 즐기기는 힘들다.

📍 湯布院町川上1585 ● 긴린코 호수 바로 옆 ⏰ 10:00~22:00 💴 100엔(무인으로 운영되어 자율적으로 지불하면 됨) 맵코드 269 359 617*58 / 269 359 583*82(긴린코 인근 유료 주차장, 길이 매우 좁으니 주의)

긴린코 호수를 바라보며 하는 낭만적인 식사
란푸샤 洋灯舎

긴린코 호수를 바라보며 식사를 할 수 있는 양식 레스토랑이다. 멋진 풍경이 펼쳐지는 곳이기 때문에 연인들에게 인기가 높다. 그러나 바(Bar)로 마련된 창가 쪽 자리는 혼자 앉아서 식사를 하기에도 좋다. 1,650엔의 점심 세트는 A~F까지 다양하며, 분고규(분고 지방의 소고기)를 이용한 햄버그스테이크(A코스)의 인기가 가장 높다.

📍 湯布院町川上1561 ● 긴린코 호수 바로 옆 ⏰ 점심 11:00~14:00, 저녁 17:00~20:00 (화요일 휴무) 💴 점심 세트 1,650엔 맵코드 269 359 559*58 / 269 359 583*82(긴린코 인근 유료 주차장, 길이 매우 좁으니 주의)

근교 여행

유후인의 근교 관광지

현지인들만 알고 즐겨 찾는 유후인의 관광지

유노쓰보 거리와 긴린코 호수에서 조금 벗어난 곳에 있어 정말 유후인을 즐겨 찾는 현지인들만 아는 곳을 소개한다. 처음 유후인을 방문한 사람들에게는 이동 시간 등을 고려하면 추천하지 않지만, 유후인의 료칸에서 2박 이상을 하거나 유후인을 여러 번 방문했다면 찾아가 볼 만한 곳이다.

🌸 그란마 *グランマ* ☕

📍 湯布院町川上2794-2
🚶 유후인 역에서 도보 20분 / 유후인 미술
관에서 도보 7분
🕐 08:00~매진 (목요일 휴무)
📞 0977-85-5456
맵코드 269 358 205*63

부부가 운영하는 소박한 빵집

유후인의 료칸 직원들에게 빵을 좋아한다고 말하면 10명 중 9명은 '그란마상'을 추천한다(흔히 상점 이름에 '~씨'를 뜻하는 '~상'을 붙임). 매일 새벽 2시부터 빵을 굽기 시작해 매진될 때까지 영업하는데, 보통 오후 3시 이전에 영업이 끝난다. 다양한 종류의 빵이 있으며, 그중 가장 인기 있는 '건포도 빵(レズーンパン)'은 예약을 하지 않으면 아무리 일찍 가더라도 맛볼 수 없다.

🌸 유후인 이치노자 *由布院 市ノ坐* 🍴

📍 由布院町川南113-12
🚶 유후인 역에서 도보 8분
🕐 평일 11:30~14:00 / 토·일요
일·공휴일 점심 11:30~14:00, 저녁
17:30~20:00 (수요일 휴무)
📞 0977-28-8113
🥢 점심 두부 가이세키 3,000엔, 유바 덴푸
라 정식 1,500엔
맵코드 269 328 455*85

예스러운 분위기의 두부 요리 전문점

100년이 넘은 오래된 민가를 그대로 이용해 예스러운 분위기가 흐르는 숨은 맛집이다. 유후인에서 솟아나는 맑은 물로 만든 두부 요리를 전문으로 한다. 점심과 저녁 세트 메뉴로 다양한 두부 요리를 맛볼 수 있는데, 인기 메뉴는 '유이 두부(結豆腐)'다. 콩 특유의 특성을 잘 전하는 유이 두부는 '가족과 친구, 함께 식사하는 사람들의 인연을 계속해서 이어 준다(結, 무스비)'는 의미도 있다.

277

🌸 오오고샤 大杵社

📍 湯布院町川南753
📍 유후인 역에서 도보 약 20분 (가파른 언덕에 있어 택시 이용 추천)
맵코드 269 298 786*14 (구글맵 검색 시 Daikinesha로 나옴)

신비로운 분위기의 토토로 나무

유후인의 남쪽 언덕에 자리한 오오고샤는 삼나무와 대나무가 지키듯 둘러싸고 있다. 경내는 신비로운 분위기가 가득한데, 중앙에 있는 수령 1000년의 삼나무는 천연기념물로 지정되었으며, 좋은 기운을 주는 것으로 알려져 있다. 뒤로 들어가면 나무 가운데 성인 3명이 들어갈 수 있을 만큼의 넓은 공간이 있어 애니메이션 '이웃집 토토로'의 나무라 불리기도 한다.

🌸 우나키히메 신사 宇奈岐日女神社

📍 湯布院町川上2220
📍 유후인 역에서 도보 약 20분
📞 0977-84-3200
맵코드 269 329 364*47

유후인의 전설을 갖고 있는 신사

전설에 의하면, 유후인은 커다란 호수였는데 유후다케산의 여신이 호수의 물을 바다로 흘려 보내 분지가 되어 사람들이 살기 시작했다고 한다. '우나키히메'는 한자 표기는 다르지만 장어(鰻, 우나기)를 뜻하며, 장어를 유후인의 정령으로 여기며 신사를 지었다. 1만 평이 넘는 경내는 삼나무 숲으로 둘러싸여 있고, 1991년 태풍으로 쓰러진 수령 600년 이상의 고목까지 보존하고 있다. 참고로 유후인 역에서 상점가로 가는 길에 커다란 '토리이(鳥居)'가 있는데, 이것은 우나키히메 신사까지 이어지는 참배로의 시작을 알리는 종교적 의미가 있다.

✿ 사기리다이 전망대 狭霧台

📍 湯布院町川上 1946-14
📍 유후인 역에서 차로 15분
맵코드 46 301 726*85

안개에 덮인 유후인 마을을 보는 전망대

유후인 역에서 긴린코 호수를 지나 벳푸로 넘어가는 유후다케산 중턱에 있는 전망대이다. 가을과 겨울 새벽에 이곳에 오르면 유후인 마을을 뒤덮고 있는 안개를 볼 수 있다. '구름이 만든 바다'라는 뜻의 운해(雲海, 운카이) 처럼 보이기 때문에 유후인의 운카이 테라스라 부르기도 한다. 렌터카 없이 새벽에 오를 예정이라면, 전날 택시 를 예약하는 것이 좋다. 왕복 택시 요금보다 1시간 대절 택시(貸切タクシー, 카시키리 타쿠시)로 이용하는 것이 저렴하다.

✿ 무라타 타임 힐즈 Murata Timehills

📍 別府市大字内竈字扇山 3677-46
📍 벳푸 역에서 차로 25분, 유후인 역에서 고속도로 이용 시 23분 (대중교통 없음)
📞 097-27-8118
맵코드 46 580 838*85

산소 무라타에서 운영하는 휴게소

유후인과 벳푸 사이의 언덕에 자리한 자동차 휴게소로, 유후인 3대 료칸 중 하나이며 비스피크(B-Speak) 롤 케이크로 유명한 산소 무라타에서 위탁 운영하는 곳이다. 산소 무라타 퍼블릭 스페이스의 소바 전문점인 후쇼안의 매장도 있으며, 피자와 파스타 전문점인 아르테지오 다이닝, 롤 케이크와 파르페를 파는 비스피크 (B-Speak) 카페가 있다. 벳푸만의 아름다운 풍경을 바라보며, 고급 료칸 산소 무라타의 감성을 느낄 수 있는 휴게소이다.

유후인의 료칸

유후인은 저렴한 숙소부터 고급 료칸까지 선택지가 다양하다. 일본에서 두 번째로 온천이 많이 솟는 지역답게 어디서나 훌륭한 온천을 즐길 수 있다.

무소엔

山のホテル夢想園

유후인의 남쪽 언덕에 자리한 무소엔은 유후인 마을과 유후다케산이 내려다보이는 넓은 노천 온천으로 유명하다. 당일치기 온천으로 추천하는 료칸 중 하나인데, 당일치기 온천 요금을 지불하면 남녀 각각의 노천 온천뿐 아니라 문을 잠그고 일행끼리만 온천을 할 수 있는 가족탕도 이용 가능하다. 노천 2개, 실내 2개의 가족탕을 이용하는 사람이 없으면 팻말을 사용 중으로 돌려두고 사용하면 된다. 료칸 내의 전망 카페인 'Ban Ban'에는 하루에 40개만 한정 판매하는 푸딩이 인기이며, 식사 메뉴도 있다.

🚘 湯布院町川南1243 🚗 유후인 역에서 도보 20분, 택시 5분(1,000엔) / 송영 없음 ☎ 0977-84-2171 🏨 본관 객실 1인 19,000엔~, 신관 객실 1인 32,000엔~ 맵코드 269 297 896*60
당일치기 온천 日帰り温泉
🕐 10:00~15:00 / 중학생 이상 700엔, 어린이 600엔, 5세 이하 무료 (가족탕 이용요금 포함)

바이엔

名苑と名水の宿 梅園

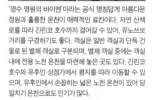

'명수 명원의 바이엔'이라는 공식 명칭답게 아름다운 정원과 훌륭한 온천이 매력적인 료칸이다. 자연 산책로를 따라 긴린코 호수까지 걸어갈 수 있으, 유노쓰보 거리를 구경하기도 좋다. 객실은 일반 객실과 단독 건물로 된 별채 객실로 구분되며, 별채 객실 중에는 객실 내에 전용 노천 온천을 마련해 놓은 곳도 있다. 긴린코 호수와 유후인 상점가에서 평지를 따라 이동할 수 있으며, 유후인에서 손꼽히는 넓은 노천 온천이 있어 당일치기 온천으로도 인기가 많다.

🚘 湯布院町川上2106-2 🚗 긴린코 호수에서 도보 15분, 유후인 역에서 도보 30분, 택시 5분(1,000엔) / 송영 없음 ☎ 0977-28-8288 🏨 본관 객실 1인 20,000엔~, 전용 노천 온천 별채 객실 1인 28,000엔~ 맵코드 269 329 589*03
당일치기 온천 日帰り温泉
🕐 11:00~15:00 (이용은 16:00까지) / 일반 노천 온천 성인 600엔, 3~12세 300엔(전신 타월 324엔, 페이스 타월 216엔) / 가족 노천 온천 성인 1,200엔, 3~12세 600엔 (50분 이용)

히노하루 료칸

日の春旅館

유후인 역과 긴린코 사이의 상점가 중심에 있는 료칸으로, 11개의 객실 모두 순수 일본식이다. 2개의 객실에는 전용 노천 온천이 있으며, 휠체어 이용이 가능한 객실도 있다. 온천 거리 중심에 있기 때문에 당일치기 온천으로도 추천한다. 검은색 자갈이 깔린 특이한 분위기의 노천 온천도 매력적이며, 2개의 노천 가족탕은 연인과 부부 또는 어린아이가 있는 가족 여행객들에게 인기다.

🏯 湯布院町川上 1082 ♀유후인 역, 긴린코 호수에서 도보 10분 / 송영 없음 📞 0977-84-3106 🛏 일반 객실 18,000엔~, 전용 노천 온천 객실 25,000엔~ 맵코드 269 358 504*22
당일치기 온천 日帰り温泉
🕙 10:30~14:30 🛁 일반 온천 500엔, 가족 온천 700엔

유후인 야스하

ゆふいん泰葉

유노쓰보 거리의 북쪽 언덕에 자리한 료칸들은 일본 전국에서도 매우 드문 청탕, 즉 파란빛이 도는 온천수를 사용한다. 땅속에서 분출되었을 때는 투명한 온천수가 시간이 지나면서 파랗게 변하는데, 이는 시간과 기상 조건에 따라 변하는 정도가 다르다. 야스하 료칸은 유후인에서 청탕을 볼 수 있는 료칸 중 가장 유명하며, 피부 미용에 좋은 온천수를 병에 담아서 판매하기도 한다. 경사진 언덕에 자리 잡고 있어 료칸 내에 계단이 많아 연세가 많은 부모님이나 아기에게는 조금 불편하다.

🏯 湯布院町川上 1270-48 ♀긴린코 호수에서 도보 20분, 유후인 역까지 도보 30분 / 송영 기본적으로 없음 📞 0977-85-2226 🛏 일반 객실 1인 17,000엔~, 전용 노천 온천 별채 객실 1인 23,000엔~ 맵코드 269 389 519*25
당일치기 온천 日帰り温泉
🕙 10:00~20:00 (단, 당일 온천 혼잡도에 따라 불가한 경우도 있음) 🛁 일반 온천 700엔, 가족 노천 온천 2,500엔 (50분 이용)

유후인 산스이칸

ゆふいん山水館

유후인 역에서 도보 5분 거리에 있어 당일치기 온천을 하는 데 최고의 접근성을 자랑한다. 유후인 지역의 료칸 중 비교적 큰 규모이고, 현대적인 느낌이지만, 유후 다케산이 보이는 넓은 온천은 전통적인 분위기로 꾸며져 있다. 유후인 지역 맥주인 유후인 맥주 공장에서 운영하는 레스토랑이 바로 옆에 있어, 온천 후 시원한 맥주와 함께 식사를 하기도 좋다. 료칸의 객실은 총 85개이며, 이중 절반은 침대 객실이다.

ⓐ 湯布院町川南108-1 ♀ 유후인 역에서 도보 5분 / 송영 있음 ☎ 0977-84-2101 ⓦ 일반 객실 1인 13,500엔~ 맵코드 269 328 633*36

당일치기 온천 日帰り温泉
🕐 12:00~16:00 ⓦ 성인 700엔(페이스 타올 포함), 4~12세 500엔(페이스 타올 100엔 별도 판매)

니혼노 아시타바

二本の葦束

4,500평의 넓은 부지에 일본 전국의 오래된 가옥들을 이축해서 지은 료칸으로, 11개의 객실이 저마다 다른 디자인이다. 유후인의 신 3대 명가 중 하나인 니혼노 아시타바에서 원하는 객실을 예약하려면, 최소 3개월 전에는 예약하는 것이 좋다. 료칸의 온천은 모두 가족탕으로 운영되는데, 유후인의 노천 가족탕 중 가장 크고 자연에 가까운 분위기이다.

ⓐ 湯布院町川北918-18 ♀ 유후인 역에서 호수 반대 방향, 차로 약 8분 / 송영 없음 ☎ 0977-84-2664 ⓦ 온천 없는 별채 객실 1인 24,000엔~, 노천 온천 있는 별채 객실 33,000엔~ ⓦ 2hon-no-ashitaba.co.jp/ko 맵코드 269 355 047*74

소안 코스모스 草庵秋桜

30년간 유후인의 고급 료칸으로 인기 있던 소안 코스모스가 2017년 전면 리뉴얼하여 다시 태어났다. 10년 전 소안 코스모스의 티룸을 디자인하고, 유후인노모리 열차를 비롯해 JR 규슈의 인기 열차를 디자인한 미토오카 에이지가 료칸 리뉴얼 전체를 담당했다. 규슈를 상징하는 소재를 활용하며 전통과 현대의 조화를 추구하는 그의 작품이 된 료칸은 유후인 최고의 디자인 료칸이라 할 수 있다.

ⓐ 湯布院町川上1500 ♀ 유후인 역에서 도보 15분, 긴린코 호수에서 도보 5분 ☎ 0977-85-4567 ⓦ 일반 객실 1인 22,500엔~, 노천 온천 있는 별채 객실 35,000엔~ 맵코드 269 359 547*55

잇코텐 湯富里の宿 一壷天

료칸의 오너가 고미술상, 골동품점을 운영하고 있어 객실뿐 아니라 료칸 곳곳에 있는 소품들을 둘러보는 재미가 가득하다. 삼나무 숲이 둘러싸고 있는 넓은 공간에 저마다 다른 인테리어의 8개 객실이 있고, 객실 중 일부는 유후다케산이, 일부는 계곡이 흐르는 숲을 볼 수 있다. 유후인의 료칸 중 가장 프라이빗한 곳이며, 강아지도 함께 숙박할 수 있다.

ⓐ 湯布院町川上302-7 ♀ 유후인 역에서 차로 5분 (인도가 없고 경사가 진 길이라 도보 이동은 힘들고 위험함) / 송영 없음 ☎ 0977-28-8815 ⓦ 노천 온천 있는 별채 객실 32,000엔~ ⓜ 맵코드 269 417 008*17

 유후인 3대 명가 湯布院 御三家

모던한 느낌의 '산소 무라타(山荘 MURATA)', 긴린코 호수의 '카메노이벳소(亀の井別荘)', 상점가 가까이의 '다마노유(玉の湯)'는 유후인의 최고급 료칸으로 흔히 '3대 명가'라 불린다. 료칸 특유의 서비스나 오모테나시의 진수를 느낄 수 있는 곳으로, 그만큼 숙박비는 일반 료칸의 2배 이상며 심지어 어린이 요금도 일반료칸의 성인 요금보다 비싸다.

참고로, 이 3대 명가의 사장 셋은 유후인이 인기 관광지가 될 수 있게 많은 기여를 한 사람들이다. 1960년대 시골 마을이었던 유후인을 부흥시키기 위해 마을 사람들의 돈을 모아 유럽으로 간 달간 온천 여행지를 방문해 보고, 유후인을 자연과 예술이 함께하는 온천 마을의 콘셉트로 설정하였다.

산소 무라타

카메노이벳소

다마노유

유후인 신 3대 명가 湯布院 新御三家

2000년대 이후 기존 료칸의 콘셉트에 현대적인 느낌을 더한 와모단(和モダン) 스타일의 료칸이 생기기 시작했고, 유후인에도 와모단 객실을 중심으로 한 고급 디자인의 료칸들이 인기를 끌고 있다. 특히 객실에 전용 노천 온천이 있고, 하나로 되어 있는 객실이 많은 '니혼노 아시타바(二本の葦束)', '료쿠유(綠湯)', '잇코텐' 세 곳을 '신 3대 명가'라 부르기도 한다.

겟토안

月燈庵

잇코텐, 와잔호 료칸과 가까운 프라이빗한 료칸으로 숲속에 둘러싸여 있다. 본관에서 체크인을 하고 숲과 숲을 연결하는 구름다리를 건너 료칸으로 이동하는 것으로 유명하다. 12개의 본관 스탠다드 객실 모두 별채로 되어 있고, 전용 노천 온천이 있다. 6개의 특별 객실은 식사 장소도 보다 프라이빗하고, 특별실 숙박객만 이용할 수 있는 계곡의 노천 온천도 있다.

ⓐ 湯布院町川上295-2 ⓠ 유후인 역에서 차로 5분 (인도가 없고 경사가 진 길이라 도보 이동은 힘들고 위험함) / 송영 없음 ☎ 0977-28-8801 ⓢ 스탠다드 객실 29,000엔~, 특별실 45,000엔~ 맵코드 269 417 250*11

호테이야 ほてい屋

오래된 민가를 이축해서 지은 고급 료칸으로, 긴린코 호수와 가깝다. 본관 2개의 객실을 제외한 12개의 객실은 별채로 되어 있고, 전용 실내 온천 또는 노천 온천이 있다. 단, 별채 건물이지만 2개의 객실이 연결되는 경우도 있다. 호테이야 료칸의 특별실은 3대 명가 료칸에 버금가는 고급스러운 곳으로 우리나라 여행객들에게도 인기가 많다.

ⓐ 湯布院町川上1414 ⓠ 유후인 역에서 차로 5분 / 송영 있음 ☎ 0977-84-2900 ⓢ 본관 객실 20,000엔~, 노천 온천이 있는 별채 객실 32,000엔~, 특별실 45,000엔~ 맵코드 269 389 010*47

사쿠라테이

さくら亭

유후인의 료칸 중 가격 대비 만족도가 높은 료칸 중 하나로, 객실에 전용 노천 온천이 있으면서도 다른 료칸의 일반 객실 요금과 비슷하다. 넓은 온천이 없다는 것이 유일한 단점인데, 넓은 노천 온천을 이용하고 싶으면 도보 2분 거리에 있는 바이엔 료칸의 당일치기 온천을 이용하면 된다. 자연 산책로를 따라 긴린코 호수까지 이동하기도 좋다.

ⓐ 湯布院町大字川上宮ノ脇2172 ⓠ 유후인 역에서 도보 15분 / 송영 없음 ☎ 0977-85-2838 ⓢ 노천 온천이 있는 별채 객실 17,000엔~ 맵코드 269 329 547*71

※ 사쿠라테이에서 도보 1분 거리에 있는 '가이카테이(開花亭)' 료칸은 가격대로 비슷하고, 객실의 분위기도 매우 흡사하다. 두 곳의 사장이 같기 때문인데, 사실 사쿠라테이가 가이카테이보다 1,000~2,000엔 정도 저렴하다.

하스와

蓮輪

노부부가 운영하는 객실 수 총 5개의 작은 료칸이다. 이곳의 매력은 콜라겐 함량이 높아 여성의 피부 미용에 좋다고 알려진 자라탕을 메인으로 하는 저녁 식사이다. 객실의 설비는 다소 노후된 느낌이 있지만 가격 대비 만족도가 매우 높으며, 2개의 노천 온천은 프런트에 문의하면 가족탕으로도 이용이 가능하다.

🚶 湯布院町川上 837-8 📍 유후인 역에서 도보 10분 / 송영 없음 📞 0977-85-5199 💰 1인 8,300엔~ 맵코드 269 328 392*58

마키바노이에

牧場の家

오래된 민가를 크게 손보지 않아 예스러운 분위기가 넘치는 료칸으로, 12개의 객실 모두 별채로 되어 있다. 남녀 각각의 온천장 외에 8개의 실내 가족탕이 있어 원하는 시간에 언제든지 이용할 수 있다. 최근 5년 사이 료칸 요금이 10,000엔대에서 15,000엔대로 급등한 만큼 인기 있는 곳이지만, 서비스나 식사는 크게 변한것이 없다.

🚶 湯布院町川上 2870-1 📍 유후인 역에서 도보 8분 / 송영 없음 📞 0977-84-2138 💰 1인 14,500엔~ 맵코드 269 328 796*03

키쿠야 旅荘きくや

료칸 옥상의 유후다케산을 바라보는 전망 노천 온천으로 유명하다. 총 16개의 객실 중 2개는 객실 내에 전용 노천 온천이 있는데, 비싼 요금에 비해 고급스럽지 못하기 때문에 15,000엔 전후의 합리적인 가격의 일반 객실을 추천한다. 위치가 조금 애매한 것을 빼면 가격 대비 만족도가 높다. 체크인 시 유후인 내 상점가로 가거나 료칸으로 돌아올 때 사용할 수 있는 택시 1회 쿠폰을 제공한다.

🚶 湯布院町川上3535-5 📍 유후인 역에서 도보 11분 / 송영 없음 📞 0977-85-3178 💰 일반 객실 14,000엔~, 전용 노천 온천 객실 28,000엔~ 맵코드 269 357 524*03

벳푸
別府

国指定 名勝

白池

일본 최대의 온천 단지

바다를 앞에 두고 언덕과 산에 둘러싸여 있는 벳푸는, 시내 곳곳에서 올라오는 수증기와 바람을 타고 전해 오는 유황 냄새로 온천의 도시에 도착했음을 실감하게 한다. 일본 최대의 온천 단지, 일일 온천 용출량 일본 내 1위 등 벳푸는 온천 여행과 관련된 최고의 찬사를 끊임없이 받는 곳이다. 벳푸 역을 중심으로 형성되어 있는 수많은 숙소는 잠잘 곳에 대한 걱정을 덜어 주며, 벳푸 여행의 상징이라고 할 수 있는 스기노이 호텔은 가족 여행객들에게 꾸준한 사랑을 받고 있다. 벳푸 지옥 순례는 벳푸 역에서 버스로 약 20분 거리에 있는 간나와 지역에 있다.

가는 방법

후쿠오카 국제공항 ┅ 벳푸

🚌 고속버스

후쿠오카 국제공항 국제선 터미널에서 고속버스를 이용하여 벳푸로 갈 수 있다. 단, 벳푸 역이 아닌 기타하마 버스 센터(北浜バスセンター)에서 하차, 벳푸 역까지 도보로 10분을 가야 한다. 고속버스는 약 2시간 20분 정도 소요되며, 요금은 3,190엔이다.

🚃 열차

후쿠오카 하카타 역에서 JR 특급 열차를 이용하여 벳푸까지 갈 수 있다. 약 2시간 30분 정도 소요되며, 요금은 5,570엔이다.

유후인 ┅ 벳푸

유후인에서 노선버스로 벳푸에 갈 수 있다. 고속버스가 아닌 일반 버스라 예약 없이 탑승할 수 있다. 약 50분 정도 소요되며, 요금은 900엔이다.

오이타 공항 ┅ 벳푸

오이타 공항에서 벳푸까지 리무진 버스를 타고 약 45분 정도 소요되며, 요금은 1,500엔이다. 단, 리무진 버스를 이용하면 벳푸 역이 아닌 기타하마 버스 센터(北浜バスセンター)에서 하차, 벳푸 역까지 도보로 10분을 가야 한다.

오이타 공항 리무진버스

🚗 렌터카 여행자를 위한 추천 주차장

벳푸 역 동쪽 출구 자동차 정리장 別府駅東口自動車整理場

📍 別府市駅前町12-13 ☎ 0977-24-4428 ⏰ 20분 무료, 1시간 200엔 맵코드 46 405 162*28

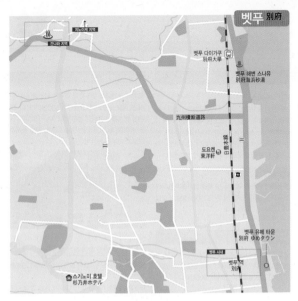

벳푸 別府

지노이케 지역

간나와 지역

벳푸 다이가쿠
別府大學

벳푸 해변 스나유
別府海浜砂湯

九州横断道路

日豊本線

도요켄
東洋軒

벳푸 유메 타운
別府 ゆめタウン

벳푸 시내

벳푸역
別府

스기노이 호텔
杉乃井ホテル

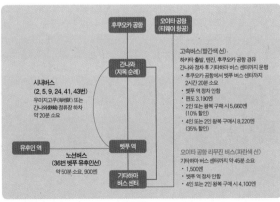

후쿠오카 공항

오이타 공항
(티웨이 항공)

간나와
(지옥 순례)

고속버스(빨간색 선)
하카타 출발, 텐진, 후쿠오카 공항 경유
간나와 정차 후 기타하마 버스 센터까지 운행
· 후쿠오카 공항에서 벳푸 버스 센터까지
 2시간 20분 소요
· 벳푸 역 정차 안함
· 편도 3,190엔
· 2인 또는 왕복 구매 시 5,660엔
 (10% 할인)
· 4인 또는 2인 왕복 구매시 8,220엔
 (35% 할인)

시내버스
(2, 5, 9, 24, 41, 43번)
우미지고쿠(海地獄) 또는
간나와(鉄輪) 정류장 하차
약 20분 소요

벳푸 역

유후인 역

노선버스
(36번 벳푸 유후인선)
약 50분 소요, 900엔

기타하마
버스 센터

오이타 공항 리무진 버스(파란색 선)
기타하마 버스 센터까지 약 45분 소요
· 1,500엔
· 벳푸 역 정차 안함
· 4인 또는 2인 왕복 구매 시 4,100엔

간나와 지역

피의 연못 지옥
血の池地獄
劇오리 지옥
龍巻地獄

가마솥 지옥
かまど地獄

旅館丸神屋

금룡 지옥
金竜地獄

도깨비산 지옥
鬼山地獄

지옥찜 공방
地獄蒸し工房
鉄輪

산 지옥
山地獄

하얀 연못 지옥
白池地獄

이이시 스님 지옥
石坊主地獄

바다 지옥
버스 정류장

오니야마 호텔
おにやまホテル

모토유노야도 쿠로다야
もと湯宿黒田や

오오이시 호텔
ホテル大石

가나가와 온천 입구
버스 정류장

호텔 쓰루미
ホテルつるみ

호텔 산스이칸
ホテル山水館

벳푸 시내

벳푸 타워
別府タワー

호텔 가루스이엔
ホテルかくすい苑

벳푸 다이이치 호텔
別府第一ホテル

호텔 산쇼가쿠
ホテル三泉閣

니시테쓰 리조트 인 벳푸
西鉄リソ Mトイン 別府

비즈니스 호텔 마츠미
ビジネスホテル松美

도키하 벳푸점
トキハ
別府店

기타하마 버스 센터
北浜バスセンター

도요츠네(본점)
とよ常

도요츠네(역 앞)
とよ常

벳푸 스테이션 호텔
別府ステーションホテル

에키마에도리 駅前通り

로바타진
ろばた仁

호텔 시 웨이브 벳푸
ホテルシーウェーブ別府

코게츠
湖月

호텔 아사 M
ホテル AMサM

神宮通り

다케가와라 온천
竹瓦温泉

다케야
TAKEYA

스기노이 호텔 杉乃井ホテル

벳푸 여행의 상징적 존재라 할 수 있는 곳이다. 오랜 역사와 전통을 가졌으며 매년 일본의 인기 료칸에 선정되고, 벳푸를 찾는 여행객 대부분이 이곳에서 숙박할 만큼 큰 인기를 얻고 있다. 3개의 건물(본관, 중관, 하나관)에는 647개의 객실과 2,914명이 숙박 가능한 규모를 갖고 있다. 또한 맑은 날이면 바다 건너 멀리 시코쿠까지 바라다보이는 전망의 노천 온천과 800t의 온천수를 사용한 수영복을 입고 즐기는 노천 스파가 있다. 업그레이드 객실인 중관 건물의 시다(Ceada)뿐 아니라 본관과 하나관의 객실도 대부분 54m²의 넓이로 5~6명까지 숙박할 수 있어 3대가 함께 하는 가족 여행의 숙박지로도 인기가 많다.

⊙ 別府市観海寺1 ♀ 벳푸 역에서 무료 셔틀버스(15분 간격)로 약 15분, 기타하마 버스 센터에서 택시로 약 15분(약 1,500엔) ☎ 0977-24-1141 ⊕ 본관, 하나관 객실 1인 15,000엔~, 시다 플로어 객실 1인 21,000엔~ 맵코드 46 402 578*06 / 46 402 641*84(숙박자 전용 입체 주차장) / 46 401 744*02(당일 온천 주차장)

숙박객이 아니어도 이용할 수 있는 전망 온천 🆙
다나유 棚湯

♀ 스기노이 호텔 내 ⏱ 09:00~23:00(숙박 객은 05:00~24:00 이용, 동계에는 05:30~) ⊕ 평일 성인 1,200엔, 3세~초등학생 700엔 / 주말 성인 1,800엔, 3세~초등학생 1,100엔(시즌에 따라 요금 변동, 아무나 가든 이용 포함)

벳푸 만을 바라보는 언덕에 5단의 계단식으로 된 노천 온천으로, 스기노이 호텔의 상징이다. 1,200평의 넓은 온천에는 남녀 각각 300여 명이 동시에 입욕할 수 있으며, 숙박객이 아니어도 요금을 지불하면 온천을 이용할 수 있다. 최상층의 2단은 각각 실내와 지붕이 있는 반노천 온천으로 비가 오는 날에도 아름다운 풍경을 감상하며 온천을 할 수 있고, 3단은 장이 넓은 온천, 4단은 정자와 연결되어 있는 온천으로 족욕을 즐길 수 있다. 가장 밑의 5단은 누워서 온천을 할 수 있는 침myroom가이다.

가족 여행객들에게 특히 인기 있는 온천장
아쿠아 가든 THE AQUA GARDEN

📍 스기노이 호텔 내 ⏰ 12:00~23:00(최종 입장 22:00)
/ 분수쇼 19시, 20시, 21시, 22시 (각각 17분씩)

800t의 온천수를 이용한 수영장으로, 수영복을 입고
들어갈 수 있어 벳푸를 찾는 가족 여행객들에게 특히
인기가 많다. 노천 온천인 다나유도 함께 이용할 수
있으며, 매일 저녁에는 프랑스 베르사유 궁전의 분수
쇼를 디자인한 미쉘 아만(Michel Amann)이 연출
한 레이저 분수쇼가 펼쳐진다.

튀김 덮밥으로 유명한 요리 전문점
도요츠네 とよ常

벳푸 만에서 잡히는 신선한 활어 요리 전문점이지만, 부담 없는 가격으로 식사할 수 있는 튀김 덮밥(天丼, 텐동)
으로 잘 알려진 곳이다. 벳푸 역 앞과 기타하마 버스 센터 앞에 각각 매장이 있다. 사진과 영어로 되어 있는 메뉴
판이 있기 때문에 주문은 어렵지 않으며, 점심과 저녁 시간에는 기다리는 경우가 많다. 기다릴 경우에는 이름과
연락처를 적어야 하는데, 한글로도 안내가 되어 있다.

🍴 특상 텐동(特上天丼) 750엔, 점심 식사 1,000엔 내외

벳푸 역 앞 점 別府駅前店
📍 大分県別府市駅前本町3-7 📍 벳푸 역 바로 앞 ⏰ 점심 11:00~14:00, 저녁 17:00~22:00(목요일 휴무) 📞 0977-
23-7487 맵코드 46 405 163*88

본점 本店
📍 大分県別府市北浜 2丁目 13-11 📍 기타하마 버스 센터 바로 앞 ⏰ 점심 11:00~14:00, 저녁 17:00~22:00(수요일
휴무) 📞 0977-22-3274 맵코드 46 406 183*85

코게츠 湖月

'정말 여기에 있을까?'라는 생각이 들 정도로 상점가의 좁은 골목길에 있어 찾아가기 어렵고, 작은 매장에는 테이블 없이 주인과 마주 앉는 카운터석만 7석이 있다. 메뉴는 군만두(야키교자, 焼き餃子)와 맥주(ビール, 비루)뿐이고, 영업시간도 애매하다. 모녀가 매일 새벽 5시부터 밀가루 반죽을 하고 신선한 채소와 고기를 다지며 영업 준비를 마치면, 영업 시작 시간이 오후 2시라고 한다. 벳푸에서 50년 넘게 교자만을 판매한 곳으로 현지인들에게는 인기가 많다. 포장(持ち帰り, 모치카에리)도 가능하다.

📍 大分県別府市北浜1-9-4 📍 벳푸 역에서 도보 8분 🕐 14:00 ~21:00(화요일 휴무) 📞 0977-21-0226 💴 교자 600엔, 맥주 600엔 맵코드 46 405 085*00

다케가와라 온천 竹瓦温泉

중후한 느낌의 기와를 얹은 고풍스러운 목조 건물로, 1879년에 창업한 공공 온천 시설이다. 벳푸에서도 가장 오래된 온천 중 하나에 속한다. 화려한 외관과 깊은 역사를 자랑하는 곳이지만, 벳푸시에서 운영하는 온천이기 때문에 요금은 100엔으로 매우 저렴하다. 1,030엔을 내면 '모래찜질 온천(砂湯, 스나유)'과 일반 온천을 함께 즐길 수 있다. 수건 및 목욕용품은 비치되어 있지 않고 판매한다. 기념품으로 좋은 오리지널 타월은 320엔, 샴푸와 린스는 각각 50엔, 코인 로커는 100엔이다.

📍 別府市元町16-23 📍 벳푸 역에서 도보 8분, 기타하마 버스 센터에서 도보 5분 🕐 일반 온천 06:30~22:30(12월 셋째 수요일 휴무), 모래찜질 온천 08:00~22:30(매월 셋째 수요일 휴무) 📞 0977-35-1585 💴 일반 온천 100엔, 모래찜질 온천 1,030엔 맵코드 46 376 780*28 / 46 376 813*30(기타하마 해변 주차장, 온천 이용 시 주차권을 제시하면 주차비 무료)

라무네

시원한 느낌의 카페

다케야 TAKEYA ☕

다케가와라 온천의 바로 옆에 있는 카페로, 벳푸의 특산품 중 하나인 대나무를 이용해 꾸민 외관이 인상적이다. 온천을 마친 후 시원한 맥주나 커피를 마시기에 좋다. 온천지나 관광지에서 자주 찾아볼 수 있는 재미있는 사이다 '라무네(虹色ラム네)'도 판매하고 있으며, 카레 빵 등 간단히 허기를 달랠 만한 음식도 판매하고 있다.

⊙ 別府市元町15-7 ♥ 벳푸 역에서 도보 8분, 다케가와라 온천 바로 옆 ⓒ 10:00~19:00(월요일 휴무) ☎ 0977-23-1006 ⊞ 라무네 250엔, 아이스커피 400엔, 카레 빵 300엔, 맥주 450엔 맵코드 46 375 809*71 / 46 376 813*30(기타하마 해변 주차장)

벳푸의 향토 요리를 맛볼 수 있는 이자카야

로바타진 ろばた仁 ★★

벳푸 시내의 인기 이자카야로 분고규, 전갱이 등 오이타현의 특산 식재료를 이용하는 다양한 음식이 있다. 이자카야지만 반드시 주류를 주문할 필요가 없기 때문에 식사하기 위해 방문하는 사람들도 많다. 외국 손님이 많아 영어와 한국어 메뉴도 잘 갖추고 있다. 해산물은 시가에 따라 가격이 조금씩 바뀌는데, 대부분의 스텝이 외국 유학생이라 영어가 가능해 메뉴 추천받기도 좋다.

⊙ 大分県別府市北浜1丁目15-7 ♥ 벳푸 역에서 도보 10분 ⓒ 17:00~24:00 (12/31~1/3 휴무) ☎ 0977-21-1768 맵코드 46 405 119*30 / 46 376 813*30(기타하마 해변 주차장)

벳푸 타워 別府タワー

📷

도쿄 타워(東京タワー), 삿포로 텔레비전 타워(さっぽろテレビ塔), 나고야 TV 타워(名古屋テレビ塔) 등 일본 전역의 유명한 타워를 설계한 건축가 나이토우 타추우(内藤多仲)의 작품 중 하나로, 1957년 완공될 당시 벳푸 관광의 상징으로 불리던 곳이다. 60년이라는 세월의 흔적이 느껴지는 모습이지만, 17층에 위치한 전망대에서는 벳푸 만과 벳푸 시내의 야경을 감상할 수 있다. 전망대 외에 1층의 자전거 렌탈 서비스(1시간 300엔, 1일 2,000엔)와 16층의 라운지 바 등이 있다.

📍 別府市北浜3-10-2 ♀ 벳푸 역에서 도보 10분, 기타하마 버스 센터에서 도보 2분 🕐 09:00~22:00(수요일 휴무) 📞 0977-21-3939 💰 성인 200엔, 초중생 100엔 맵코드 46 406 360*58 / 46 406 331*10(세븐일레븐 뒤편)

벳푸 유메 타운 別府 ゆめタウン

🛍

꿈(夢, 유메)의 타운이라는 뜻을 가졌으며, 벳푸 시내에서 가장 큰 쇼핑몰이다. 1층의 슈퍼마켓에는 약국과 기념품 코너까지 갖췄고, 한편에는 푸드 코트가 있어 식사하기도 좋다. 2층에는 유니클로, GU, 다이소, 100엔 숍, 서점 등이 입점해 있다. 일부 매장에서는 면세가 가능하다.

📍 別府市楠町382-7 ♀ 벳푸 역에서 도보 11분, 기타하마 버스 센터에서 도보 5분 🕐 식품관 09:00~22:00 / 식당가 11:00~22:00 📞 0977-26-3333 맵코드 46 376 696*88 (쇼핑몰 4~5층, 옥상이 주차장)

벳푸의 인기 음식 도리텐(닭튀김)의 원조

도요켄 東洋軒 🍴

일본 왕실 요리사였던 창업주가 1926년에 문을 연 중국 음식 전문점이다. 벳푸를 대표하는 음식이라고 할 수 있는 닭고기 튀김 도리텐(とり天)이 처음 고안된 곳으로, 3대에 걸쳐 지금까지 맛을 이어가고 있다. 도리텐의 원조이지만 이곳의 인기 메뉴는 중화요리다. 코스 요리를 주문하는 것이 일반적이며, 도리텐은 사이드 메뉴 정도로 주문한다. 2명 6,500엔, 4명 10,000엔 등 비교적 합리적인 예산의 코스 메뉴가 있다.

◎ 大分県別府市石垣東7-8-22 ♀ 기타하마 버스 센터에서 택시로 약 5분 (약 1,000엔), 도보는 30분 ⏰ 점심 11:00~15:00(주문 마감 14:30), 저녁 17:00~22:00 ☎ 0977-23-3333 ⊙ 도리텐 단품 1,080엔, 도리텐 정식 1,350 엔, 코스 메뉴 1인 2,500엔 ⊙ 맵코드 46 465 637*86

벳푸가 아니면 먹을 수 없는 온천 요리

지옥찜 공방 地獄蒸し工房 鉄輪 🍴

온천의 뜨거운 수증기를 이용해 음식을 쪄 먹는 곳으로, 수증기의 온도가 높은 간나와 지역이 아니고서는 일본 전역에서도 좀처럼 맛보기 어려운 음식이다. 벳푸시 관광 안내소 건물 한편에 자리한 지옥찜 공방은 가마 사용 티켓을 구입하고 원하는 재료를 구입해서 순서에 맞춰 쪄 먹을 수 있다. 식사 전후로 족욕장을 무료로 이용할 수도 있다.

◎ 別府市風呂本5組 ♀ 산 지옥, 하얀 연못 지옥에서 도보 2분 ⏰ 09:00~21:00(수요일 휴무, 임시로 변경되는 시간은 홈페이지 참조) ☎ 0977-66-3775 ⊙ www.city.beppu.oita.jp 맵코드 46 552 403*25 / 46 522 373*41(지옥찜 공방 전용, 9대 무료 주차)

벳푸 지옥 순례 地獄めぐり

일본의 온천 용출량 1위의 벳푸는 시내 곳곳에서 온천의 원천이 솟아난다. 원천 중에는 너무 뜨거워 온천욕을 할 수 없는 곳들이 있는데, 이러한 곳들을 '지옥'이라 칭하며 입욕하는 온천이 아니라 온천수가 만든 독특한 풍경을 보는 관광지로 이용한다. 벳푸 역에서 차로 20분 거리의 간나와 지역에는 12개의 지옥이 있는데, 이 중 7개의 지옥은 공통권으로 관람할 수 있으며 취향에 따라 1~2곳만 볼 수도 있다.

♀ 벳푸 역에서 차로 약 20분 / 시내버스 2, 5, 9, 24, 41, 43번 버스로 약 20분(330엔) 이동 후 우미지고쿠(海地獄) 또는 간나와(鉄輪) 버스 정류장에서 하차 / 각 지옥 앞의 주차장 무료 이용 맵코드 46 521 439*41

무료 족욕과 온천욕을 함께 즐길 수 있는 곳 📷
오니이시 스님 지옥 鬼石坊主地獄

♀ 간나와(鉄輪) 버스 정류장에서 도보 7분 ⏰ 08:00 ~17:00 ₩ 400엔 (공통 관람권 이용 가능) / 실내 온천 (お風呂) 620엔, 가족탕(家族湯) 2,000엔(4명까지) www.beppu-jigoku.com 맵코드 46 521 411*46

'오니이시'라는 옛 지명과 뜨거운 회색 진흙이 원을 그리며 끓어 올라오는 모습이 마치 스님의 머리 모양과 같아서 '오니이시 스님 지옥'이라 부르는 곳이다. 무료 족욕장 외에 추가 요금을 내면 온천욕을 즐길 수 있는 남녀 각각의 온천(히노키 온천, 노천 온천)과 최대 4인까지 들어갈 수 있는 두 곳의 실내 가족탕이 마련되어 있다.

지옥 중 최대 규모의 바다 지옥 📷
바다 지옥 海地獄

♀ 간나와(鉄輪) 버스 정류장에서 도보 7분 ⏰ 08:00 ~17:00 ₩ 400엔 (공통 관람권 이용 가능) 맵코드 46 521 411*46

벳푸의 지옥 중 최대 규모인 바다 지옥은 약 1200여 년 전 벳푸시 뒤편의 쓰루미다케(鶴見岳)의 분화로 생긴 것으로 알려져 있다. 98°C의 온천수는 류산염을 함유해 밝은 하늘색을 띤다. 대나무 통에 계란을 담아 온천수에 담갔다가 파는 삶은 계란(温泉卵)과 지옥 뒤편 호수에 7~10월에 피는 연꽃 또한 이곳의 명물이다. 이곳에도 무료 족욕장이 설치되어 있다.

온천 열로 100여 마리의 악어를 사육하는 곳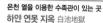
도깨비산 지옥 鬼山地獄

♀ 가마솥 지옥에서 도보 1분, 간나와(鉄輪) 버스 정류장에
서 도보 5분 **🕐** 08:00~17:00 **₩** 400엔(공통 관람권 이
용 가능) **맵코드** 46 522 421*42

온천 열을 이용해 100여 마리의 악어를 사육하고 있
는 곳으로, 지옥 순례지 중 뻬도 되는 곳 1순위다. 시
간적 여유가 많고, 공통 관람권을 구입했을 경우에만
가는 것이 좋다.

온천 열을 이용한 수족관이 있는 곳
하얀 연못 지옥 白池地獄

♀ 도깨비산 지옥에서 도보 3분, 간나와(鉄輪) 버스 정류장
에서 도보 3분 **🕐** 08:00~17:00 **₩** 400엔(공통 관람권
이용 가능) **맵코드** 46 522 421*42

온천수가 분출할 때 무색투명이던 것이 외부의 공
기와 접촉해 온도가 낮아지면 하얀색으로 변하기
때문에 '하얀 연못 지옥'이라고 한다. 실제로는 백색
이라기보다는 약간 푸른빛이 돌고 있다. 안쪽에는 온
천 열을 이용한 수족관이 있으며, 아마존에서 서식하
는 피라냐 등 약 10여 종의 열대어가 있다.

TIP 마이 벳푸 프리패스

벳푸 지역의 버스 회사인 '가메노이 버스(亀の井バス)'에서 판매하는 승차권으로, 1일 또는 2일간 버스
를 무제한 이용할 수 있다. 벳푸 역에서 지옥 순례를 하는 간나와 지역까지 버스 편도 요금 330엔이 들
고, 간나와에서 피의 지옥과 회오리 지옥까지 가기 위해 추가로 버스 요금을 지불해야 하기 때문에 패
스를 구입하는 것이 유리하다. 또한 와이드 승차권의 경우, 유후인과 아프리칸 사파리까지 다녀올 수
도 있다.

구입 장소 : 기타하마 버스 센터, 벳푸 역 관광 안내소, 유후인 버스 센터

패스 종류	이용 구간	요금
1일 미니 승차권(1日ミニフリー乗車券)	벳푸 시내	성인 900엔, 어린이 450엔
1일 와이드 승차권(1日ワイドフリー乗車券)	벳푸 시내 + 유후인, 아프리칸 사파리	성인 1,600엔, 어린이 800엔
2일 와이드 승차권(2日ワイドフリー乗車券)	벳푸 시내 + 유후인, 아프리칸 사파리	성인 2,400엔, 어린이 1,200엔

공통 관람권 共通観覧券
벳푸 지옥 조합의 7개 지옥(바다, 피의 연못, 회오리, 하얀 연못, 스님, 도깨비산, 가마솥)을
볼 수 있는 관람권이다. 해당 지옥에서 공통권을 구입할 수 있으며, 2일간 사용할 수 있다.

₩ 성인 2,000엔, 고등학생 1,350엔, 중학생 1,000엔, 초등학생 900엔

무료 족욕장과 모래찜질 족욕장이 있는 곳
가마솥 지옥 かまど地獄

📍산 지옥에서 도보 3분, 간나와(鉄輪) 버스 정류장에서 도보 5분 🕐08:00~17:00 💰400엔 (공동 관람권 이용 가능) 맵코드 46 522 421*42

오래전 가마도하지만구(竈門八幡宮)의 제사 때 이곳의 열기를 이용해 신전에 올리는 공양밥을 지었다는 데서 이름이 유래되었다. 총 6개의 지옥으로 이루어져 있으며, 각각의 지옥은 일본의 번지수를 나타내는 1~6초메(丁目)로 불려지고 있다. 이 6개의 지옥이 각각 바다 지옥, 하얀 연못 지옥, 피의 연못, 스님 지옥을 닮아 지옥순례를 압축해 놓은 듯한 분위기가 난다. 이곳에는 무료 족욕장과 모래찜질 족욕장(砂蒸し足湯)이 설치되어 있다.

음용천과 극락 바나나를 맛볼 수 있는 곳
금룡 지옥 金竜地獄

📍하얀 연못 지옥 건너편, 간나와(鉄輪) 버스 정류장에서 도보 3분 🕐08:00~17:00 💰200엔 맵코드 46 522 421*42

뿜어져 나오는 수증기가 아침 햇살에 빛나는 모습이 마치 금빛 용이 하늘을 오르는 모습과 같다고 하여 '금룡 지옥'이라 불리고 있다. 마실 수 있는 음용천(飲用泉)과 온천 열을 이용해 키운 극락 바나나(極楽バナナ)가 유명하다. 음용천은 무료지만, 극락 바나나는 한 송이에 500엔으로 매우 비싼 편이다. 공동 관람권으로는 입장할 수 없다.

105°C의 온천수를 뿜어내는 간헐천
회오리 지옥 龍巻地獄

📍간나와 지역에서 16번 버스 5분, 치노이케치고쿠마에(血の池地獄前) 버스 정류장에서 도보 1분 💰400엔 (공동 관람권 이용 가능) 맵코드 46 552 832*33

30~40분 간격으로 105°C의 온천수를 뿜어내는 간헐천이 있는 곳이다. 약 5분간 뿜어져 나오며, 안전을 위해 만들어 둔 보호막이 없다면 최대 50m까지 솟구친다고 한다. 분출되는 모습이 회오리 치는 모습과 같다고 해서 '회오리 지옥'으로 불리고 있다.

일본에서 가장 오래된 천연 지옥
피의 연못 지옥 血の池地獄 🔴

📍 간나와 지역에서 16번 버스 이용 5분, 치노이케지고쿠마에(血の池地獄前) 버스 정류장에서 도보1분 ⏰ 08:00~17:00 🅦 400엔 (공통 관람권 이용 가능) 맵코드 46 552 832*33

벳푸 일대뿐만 아니라 일본에서 가장 오래된 천연 지옥으로, 8세기 이전에 쓰였다고 추측되는 '만요슈(万葉集)'에도 붉은 연못(赤池)이라는 이름으로 나온다. 산화철을 함유한 점토가 연못을 붉게 물들인 것이 이름의 유래인 만큼 섬뜩할 정도로 무서운 느낌이 드는

지옥이다. 한편에는 비교적 넓은 족욕장이 설치되어 있다. 2009년 리뉴얼 오픈으로 보다 많은 볼거리를 제공하고 있으며, 일본에서 가장 오래된 천연 지옥임을 인정받아 일본의 명승지로 지정되었다.

온천 열을 이용해 코끼리와 하마 등의 동물을 키우는 곳
산 지옥 山地獄 🔴

📍 바다 지옥에서 도보 1분, 간나와(鉄輪) 버스 정류장에서 도보 5분 ⏰ 08:00~17:00 🅦 400엔 맵코드 46 521 411*46

산기슭 곳곳에서 수증기가 올라오는 곳으로, 이 열기를 이용해 코끼리와 하마 등의 동물을 키우고 있다. 공통 관람권을 구입하지 않고 한두 곳의 지옥만

보는 경우라면 빼도 상관없을 만큼 볼거리가 많지는 않다. 2017년 이후 지옥 조합에서 빠져 공통 관람권으로는 입장할 수 없다.

벳푸 해변 스나유 別府海浜砂湯

해수욕장 밑에서 올라오는 온천의 뜨거운 증기를 이용하는 모래찜질 온천으로, 벳푸시에서 운영하는 시설이다. 모래찜질 전용 유카타로 갈아입고 누우면 모래를 덮어 주고, 약 15분간 모래의 열기와 무게를 느낄 수 있다. 모래찜질 전후로 바다를 바라보며 족욕을 즐길 수도 있다.

⊙ 別府市上人ヶ浜町 9 ♀ 벳푸 대학 역에서 도보 7분, 벳푸 역에서 열차 4분 또는 버스 약 15분 ⊙ 3~11월 08:30~18:00, 12~2월 09:00~17:00 (넷째 수요일 휴무) ☎ 0977-66-5737 ◉ 1,030엔 맵코드 46 525 014*22

묘반 온천 유노사토 明礬 湯の里

유황 온천수의 증기를 이용해 만드는 하얀 꽃가루 '유노하나'는 에도 시대부터 이어져 내려오는 벳푸의 특산품이다. 아토피와 건성 피부에 좋아 약이나 비누 등을 만드는 데 사용하고 있다. 유노하나 재배지를 구경할 수 있을 뿐만 아니라 유노하나 제품을 판매하는 곳과 식사 장소가 있으며, 코발트 블루의 아름다운 색상을 자랑하는 노천 온천도 즐길 수 있다.

⊙ 別府市明礬温泉6組 ♀ 벳푸 역에서 차로 15분 (대중교통 없음) ⊙ 온천 10:00~21:00, 카페 & 레스토랑 10:00~16:00, 기념품 판매점 08:30~17:30 ☎ 0977-66-8166 ◉ 유노하나 재배지 관람 무료 / 노천 온천 600엔 맵코드 46 519 863*85

아시아 최대급 자연 동물원

아프리칸 사파리 AFRICAN SAFARI アフリカンサファリ

아시아 최대의 규모를 자랑하는 자연 동물원이다. 6km의 긴 구간을 전용 사파리 차량인 정글 버스로 야생 동물을 보다 가까이에서 관찰할 수 있는 '동물존(動物ゾーン)'과 함께 캥거루, 원숭이, 양 등을 직접 만질 수 있는 '후레아이존(ふれあいゾーン)'이 있다.

⬥ 大分県宇佐市安心院町南畑2-1755-1
📍 벳푸 역 서쪽 출구 2번 버스 정류장에서 41번 버스(사파리行, 사파리행)로 약 50분 (성인 편도 760엔) 🕐 09:00~17:00 (11~2월은16:00까지) 📞 0978-48-2331 💰 성인 2,500엔, 4세~중학생 1,400엔 맵코드 46 664 080*88

버스를 타고 가까이서 동물을 관찰할 수 있는 곳 🚌
정글 버스 ジャングルバス

🕐 09:30, 10:00~13:00까지 20분 간격, 13:30~16:00 까지 30분 간격, 16:40 / 하루 총 18편 💰 성인 1,100엔, 4세~중학생 900엔

동물존은 곰과 라마 등이 있는 산악 동물 섹션과 기린, 코뿔소, 코끼리, 얼룩말 등이 있는 초식 동물 섹션 그리고 호랑이 섹션과 치타 섹션, 사자 섹션 등으로 구분된다. 전용 사파리 차량인 정글 버스는 입장료 외에 별도 요금이 필요하며, 코뿔소와 호랑이 등의 동물 모양을 하고 있는 버스로 철망을 통해 동물을 관찰한다. 아이와 함께 탑승할 경우 손을 밖으로 빠지 않도록 주의해야 한다.

TIP 세트 할인

벳푸 역에서 아프리칸 사파리까지 왕복 버스, 사파리 입장료, 정글 버스 승차 요금까지 하면 성인 5,120엔이다. 벳푸 역 관광 안내소에서 아프리칸 사파리 버스 세트(バスセット)가 3,700엔인데, 이것을 구입하면 무려 1,420엔이나 절약할 수 있다.

기츠키

杵築

기모노 차림으로 걷는 사무라이의 마을

규슈의 작은 교토라 불리기도 하는 기츠키는, 14세기 무로마치 시대에 번주가 성을 지으면서 구니사키(国東) 반도의 정치와 경제의 중심지로 발전하였다. 산과 바다가 만나는 곳에 있어 마을 곳곳에 오르막과 내리막이 있고, 그 사이로 옛 사무라이와 관료들이 살던 일본식 가옥들이 그대로 남아 있다. 예스러운 분위기의 정치를 더하기 위해 여행객들에게 기모노 대여 서비스를 하고 있는데, 기모노를 입으면 기츠키시의 유료 관광지를 무료로 입장할 수 있다. 기모노를 입고 돌길을 걷는 풍경은 기츠키에서만 볼 수 있다.

기츠키 가는 방법

버스

기츠키 버스 터미널

① 오이타 공항에서 버스 이용, 기츠키 버스 터미널까지 약 30분(710엔)

② 벳푸 기타하마 버스 센터에서 버스 이용, 기츠키 버스 터미널까지 약 50분(990엔)

③ 벳푸 역에서 JR 특급 열차 이용 시 기츠키 역까지 약 15분(760엔), 일반 열차 이용 시 약 30분(460엔)

④ 후쿠오카 하카타 역에서 JR 특급 열차 이용 시 기츠키 역까지 약 2시간(4,620엔)

* 기츠키 여행의 중심은 기츠키 버스 터미널 주변이다. 버스 터미널과 JR 기츠키 역은 차로 10분 거리니 주의!

* 기츠키 역에서 기츠키 버스 터미널(시내 중심)까지 버스로 약 10분(290엔), 택시 이용 시 약 1,600엔)

렌터카 여행자를 위한 추천 주차장

후루사토 관광 안내소 杵築ふるさと産業館

ⓐ 杵築市大字杵築695-3　ⓒ 092-451-6660　Ⓦ 무료 맵코드 46 899 747*36

❀ 와라쿠안 和楽庵

ⓐ 杵築市大字杵築372-4
ⓥ 기츠키 버스 터미널에서 도보 10분
ⓗ 10:00~16:00
ⓒ 0978-63-1210
Ⓦ www.kit-suki.com
기츠키 관광 공식 홈페이지에서 '한국
어' 설정 후 '기모노 대여 팸플릿' 클릭
맵코드 46 899 608*03

기모노를 입으면 관광지 입장이 무료

일본에서 첫 번째로 '기모노가 어울리는 역사적 도시 경관' 인증서를 받은 곳이다. 기츠키에서는 기모노를 입고 산책하는 여행객들을 많이 볼 수 있는데, 대부분 와라쿠안에서 대여한다. 기모노 대여는 3일 전까지 사전 예약을 기본으로 하고 있지만, 예약 없이 당일에 빌릴 수도 있다. 기모노 대여를 하면 기츠키성과 무사의 집 등 주요 관광지를 무료로 입장할 수 있다. 역시 기모노의 마을다운 서비스이다.

✿ 요쇼쿠야 오와타리 洋食屋 おわたり 🍴

○ 杵築市大字杵築126
♀ 기츠키 버스 터미널에서 도보 10분
🕐 점심 11:30~14:00, 저녁 17:30
~21:00 (목요일 휴무)
☎ 0978-63-6550
💰 햄버그스테이크 1,300엔, A런치
세트 (음료 포함) 1,100엔, B런치 세트
(음료, 디저트 포함) 2,200엔
맵코드 46 899 477*11

작은 시골 마을의 인기 양식당

조용한 시골 마을 기츠키에서 유일하게 점심에 기다리기도 하는 인기 음식점이다. 오픈 키친을 통해 고객이 만족스럽게 식사하는 모습을 엿보는 것이 큰 행복이라는 주인이 정성 들여 준비한 양식 메뉴를 즐길 수 있다. 여성 고객이 특히나 많은 음식점이다.

✿ 스야의 언덕 酢屋の坂 📷

♀ 기츠키 버스 터미널에서 도보 5분
맵코드 46 899 559*74

기츠키의 대표적인 풍경을 볼 수 있는 언덕

오래전 언덕에 식초를 파는 집(酢屋, 스야)이 있어 '스야의 언덕'이라 불리게 되었다.
언덕 위에는 기츠키의 옛 무사 가옥 중 가장 큰 규모를 자랑하며 아름다운 정원이 있는 '오하라 저택(大原邸)'이 있으며, 옆으로 조금 걸어가면 기츠키성이 내려다보이는 '간죠바의 언덕(勘定場の坂)'이 나오는 등 기츠키스러운 풍경이 연출되는 대표적인 곳이다.

宇佐

일본 속 USA

후쿠오카에서 JR 특급 열차 소닉을 이용해 벳푸로 향하다 보면, 재미있는 열차역을 지나게 된다. 다름 아닌 USA! 우사(宇佐)라는 지명의 영문 표기인 것을 알지만, 언제나 속으로 'USA를 지나고 있군' 하며 지나치는 곳이다. 우사에도 관광지가 없는 것은

아니지만, 우사 역에서 하루에 몇 편밖에 운행하지 않는 시골 버스를 이용하기엔 크나큰 인내심이 필요하다. 렌터카 여행이라면 벳푸에서 후쿠오카 그리고 고쿠라로 가는 길에 들러 보기 좋다.

잠시 우스갯소리를 하자면, 규슈에는 우사를 USA로 생각하는 것과 비슷한 곳들이 제법 있다. 가고시마와 오키나와 사이의 작은 섬에는 '지나초'라는 마을이 있다. 이곳의 영문 표기는 바로 China! 가고시마의 중국 같은 기분이 드는 곳이다. 또한 나가사키시에서 운젠 온천을 가는 길에는 미국의 전 대통령 이름과 같은 오바마 온천도 있다.

우사 가는 방법

❶ 후쿠오카 하카타 역에서 우사 역까지 JR 특급 열차로 약 1시간 40분(4,560엔)

❷ 벳푸 역에서 우사 역까지 JR 특급 열차로 약 30분(1,980엔)

❸ 오이타 공항에서 버스로 분고타카다(쇼와의 마을)까지 약 35분(1,400엔)

❹ 오이타 공항에서 버스로 우사 역 또는 우사하치만(宇佐八幡, 우사 신궁 앞)까지 약 60분(1,550엔)

❀ 쇼와의 마을 昭和の町

1950년대의 모습을 간직한 마을

오이타현 북부에 있는 분고타카다(豊後高田)시는 20세기 초 오이타현의 중심 도시 중 하나로 번화한 거리였지만, 철도 교통이 발달하면서 점차 쇠퇴하기 시작했다. 특히 80년대 이후 인구가 급감하자 마을의 부흥을 위해 상가 번영회와 시청 직원들이 회의를 했고, 그 결과로 조성된 것이 바로 '쇼와의 마을(昭和の町)'이다. 분고타카다가 다가 가장 번영했던 쇼와 30년대(1950년대)에 지어진 건물을 리뉴얼해 예스러운 분위기로 상점가를 조성하였다. 그 결과 주민 2만 명의 작은 마을에 연간 30만 명 이상의 여행객이 방문하는 곳으로 변화되었다.

📍 豊後高田市大字新町
📍 우사 역에서 분고타카다(쇼와의 마을)까지 차로 약 10분(택시 약 1,500엔, 버스 250엔), 오이타 공항에서 버스로 약 35분(1,400엔)
맵코드 459 487 507*00

쇼와로망구라 昭和ロマン蔵

과거의 정취를 느낄 수 있는 곳

쇼와의 마을이 시작되는 상점가는 분고 버스 터미널
에서 바로 연결되며, 상점가의 오른쪽에는 '쇼와로망
구라(昭和ロマン蔵)'라는 시설이 있다. 이곳은 옛날
장난감과 불량 식품을 전시 및 판매하며, 옛날 초등학
교와 집 등을 재현하고 오래된 클래식 자동차 등을 전
시한다. 입장료 없이 들어갈 수 있는 코너도 많기 때문
에 부담 없이 방문할 수 있다.

🚗 豊後高田市新町989-1
🚶 분고타카다 버스 터미널에서 도보 1분, 상점가 오른쪽
🕐 09:00~17:00 (12/30~31 휴관)
📞 0978-23-0008
🌐 성인 620엔
맵코드 459 487 507*06

✿ 우사 신궁 宇佐八幡 🔘

일본의 3대 하치만 신

일본 전역에 있는 4만여 개의 하치만 신사의 총본산이며, 일본의 3대 하치만 신궁이다. 활과 화살 그리고 무예
를 총괄하는 하치만 신을 모시고 있어 남성의 건강을 기원하는 곳이다. 본전 건물 앞, 국보로 지정된 거대한 녹
나무를 만지면 힘을 얻는다고 전해진다. 725년에 창건된 이후 계속해서 규모가 커져 본궁 외에도 10여 개의 부
속 사원이 있으며, 원시림에 둘러싸여 있어 삼림욕하는 기분을 느낄 수 있다. 안내 센터에서는 무료로 한국어가
지원되는 음성 가이드를 빌려 주고 있다.

🚗 宇佐市大字南宇佐2859
🚶 우사 역에서 우사 신궁까지 차로 약 13
분(택시 약 1,500엔, 버스 360엔), 오이타
공항에서 버스 60분(1,550엔)
🕐 24시간
📞 0978-37-0001
맵코드 459 360 637*36 / 459 360 873
*52(우사 하치만 주차장)

구마모토현
熊本県

'불의 나라'라고 불리는 규슈 중앙의 현

규슈의 중앙에 위치한 현으로 후쿠오카현, 사가현, 가고시마현, 오이타현과 맞닿아 있으며, 서쪽의 아리아케해를 사이에 두고 나가사키현과도 접해 있어 규슈의 모든 현과 연결되는 현이다. 현의 중심에 있는 활화산인 아소산 때문에 오래전부터 '불의 나라(火の国)'라 불리기도 한다. 아소산과 구로카와 온천이 우리나라 여행객들에게 가장 인기 있는 여행 지역이며, 아리아케해의 아마쿠사 제도에 규슈 올레가 생기면서 구마모토의 구석구석을 찾는 여행객들도 점차 늘고 있다. 2010년 구마모토현에서 지역 경제 활성화를 위해 만든 캐릭터인 쿠마몽은 헬로키티나 리락쿠마, 도라에몽 등 일본을 대표하는 캐릭터의 인기를 위협할 만큼 많은 사람들에게 큰 사랑을 받고 있다.

구마모토시
熊本市

구마모토의 현청 소재지

구마모토의 현청 소재지이며, 후쿠오카와 고쿠라에 이어 규슈의 3대 도시다. 시내의 대표적인 관광지로는 일본의 3대 성인 구마모토성과 3대 정원인 스이젠지 공원이 있다. 하지만 2016년 4월에 발생한 지진으로 구마모토성의 성벽과 천수각 등이 큰 피해를 입어 현재까지도 복원 공사 중이라 시내에는 큰 볼거리가 없다. 열차 여행을 하면서 잠시 구마모토 역에 정차해 시내를 둘러보는 경우도 많은데, 역에서 시내의 중심인 도리초스지까지는 노면 전차나 시내버스를 이용해 10분 정도 소요된다. 도리초스지에는 구마모토의 명물인 말고기 회를 파는 음식점과 백화점 그리고 쇼핑몰 등이 모여 있다.

가는 방법

후쿠오카 ┄ 구마모토시

열차

후쿠오카의 하카타 역에서 가고시마까지 운행하는 규슈 신칸센의 중간에 있다. 후쿠오카에서 40분 (4,990엔), 가고시마에서 45분(6,250엔) 소요된다. '규슈 횡단 특급 열차'는 오이타에서 아소를 경유해 구마모토까지 연결되는데, 2016년 구마모토 지진의 영향으로 구마모토~아소 구간은 운행하지 않는다. 때문에 열차로 규슈를 횡단할 수 없으며, 후쿠오카를 경유해서 이동해야 한다. 구마모토 역에서 시내 중심까지는 노면 전차를 이용해 약 10분 정도 소요된다.

고속버스

후쿠오카에서 구마모토까지 고속버스로 약 2시간 정도 소요된다. 하지만 요금은 편도 2,060엔, 왕복 3,700엔으로 신칸센의 절반도 되지 않는다. 뿐만 아니라 구마모토 역보다 시내에서 가까운 교통 센터에 정차한다.

규슈 횡단 버스로 구마모토시 가기

규슈 횡단 버스는 구마모토 시내에서 구마모토 공항(50분, 800엔), 아소 역(2시간, 1,250엔), 구로카와 온천(3시간, 2,500엔), 유후인(4시간 30분, 4,200엔)을 지나 벳푸(5시간 20분, 4,500엔)까지 운행한다. 하루 2~4편 정도 운행하고 있으며, 운행 편수에 따라 구마모토~유후인 구간만 운행하기도 한다. 운행 편수가 적을 뿐 아니라 이용객이 없어 운행이 취소되는 경우도 있기 때문에 사전에 예약을

하는 것이 좋다. 구마모토~유후인 구간을 이용할 예정이라면 산큐 패스를 이용하는 것이 좋다.

구마모토 공항 ┄ 구마모토 시내

공항 리무진 버스가 스이젠지 공원(30분, 600엔), 교통 센터(50분, 730엔)를 경유해 구마모토 역(1시간, 800엔)까지 운행한다. 일부 버스는 일반 시내버스와 동일한 버스로 운행되며, 입석도 가능하다. 시내에서 공항으로 갈 때 앉아서 가고 싶다면, 구마모토 역에서 버스를 타는 것이 유리하다. 공항에서 시내로 갈 때는 국내선 터미널에서 탑승해야 하며, 시내에서 공항으로 올 때는 국제선 터미널에서도 정차한다.

리무진 버스 외에 규슈 횡단 버스도 이용할 수 있으며, 규슈 횡단 버스를 이용하면 구마모토 공항에서 구로카와 온천(2시간 30분, 1,750엔), 유후인(3시간 30분, 3,700엔)까지 이동할 수도 있다.

최저가로 구마모토 공항 가기

JR 구마모토 역에서 히고오즈(肥後大津) 역까지 JR 열차를 이용 약 32분 소요, 460엔)하고, 히고오즈 역에서 무료로 운행하는 공항 라이너(空港ライナー) 버스(15분 소요, 30분 간격 운행)를 이용하면, 공항 리무진 버스의 소요 시간과 비슷한데, 절반에 가까운 비용으로 이동할 수 있다.

렌터카 여행자를 위한 추천 주차장

구마모토성 니노마루 주차장 二の丸駐車場

Ⓐ 熊本市中央区二の丸2-3 Ⓒ 096-356-3837 Ⓦ 2시
간 200엔 (동계 08:00~16:30, 하계 08:00~17:30)
맵코드 29 489 195*22

**구마모토 시내 상점가 현영 주차장 NPC24H熊本県
営有料駐車場**

Ⓐ 熊本市中央区安政町3-9 Ⓒ 096-324-5582 Ⓦ 30
분 100엔 맵코드 29 460 713*58

구마모토 공항

 시내 교통

🚎 시로메구린 しろめぐりん

구마모토성 순환 버스. 구마모토 역 또는 구마모토
교통 센터에서 출발해 구마모토성 입구까지 올라
갔다가 시내 번화가를 지나 다시 구마모토 역으로
돌아오는 순환 버스이다. 노면 전차 역에서 내려 구
마모토성까지 걸어 올라가야 하는 번거로움이 없
기 때문에 어린이나 노인을 동반한 가족 여행객들
이 많이 이용한다. 1회 순환하는 데 약 50분 정도
소요되며, 20분 간격으로 운행된다.

Ⓒ 08:50~16:50 Ⓦ 150엔 (1일 승차권 400엔)

🚋 노면 전차 路面電車

시내 중심과 구마모토성에서 다소 떨어져 있는 구
마모토 역에 도착하면, 버스 또는 노면 전차를 이용
해 시내로 이동해야 한다. 구마모토성과 스이젠지
공원으로 가는 노선은 2호선이다.

Ⓒ 06:00~22:30 Ⓦ 170엔~
※ 노면 전차 1일 승차권 500엔
※ 시내버스까지 이용할 수 있는 1일 승차권(와쿠와쿠 패
스, わくわくパス) 700엔

노면 전차

혼묘지마에
本妙寺前

스기도모
杉塘

다니야마마치
段山町

호소카와교부저택
旧細川刑部邸

우루산마마치
蔚山町

縣立美術館

가토 신사
加藤神社

천수각
天守閣

호호아테고몬
頰当御門

熊本本光市
情報センター

니요우노이시가키
二様の石垣

도미타
とみた

호텔 닛코 구마모토
ホテル 日航 熊本

시모도리 아케이드
下通アーケード

로카다 커피
岡田コーヒー

나가베이
長堀

구마모토조마에
熊本城前

도리초스지
通町筋

스이도초
水道町

네스트 호텔 구마모토
ネストホテル 熊本

하나바티초
花畑町

이오야기
青柳

구마모토시 현대 미술관
熊本市現代美術館

안티코 카스텔로
ANTICO CASTELLO

쿠마몽 스퀘어
くまモンスクエア

구마모토 교통 센터
熊本交通センター

구마모토 그린 호텔
熊本グリーン ホテル

스시 잔마이
すしざんまい

돈키호테
ドン・キホーテ

우마카쿠라
馬櫻

신마치
新町

도미인 호텔
Dormy Inn

가라시마초
辛島町

베스트 덴키
ベスト電器

도쿄 인 구마모토
東横INN熊本

센바바시
洗馬橋

니시카라시마초
西辛島町

구마모토 도큐레이 호텔
熊本東急REIホテル

게이토쿠코마에
慶徳校前

고후쿠마치
呉服町

가와라마치
河原町

구마모토성 熊本城

나고야성, 오사카성과 함께 일본의 3대 명성으로 알려진 구마모토성은 대부분의 일본 성과는 달리 검은 외관을 갖고 있는 것이 특징이다. 1400년경부터 이곳에 있던 성들을 개축해 현재의 모습을 갖추게 한 것은, 임진왜란을 일으킨 도요토미 히데요시(豊臣秀吉)와 혈연관계이자 임진왜란에도 참전한 가토 기요마사(加藤淸正)였다. 기요마사가 축성할 당시 장기간의 식량을 확보할 목적으로 은행나무를 많이 심었는데, 이로 인해 구마모토성을 '은행나무 성(銀杏城, 긴난조)'이라고도 부른다. 그러나 2016년 4월에 발생한 지진으로 구마모토성 일부가 피해를 입었고, 현재 성의 대부분이 보수 중이라 입장할 수 없다. 하지만 니노마루 광장과 가토 신사 주변에서 검은색의 천수각과 망루 등은 볼 수 있다.

◎ 熊本市中央区本丸1-1 ♀ 구마모토 역에서 노면 전차로 구마모토조마에(熊本城前)로 이동 (11분, 170엔) 후 구마모토조마에에서 도보 5분, 구마모토 교통 센터에서 도보 5분 ⓘ 08:30~18:00 (보수 중 입장 불가) ⊕ kumamoto-guide.jp/ko 맵코드 29 489 329*60 / 29 489 195*22 (구마모토성 니노마루 주차장)

구마모토성의 완전체를 보기에 좋은 장소

가토 신사 加藤神社

구마모토성이 보수 공사에 들어가면서 입장할 수 없게 되었다. 지진 이후 일부분이 무너지기는 했지만, 가토 신사에서 바라보는 모습은 지진 이전과 다름이 없어 현재 구마모토성을 보기 위해 많은 사람들이 이곳을 찾고 있다.

일본에서 가장 긴 총 길이 약 240m의 성벽
나가베이 長塀

노면 전차 구마모토조마에(熊本城前)에서 성으로 가다 보면, 성의 입구 바로 앞에 구마모토성을 축성한 가토 기요마사의 동상이 있다. 이 동상에서 작은 다리를 건너 오른편을 보면 긴 성벽이 나오는데, 이곳을 '나가베이'라 부른다. 현존하는 일본의 성벽 중 가장 긴 것으로, 국가 지정 중요 문화재이기도 하다. 총 길이는 약 240m이다.

구마모토성의 변천사를 볼 수 있는 곳
니요우노이시가키 二様の石垣

난공불락의 성인 구마모토성의 변천사를 알 수 있게 해 주는 석단이다. 초기에는 다른 성들과 마찬가지로 완만한 경사를 이루고 있었지만, 그 위로는 급경사로 보수한 흔적을 볼 수 있는 곳이다. 현재는 보수 중이다.

시내는 물론 아소산까지 볼 수 있는 전망대
천수각 天守各

대부분의 성과 마찬가지로 성 내부에는 성과 영주에 관한 자료 그리고 구마모토의 옛 모습 등을 전시하고 있으며, 가장 꼭대기 천수각은 전망대로 사용되고 있다. 맑은 날에 시내는 물론 멀리 아소산까지 보이기 때문에 올라가 볼 만하다. 그러나 지금은 아쉽게도 보수 중에 있다.

구마모토성, 현립 미술관과 함께 관람

호소카와교부저택 旧細川刑部邸 📷

에도 시대의 영주인 호소카와 다다토시의 동생인 호소카와 교부 소유 오키타카가 1646년에 무려 2만 5천 명의 주민을 동원하여 지은 저택이다. 구마모토성에서 현립 미술관을 지나나 오기 때문에 세곳을 함께 보는 것을 추천한다.

◎ 熊本市中央区古京町 ♥ 구마모토성 니노마루 주차장에서 도보 10~15분 ⏰ 4~10월 08:30~17:30, 11~3월 08:30~16:30 / 다도 체험 10:00~15:30 ☎ 096-356-3837 💴 성인 300엔 맵코드 29 489 637*88 / 29 489 195*22(구마모토성 니노마루 주차장)

구마모토의 식재료를 이용한 양식 요리

안티코 카스텔로
ANTICO CASTELLO 🍴

이탈리아어로 오래된 성이라는 뜻을 가진 음식점으로, 이탈리안 요리가 메인이지만 프렌치 스타일과 구마모토 전통 요리법이 가미된 퓨전 음식으로 유명하다. 시내 중심에서 다소 떨어진 한적한 곳에 있지만, 저녁에는 예약하지 않으면 식사를 할 수 없을 만큼 인기가 있다. 단품 메뉴는 판매하지 않고, 코스로만 주문할 수 있다.

◎ 熊本市中央区桜町2-31 ♀ 노면 전차 센바바시(洗馬橋) 역에서 도보 3분 ⏰ 점심 11:30~14:30, 저녁 18:00~22:00 ☎ 096-327-9109 ◉ 점심 2,000엔 ~, 저녁 4,000엔~ 맵코드 29 459 489*11

구마모토현의 영업 부장 쿠마몽

쿠마몽 스퀘어 くまモンスクエア 📷

구마모토현 홍보 마스코트로, 2010년에 소개된 캐릭터이다. 구마모토(熊本)의 '구마(くま)'는 곰을 뜻하며, 구마모토 방언으로 '몬(モン)'은 사람을 뜻한다. 일본 전역의 각 지역별 홍보 캐릭터를 '유루카라(ゆるキャラ)'라고 하는데, 그중 쿠마몽의 인기는 압도적 1위를 차지한다. 2015년 캐릭터 매출 1,000억 엔(약 1조 원)을 돌파하며, 헬로키티와 단비 이후 일본에서 가장 성공한 캐릭터로 평가받고 있다.

쿠마몽 스퀘어에는 구마모토현의 영업 부장으로 활약하는 쿠마몽의 사무실이 있는데, 출장과 외근이 많은 부장님답게 쿠마몽을 만나는 것은 상당히 힘든 편이다. 보통 오후 3시 이후 잠깐 사무실에 들른다고 한다. 쿠마몽과 관련된 다양한 캐릭터 제품도 판매하고 있다.

◎ 熊本市中央区手取本町 8-2 ♀ 노면 전차 스이도초(水道町) 역 바로 앞 ⏰ 10:00~19:00(쿠마몽이 있는 스케줄은 홈페이지 참고) ☎ 096-327-9066 ⊕ www.kumamon-sq.jp 맵코드 29 460 743*85

누워서 쉴 수 있는 미술관

구마모토시 현대 미술관
熊本市現代美術館

구마모토 시내의 중심인, 도리초스지(通町筋) 바로 앞에 있는 미술관이다. 개성 있는 현대 예술가들의 작품을 기획전 위주로 전시하고 있다. 구마모토 출신 예술가들의 작품이 기획전에 알려진 작품은 많지 않지만, 어린이를 위한 놀이방과 누워서 책을 볼 수 있는 도서관 등이 있다. 무료로 개방하고 있어, 시내 여행 중 잠시 쉬었다가 가기에 좋다.

◎ 熊本市中央区上通町2-3 ♀ 구마모토 역에서 노면 전차 또는 버스 이용 약 15분, 도리초스지(通町筋) 정류장 바로 앞 ◷ 10:00~20:00 (매주 화요일, 12/29~1/3 휴관) ☎ 096-278-7500 ◉ 무료 (기획전 별도) 맵코드 29 460 887*06 / 29 460 713*58(현영 주차장)

구마모토 최대의 쇼핑 거리

시모도리 아케이드 下通アケード

노면 전차 도리초스지(通町筋)에서 바로 연결되는 구마모토 최대의 쇼핑 거리다. 총 길이 511m, 폭 15m로 구마모토는 물론 서일본 최대의 아케이드이다. 시모도리 입구의 왼쪽에는 구마모토를 대표하는 쓰루야(鶴屋) 백화점 본점과 파르코 백화점이 있으며, 상점가 내에는 100엔 숍을 비롯한 다양한 상점과 레스토랑 그리고 카페가 이어져 있다. 시모도리 북쪽은 가미도리 아케이드(上通アケード)이며, 이곳에도 많은 상점과 음식점이 모여 있다.

◎ 熊本市中央区手取本町から下通2丁目 ♀ 노면 전차 도리초스지(通町筋) 역에서 도보 8분 맵코드 29 460 854*25 / 29 460 713*58(현영 주차장)

가이세키 요리 전문점

도미타 とみた　🍽

일본식 코스 요리인 가이세키 전문점으로, 구마모토 특산품과 제철에 맞는 식재료를 이용해 수준 높은 요리를 선보이는 곳이다. 가이세키 요리란 있기 때문에 저녁 시간에는 최소 7,000엔 이상의 금액을 지불해야 하지만, 점심 시간에는 2,000엔부터 식사를 할 수 있어 합리적이다.

🏠 熊本市中央区上通町8-16　♀ 노면 전차 도리초스지(通町筋) 역에서 도보 7분　🕐 점심 11:30~14:00, 저녁 18:00~22:00　📞 096-351-0103　💰 점심 코스 2,000엔~, 저녁 코스 7,000엔~ 맵코드 29 490 288*47

구마모토 전통 요리를 맛볼 수 있는 곳

아오야기 青柳　🍽

1949년에 창업한 이후 구마모토의 향토 요리를 전하고 있는 음식점이다. 말고기 요리뿐 아니라 아리아케해에서 잡힌 신선한 해산물을 이용하는 초밥도 인기다. 또한 200년 전 에도 시대의 전통 요리를 재현한 구마모토성 혼마루고텐(熊本城 本丸御膳)으로도 유명하다. 이밖에도 본격적인 코스 요리까지 제공하는 고급 음식점이다.

🏠 熊本市中央区下通1-2-10　♀ 노면 전차 도리초스지(通町筋)에서 도보 5분　🕐 점심 11:30~14:00, 저녁 17:00~22:00　📞 096-353-0311　💰 특상 스시 3,000엔, 혼마루고텐 점심 3,000엔, 저녁 5,000엔, 코스 요리 5,000엔~ 맵코드 29 460 758*36 / 29 460 713*58(현영 주차장)

말고기 요리를 전문으로 하는 곳

우마사쿠라 馬桜 🍴

구마모토를 대표하는 음식인 말고기 요리를 전문으로 하는 곳이다. 말고기 육회(馬刺し, 바사시), 샤부샤부, 불고기 등 기본적인 메뉴는 물론 말고기를 이용한 피자, 파스타, 돈부리 등도 있기 때문에 본고장의 말고기 음식을 비교적 저렴한 예산으로 맛볼 수 있다. 새벽 늦게까지 하는 곳이므로 구마모토의 소주를 마시기도 좋은 곳이다.

📍 熊本市中央区下通1-12-1 ♀ 노면 전차 도리초스지(通町筋)에서 도보 7분 ⏱ 17:00~24:00 ☎ 093-355-8388 ◎ 바사시(馬刺し) 1,950엔~, 바니쿠 토마토 파스타 950엔, 바사쿠라 고마다레돈 1,100엔 🗺 맵코드 29 460 548*58 / 29 460 713*58 (현영 주차장)

구마모토의 대표적인 커피 전문점

오카다 커피 본점 岡田コーヒー 本店 ☕

창업 60년이 넘은 구마모토의 대표적인 커피 전문점으로, 구마모토 시내 7곳에 매장을 두고 있다. 카미도오리 본점 1층에서는 커피 원두와 베이커리 그리고 케이크 등을 판매하며, 2층은 카페 공간이다. 신선한 원두를 이용한 향 좋은 커피와 함께 케이크와 디저트, 간단한 식사를 즐길 수 있다. 가을과 초겨울에는 몽블랑, 봄에는 딸기 케이크와 롤케이크가 인기 메뉴이다.

📍 熊本市中央区上通町1-20 ♀ 노면 전차 도리 초스지(通町筋) 역에서 도보 1분, 가미도리 입구 ⏱ 10:00~21:00 ☎ 096-356-2755 ◎ 커피 500엔~, 모닝 토스트 세트 600엔~, 케이크와 디저트류 500엔~ 🗺 맵코드 29 460 885*41 / 29 460 713*58 (현영 주차장)

휴게소 목적으로 만든 대규모 정원

스이젠지 공원 水前寺公園

1630년대 이곳의 영주였던 호소카와 다다토시가 차를 마시며 쉴 목적으로 조성한 총면적 7만㎡의 대규모 정원이다. 교토에서 도쿄까지 이어지는 도카이도(東海道)의 풍경을 표현한 정원으로 중심에 솟아 있는 인공산은 후지산을, 그 앞의 호수는 유명한 온천 휴양지 하코네의 아시 호수를 나타내고 있다. 구마모토성과 함께 가장 유명한 볼거리지만, 시내에서 다소 떨어져 있다.

⊙ 熊本市中央区水前寺公園8-1 ⑨ 노면 전차 스이젠지코엔마에(水前寺公園前) 역에서 도보 3분, 구마모토성에서 약 15분 ⊙ 07:30~18:00 (12~2월08:30~17:00) ⑩ 성인 400엔, 어린이 200엔 맵코드 29 433 578*88 (스이젠지 주차장, 2시간 500엔 이후 1시간 100엔)

스이젠지 공원을 보며 즐기는 전통차

고킨덴쥬노마 古今伝授の間

♀ 스이젠지 공원 내부 ⑩ 다다미 방 650엔, 탁자 550엔

스이젠지 공원에서 가장 전망이 좋은 곳에 위치한 건물로, 교토 고쇼(일본의 왕인 덴노의 거주지)에 있는 400년 전 건물을 이축해 왔다. 일본의 전통을 전하는 곳으로, 다다미 방은 650엔, 탁자 자리는 550엔을 지불해야 한다. 말차와 함께 매일 메뉴가 바뀌는 과자가 나온다.

구마모토의 호텔

JR 구마모토 역과 교통 센터 앞에 호텔이 모여 있다. 역 근처보다는 시내 중심지와 가까운 교통 센터의 호텔을 이용하면 더 편안한 여행이 된다.

네스트 호텔 구마모토

ネストホテル熊本

구마모토 교통 센터 가까이에 있는 비즈니스급 호텔이다. 2013년 치산 호텔에서 네스트 호텔로 변경되면서 부분적으로 리뉴얼되어 가격 대비 깔끔한 객실에서 숙박할 수 있다.

📍 熊本市中央区辛島町4-39 🚃 구마모토 교통 센터에서 도보 3분, 노면 전차 가라시마초(辛島町)에서 도보 5분 ☎ 096-322-3911 ₩ 싱글 4,000엔~, 세미더블 4,800엔~, 트윈 6,300엔~ 맵코드 29 459 464*22

JR 규슈 호텔 구마모토

JR九州ホテル熊本

JR 규슈 계열의 호텔로, 구마모토 역과 바로 연결되어 있다. 리뉴얼된 쾌적한 객실은 비즈니스급 호텔에서 기대하기 힘든 편안한 침대와 침구를 갖추고 있으며, JR 열차를 이용해 규슈를 여행할 때 편리하다.

📍 熊本市西区春日 3-15-15 🚃 구마모토 역에서 도보 1분 ☎ 096-354-8000 ₩ 싱글 7,245엔, 트윈·더블 13,230엔 맵코드 29 427 299*66

호텔 닛코 구마모토

ホテル日航熊本

구마모토 시내 중심에 있는 특급 호텔로, 구마모토성과 상점가 등 어디로든 이동이 편리하다. 호텔 바로 옆에 미술관이 있으며, 호텔 조식 메뉴에 구마모토의 명물인 말고기 요리는 물론 다양한 구마모토의 맛을 느낄 수 있는 향토 요리가 나온다.

📍 熊本市中央区上通町2-1 🚃 노면 전차 도리초스지(通町筋)에서 도보 1분 ☎ 096-211-1111 ₩ 싱글 11,400엔~, 트윈 14,000엔~ 맵코드 29 490 018*66(지하 2층 주차장)

구로카와 온천

黒川温泉

숲속 계곡의 작지만 인기 절정의 온천 마을

유후인, 벳부와 함께 규슈를 대표하는 온천 여행지이며, 일본 전국에서도 최고의 인기를 얻고 있는 곳이다. 하지만 너무 큰 기대를 하고 이곳을 찾는다면 실망할지도 모른다. 교통도 불편하고, 료칸과 상점을 합쳐도 50여 곳이 채 안 되기 때문에 온천 외에는 마땅히 할 것이 없다. 하지만 아이러니하게도 이렇게 실망을 줄 수 있는 부분들이 구로카와 온천의 인기 비결이다. 단체 여행객이 아닌 개별로 여행하는 여성들의 취향에 딱 맞기 때문이다. 유후인의 세련된 이미지와 달리 구로카와는 투박하고 때 묻지 않은 자연 속에서 오롯이 온천을 즐길 수 있는 곳이다. 깊은 숲속에 있기 때문에 우리나라 강원도처럼 한여름에도 시원해서 여름의 온천 여행지로도 최고다.

가는 방법

후쿠오카 ⋯ 구로카와 온천

구로카와 온천까지 운행하는 JR 열차 노선은 없으며, 고속버스를 이용해야 한다. 후쿠오카 시내의 하카타 버스 터미널에서 출발한 버스가 텐진 버스 터미널과 후쿠오카 국제공항을 거쳐 구로카와 온천까지 하루 총 4편 운행한다. 후쿠오카 국제공항 국제선 터미널에서 구로카와 온천까지 약 2시간 20분, 하카타 버스 터미널에서는 약 3시간 정도 소요된다. 요금은 동일하게 편도 3,090엔이며, 왕복 또는 2인 이용 시 5,550엔이다. 대중교통은 고속버스뿐이니 사전에 예약을 하는 것이 좋다.

구마모토 · 유후인 · 벳푸 ⋯ 구로카와 온천

구마모토 – 구마모토 공항 – 아소 – 구로카와 온천 – 유후인 – 벳푸를 운행하는 규슈 횡단 버스를 이용해 구로카와 온천까지 갈 수 있다. 하지만 하루 2~4

편밖에 운행하지 않기 때문에 일정을 정할 때 주의해야 하며, 비용을 생각하면 산큐 패스를 이용하는 것이 좋다.

구마모토에서 3시간(2,500엔), 구마모토 공항에서 2시간(2,000엔), 아소에서 1시간(1,200엔), 유후인 온천에서 1시간 30분(2,000엔) 정도 소요된다.

렌터카 여행자를 위한 추천 주차장

구로카와 온천 관광 협회 '가제노야' 주차장
黒川温泉観光旅館組合 風の舎
🕐 熊本県南小国町黒川 📞 0967-44-0076 💰 무료
맵코드 440 542 848*33

규슈 횡단 버스 정류장

구로카와 온천 黒川温泉

야메미즈키 山みず木
호조테이 帆山亭
오쿠노유 奥の湯
구로렌도우
별관 하나아카리 花あかり

료칸 니시무라 旅館にしむら

유메린도우 夢龍胆

료칸 오카베 旅館 おかべ

유후노쇼베이 (유시이) 湯布の荘べえ 湯しり

료칸 이코이 いこい旅館

료칸 오카모토 御客屋

츄자 中座

온천 수지리 水環泉

가제노샤 風の舎

도후쿠 킷소우 とうふ吉祥

고토우사케텐 後藤商店

파티스리 로쿠 PATISSERIE 禄

오야도 구로기야 お宿 くろぎや

아마미로쿠 식당 麻鳥 おこか

시로타마구 白玉子

유후라라 간소우 御客屋

유후라칸 미사토 和風美里

후도우 風亡

스미요시야 すみよしや食堂

야도 요자쿠 ヤド 女子

신메이칸 新明館

후도우 료칸 ふもと旅館

료칸 유모토소우 旅館 湯本荘

자쿠라이유 喜楽茶屋

구로카와소우 黒川荘

아마비코 료칸 やまびこ旅館

아마비코 료칸 やまびこ旅館

구로카와소우 黒川荘

후쿠오카, 구마모토 방면 버스 승차 장소
(유후인, 벳푸에서 출발한 버스 하차 정류소)

유후인, 벳푸 방면 버스 승차 장소
(후쿠오카, 구마모토에서 출발한 버스 하차 정류소)

가제노야 黒川温泉観光旅館協同組合 風の舎

관광 안내소 역할을 하고 있는 여관 조합인 가제노야는 구로카와에 가면 반드시 들러야 하는 곳이다. 온천 순례를 위한 뉴토테카타(入湯手形)를 판매하고 있으며, 구로카와의 온천수를 이용한 입욕제와 온천욕 시 필요한 타월 등을 비롯해 다양한 기념품을 판매한다. 예약하지 않고 구로카와에 도착한 여행객을 위해 당일 예약이 가능한 료칸의 정보를 제공하고 있어 이곳을 통해 예약 가능 여부를 쉽게 확인할 수 있다.

📍 南小国町満願寺6594-3 📍 구로카와 온천 버스 터미널에서 도보 5분 🕐 09:00~18:00 📞 0967-44-0076 맵코드 440 542 848*33

TIP 뉴토데카타 入湯手形

구로카와 료칸의 외래 입욕은 각 료칸당 500엔씩이다. 하지만 힘들게 이곳까지 와서 한 곳에서만 온천을 하고 돌아가면 허무할 것이다. 1,200엔으로 구로카와에 있는 료칸 중 세 곳의 온천을 이용할 수 있는 일종의 온천 자유 이용권 '뉴토데카타'를 이용해 온천을 즐기는 것이 좋으며, 이를 구로카와 '온센메구리(温泉巡り)'라 한다.

뉴토데카타는 구입 날짜를 찍어 주고 반년간 유효하며, 모양이 통나무를 1cm 정도로 자른 나무이기 때문에 여행을 마치고 기념품으로 사용하기에도 좋다. 사용 방법은 입장 시 제시하면 표시를 해 주는 것으로 끝이다.

사용을 마친 뉴토데카타는 '연애 성취(恋愛成就)', '교통 안전(交通安全)', '학업 성취(學業成就)' 중 원하는 스탬프를 찍어 기원을 하는 의미로 신사에 걸어 두는데, 이는 구로카와의 재미있는 풍경을 연출해 준다. 하지만 통나무로 만들어진 뉴토데카타는 기념품으로도 상당히 좋기 때문에, 가져올지 또는 기원을 하고 올지 상당히 고민스럽다.

고토우사케텐 後藤酒店 ᵞ⏐

창업 90여 년의 긴 역사를 갖고 있는 상점으로, 구로카와 온천의 전통을 지켜가고 있는 상점이다. 구로카와의 지방 맥주인 유아가리 비진(湯上り美人, 온천의 미인) 맥주를 비롯해, 구로카와와 구마모토 지역의 전통술과 간식거리를 판매하고 있다. 한쪽 코너는 일반 슈퍼마켓을 편의점처럼 운영하고 있다. 편의점이 없는 구로카와 온천에서 비교적 늦게까지 영업하고 있어서 편리하다.

◉ 南小国町大字満願寺川6991-1 ◉ 가제노야에서 도보 1분 ⏰ 08:40~22:00(첫째, 셋째 주 수요일 휴무) ☎ 0967-44-0027 ◈ 유아가리 비진 578엔, 라무네 100엔 맵코드 440 542 876*47 / 440 542 848*33(가제노야 주차장)

파티스리 로쿠 PATISSERIE 麓 ☕

현지에서 나는 재료와 과일 등을 사용해 만든 쿠키와 빵 등을 판매하는 곳이다. 구로카와를 여행하면서 이곳의 간식을 맛보지 않는 것은 생각할 수 없을 정도로 인기가 있다. 식사 후 간단한 디저트로 즐기기에 특히 좋으며, 구로카와 여행을 마치고 2~3시간 버스로 후쿠오카 또는 다른 지역으로 이동할 때 간식으로 준비해도 좋다. 슈크림 빵과 몽블랑 등이 인기이며 계절에 따라 추천 메뉴를 판매하고 있다.

◉ 南小国町大字満願寺6610-1 ◉ 가제노야에서 도보 3분, 구로카와 온천 거리 ⏰ 09:00~18:00(화요일 휴무) ☎ 0967-48-8101 맵코드 440 542 875*55 / 440 542 848*33(가제노야 주차장)

두부 요리 전문점

도후 킷쇼우 とうふ吉祥 🍴

직접 만든 두부를 이용한 두부 요리 전문점이다. 세 가지 종류의 두부 정식 요리는 물론 두부 스테이크(とうふステーキ), 두부 오코노미야키(とうふお好み焼き) 등의 다양한 메뉴가 준비되어 있다. 두부 정식을 주문할 경우 두부 및 밥은 무한정 제공된다. 디저트로 판매하는 두유 소프트아이스크림도 별미이다.

📍 南小国町満願寺6618 📍 가제노야에서 도보 1분, 길 건너편 ⏰ 10:00~17:00 ☎ 0967-44-0659 💴 두부 정식 1,600엔, 2,100엔, 3,000엔 / 두부 스테이크 600엔 / 두부 오코노미야키 600엔 맵코드 440 572 008*77 / 440 542 848*33(가제노야 주차장)

구마모토현의 향토 요리 전문점

아지도코로 나카 味処 なか 🍴

토종닭과 고지대의 야채, 구마모토현의 인기 메뉴인 말고기 등을 재료로 하는 향토 요리 전문점이다. 구로카와에서는 드물게 늦은 시간까지 영업하는 곳이기도 하다. 닭고기를 메인으로 나무 찜기에 쪄서 나오는 '지도리메시(地鳥めし)'가 인기 메뉴이며, 비교적 저렴한 요금으로 '말고기 회(馬刺し, 바사시)'를 맛볼 수 있다. 라멘과 우동 등 면류도 판매하고 있다.

📍 南小国町大字満願寺黒川6600-2 📍 가제노야에서 도보 3분, 구로카와 온천 거리 ⏰ 11:00~23:00 ☎ 0967-44-0706 💴 지도리메시 800엔(보통 미소 된장국), 1,200엔(고지대 야채가 많은 미소 된장국) / 말고기 회 1,050엔 맵코드 440 542 787*66 / 440 542 848*33(가제노야 주차장)

유논 湯音 🛍

아소 오구니 지역 목장에서 키운 저지 젖소의 우유로 만든 제품을 전문으로 한다. 영국 왕실의 우유로 알려진 '저지 우유(Jersey Milk)'는 영양가가 풍부하며 맛도 좋다. 저지 우유를 이용한 쿠키와 과자류 등 기념품으로 좋은 제품들을 판매하고 있으며, 소프트아이스크림은 온천 거리를 산책하며 먹기에 좋다.

🏠 南小国町大字満願寺黒川6602 📍 가제노야에서 도보 3분, 구로카와 온천 거리 🕐 09:00~18:00(매주 목요일 휴무) 📞 0967-44-0777 맵코드 440 542 815*77

스미요시 식당 すみよし食堂 🍴

10석 규모의 작은 식당으로, 소박한 시골의 정취가 나는 곳이다. 대표 메뉴인 '다카나메시와 다고지루 세트(たかなめし、だご汁セット)'는 600엔으로 저렴하다. '다카나메시'는 갓, 버섯 등으로 지은 나물밥이며, '다고지루'는 우리나라의 수제비와 비슷한 메뉴이다. 카레라이스, 덮밥, 야키소바 등의 메뉴도 있다.

🏠 南小国町大字満願寺黒川6603 📍 가제노야에서 도보 3분, 구로카와 온천 거리 🕐 점심 11:00~17:00, 저녁 21:00~23:00 📞 0967-44-0657 💰 다카나메시 세트 600엔, 돈가스 덮밥 770엔, 카레라이스 520엔 맵코드 440 542 815*74

후도 風℃ 🍴

구로카와 온천의 떠오르는 맛집이다. 구로카와 인근의 목장에서 키운 붉은소(赤牛, 아카규)를 이용한 수제버거로 인기가 많다. 기본 수제 버거는 750엔, 핫도그는 500엔으로 볼륨감이 크지 않아 간식 삼아 먹기도 좋고, 2,500엔의 살로인 스테이크가 들어간 버거 메뉴도 있다.

🏠 阿蘇郡南小国町満願寺黒川6690 📍 가제노야에서 도보 3분 (미사토 료칸 옆) 🕐 11:00~17:00 📞 0967-44-0210 💰 아카규 버거(赤牛バーガー) 750엔, 후도 오리지널 버거(風℃オリジナルバーガー) 850엔, 세트 메뉴 추가+350엔 맵코드 440 542 875*30

야마나미 하이웨이
やまなみ ハイウェイ

아소 역에서 한 정거장 거리인 미야지 역에서 시작되어 벳푸까지 연결되는 야마나미 하이웨이는 '산이 이어진 고속도로'라는 의미를 갖고 있다. 일본의 아름다운 도로 100선 중 하나로, 아소-구로카와 온천 여행 중 렌터카를 이용하면 자연스레 지나게 되는 길이다.

♀아소 - 구로카와 온천 - 마키노토 - 유후인까지 이어지는 11번 국도, 길이 약 70km

추천 휴게소

산아이 레스트 하우스
三愛レストハウス

야마나미 하이웨이의 중간 지점, 442번 국도와 교차하는 지점에 있는 큰 규모의 휴게소이다. 자전거 여행을 한다면 이곳에서부터 마키노토 레스트 하우스까지 업힐 코스가 이어지니 충분한 휴식을 하고 출발하는 것이 좋다.

♀阿蘇郡南小国町瀬の本高原 ♀구로카와 온천에서 약 5.4km, 차로 약 10분 ☎0967-44-0011 맵코드 440 547 114*11

마키노토 레스트 하우스
牧の戸峠 レストハウス

표고 1,333m로, 야마나미 하이웨이에서 가장 높은 곳에 있는 휴게소이다. 구쥬산(久住山)의 등산로 입구가 있어 휴일에는 등산객들로 붐비는 곳이며, 등산로의 반대편의 전망대에서는 구쥬연산(九重連山), 아소 오악(阿蘇五岳)의 풍경을 감상할 수 있다.

♀玖珠郡九重町大字湯坪 ♀구로카와 온천에서 12.5km, 차로 약 20분 ☎0973-79-2042 맵코드 440 640 098*06

구로카와 온천의 료칸

가제노야를 중심으로 료칸 대부분이 모여 있지만 일부는 멀리 떨어져 있다. 구로카와 버스 터미널에서 무료 송영을 제공하여 료칸으로의 이동은 어렵지 않다.

료칸 와카바

旅館 わかば

풍부한 온천과 피부에 좋은 온천 수질로 인기가 높은 온천이다. 여성 전용인 '게쇼노유(化粧の湯, 화장 온천)'는 이름에서 알 수 있듯이 별도의 화장품이 필요 없을 만큼 피부 미용에 좋다고 알려져 있다. 구로카와 온천의 료칸 중에는 드물게 마사지와 스킨케어를 받을 수 있는 에스테룸 '스하다비(素肌美)'를 운영하고 있어 여성 관광객의 발길을 잡고 있다. 남성 전용 노천 온천인 효탄노유(ひょうたんの湯)와 실내 온천, 숙박객이 아니어도 이용할 수 있는 2개의 가족탕이 있다.

📍온천 거리 중심 📞0967-44-0500 ₩숙박 15,900엔 / 객실 총 16실, 1실은 전용 실내 온천이 있는 객실 🌐 www. ryokanwakaba.com 맵코드 440 542 704*88

외래 입욕 안내

🕐08:30~21:00 ₩500엔, 에스테탕 1시간에 2,000엔
※ 에스테 요금: 상반신, 얼굴, 머리 마사지 30분 3,500엔

구로카와소우

黒川荘

보우부이와부루(びょうぶの湯, 병풍바위 노천탕)를 비롯해 나무와 바위를 절묘하게 조화시킨 기리이시 노천탕(きり石), 간논 노천탕(観音露天風呂) 등 개성적인 온천이 있다. 이곳의 인기는 미묘하게 푸른 온천수 때문이며, 이러한 색은 다른 료칸에서는 찾아보기 힘들다. 가족탕을 제외한 모든 온천을 뉴토데카타로 이용할 수 있다. 료칸 내의 라운지는 낮에는 차를 마시며 휴식을 취하기 좋고, 저녁에는 구로카와에 드물게 바(Bar)로 이용되고 있다.

📍온천 거리 중심에서 도보 5분 📞0967-44-0211 ₩16,950엔~ / 객실 총 21실 🌐www.kurokawaso.com 맵코드 440 571 079*33

외래 입욕 안내

🕐08:30~20:30 ₩500엔

야마비코 료칸 やまびこ旅館

50명이 한 번에 들어갈 수 있을 만큼 넓은 노천 온천인 '센닌부로(仙人風呂, 신선 온천)'는 구로카와 온천 최고의 규모를 자랑한다. 센닌부로는 큰 곳과 작은 곳 두 개가 있으며 하루는 여성 전용, 하루는 혼욕으로 교대 운용되고 있다. 우리나라 관광객들이 이코이 료칸과 함께 가장 많이 찾는 곳이기도 하다. 6개의 가족탕은 숙박객만 이용할 수 있지만, 정원의 족욕장은 누구나 이용할 수 있다. 이성의 동반자와 함께 여행을 하는 경우 온천이 끝나고 나와서 족욕을 즐기며 상대방을 기다릴 수 있다.

♀ 온천 거리 중심 ☎ 0967-44-0311 ₩ 숙박 16,950엔~ / 객실 총 18실 ⊕ www.yamabiko-ryokan.com 맵코드 440 541 839*63
외래 입욕 안내
⊕ 08:30~21:00 ₩ 500엔

이코이 료칸 いこい旅館

천장에 매달린 통나무를 잡고 서서 온천을 즐기는 '다치유(立湯)', 미인 온천을 뜻하는 '비진유(美人湯, 미인탕)'로 여성 여행객들이 반드시 가야 하는 곳이라고 정해 둘 만큼 인기가 많은 곳이다. 또한 작은 통나무에서 온천수가 흘러나오며 대나무와 잡목림이 우거져 평온한 느낌을 주는 '다키노유(滝ノ湯)'는 일본의 유명 온천 100선에 오르기도 했다. 여성 전용의 히노키 실내 온천(檜風呂)과 우타세유(물줄기가 흘러내려 마사지 효과가 있는 것), 침유(누울 수 있는 온천)까지 있으며, 가족 온천이라는 게 믿기지 않을 만큼 넓은 가족탕 소노유(蘇の湯)도 있다. 그러나 소노유(蘇の湯)는 숙박객 전용이다.

♀ 온천 거리 중심 ☎ 0967-44-0552 ₩ 숙박 15,900엔~ / 객실 총 14실, 1실은 5인 이상부터 이용 가능한 노천 온천이 있는 별채 객실 ⊕ www.ikoi-ryokan.com 맵코드 440 542 791*55
외래 입욕 안내
⊕ 08:30~21:00, 전세탕 11:00~14:30 ₩ 500엔, 전세탕 40분에 800엔(소노유 제외)

오쿠노유 奥の湯

온천에 앉아 강을 보고 있으면 '강이 아니라 온천수가 흐르는 것은 아닐까' 하는 생각이 들 정도로 강과 온천의 경계가 흐릿한 곳이다. 강을 바라보며 여유로운 노천 온천을 즐길 수 있어 온천 거리에서 다소 떨어져 있지만 당일치기 온천을 하기 위해 많은 사람들이 방문하는 곳이다. 실내 온천에서 연결되는 혼욕 노천 온천은 바위 등으로 가려져 있어 혼욕의 부담이 크지 않으며 20시부터 22시까지는 여성 전용으로 운영되고 있다. 신관 객실은 객실마다 전용 노천 온천이 있으며, 별채 객실에는 전용 실내 온천이 있다.

📍온천 거리 중심에서 도보 12분 ☎0967-44-0021 ⓦ본관 객실 15,900엔~, 별채 객실 21,150엔~, 신관 객실 26,400엔 / 객실 총 26실 ⊕www.okunoyu.com 맵코드 440 543 810*44

외래입욕 안내
🕐08:30~21:00 ⓦ500엔

신메이칸 新明館

이코이 료칸과 함께 가장 깊은 역사를 갖고 있는 료칸이다. 료칸의 주인이 3년 반이라는 짧지 않은 세월 동안 직접 파서 만든 동굴 온천이다. 은은한 조명이 켜져 있고 깊이 들어가면 미로 같은 느낌이 드는 동굴 온천은 남녀 혼탕과 여성 전용으로 나뉘어져 있다. 남녀 혼탕의 노천 온천인 '이와토부로(岩戸風呂)'는 계곡 바로 옆에 있기 때문에 잔잔한 계곡 소리를 들으며 노천 온천을 즐길 수 있다. 남녀 각각의 실내 온천과 여성 전용 노천 온천인 가제노유(風の湯), 가족탕이 있다. 그러나 가족탕은 숙박객 전용이다.

📍온천 거리 중심 ☎0967-44-0916 ⓦ숙박 13,800엔~ / 객실 총 15실 ⊕www.sinmeikan.jp 맵코드 440 542 814*66

외래입욕 안내
🕐08:30~21:00 ⓦ500엔

유메린도우 夢龍胆

구로카와의 료칸 중 드물게 일본식 정원이 있는 료칸이다. 남녀 각각의 노천 온천과 실내 온천에서 강을 바라보며 온천욕을 즐길 수 있으며, 노천에는 큰 지붕이 설치되어 있어 비나 눈이 오더라도 쾌적하게 온천욕을 즐길 수 있다. 4개의 가족탕은 숙박객 전용으로 이용되고 있으며, 여성 전용의 암반욕 시설은 뉴토데카타로가 더라도 1,500엔의 추가 요금이 필요하다. 료칸의 입구에는 누구나 이용할 수 있는 무료 족욕장이 설치되어 있다.

♀ 온천 거리 중심에서 도보 7분 ☎ 0967-44-0321 ₩ 숙박 18,000엔~ / 객실 총 4실 ⊕ www.yumerindo.com 맵코드 440 542 707*00

외래입욕 안내
⊕08:30~21:00 ₩500엔, 여성 전용 암반욕 1,500엔 추가

오야도 구로카와 お宿 玄河

뉴토데카타로는 이용할 수 없는 료칸이다. 총 객실 4개에 가족탕 5개로 숙박 중 사람을 마주칠 일이 거의 없는 최상의 프라이빗 공간을 자랑하는 곳이기 때문에 부부 또는 연인들에게 인기가 많은 곳이다. 5개의 가족탕은 모두 실내 온천이며, 숙박객이 없는 체크아웃 후 체크인 시간 전에 한해 외래 입욕을 허용하고 있다. 하루 10인분의 식사만 판매하고 있는 료칸 내의 식사처 '우후후(うふふ)'는 많지 않은 구로카와 온천의 맛집 중 하나이다.

♀ 온천 거리 중심 ☎ 0967-44-0651 ₩ 숙박 13,650엔~ / 객실 총 4실 ⊕ www.kurokawaonsen.or.jp/kurokawa 맵코드 440 542 814*44

외래입욕 안내
⊕ 10:00~16:00
♨전세탕 1시간 2,000엔

우후후(うふふ) 안내
⊕점심 12:00~14:00,
저녁 18:30~20:00 ₩1,575엔~

후지야 ふじ屋

대부분의 객실에서 온천 거리의 풍경을 바라볼 수 있는 후지야는 총 8개의 객실을 갖고 있는 료칸이다. 전통 악기의 이름인 비와(琵琶, 비파) 객실 외의 7개의 객실은 월요일부터 일요일까지의 요일 이름을 객실명으로 사용하고 있다. 특별히 월(月, 쓰키) 객실은 2층 구조로 되어 있는데, 침대가 있는 2층의 천장에 유리 창문이 있어 색다른 분위기를 연출할 수 있다. 남녀 각각의 실내 온천이 있으며, 2개의 실내 가족탕이 있다. 관내에 노천 온천은 없지만, 숙박객은 자매관인 노시유(のし湯)의 넓은 노천 온천을 무료로 이용할 수 있다.

📍 온천 거리 중심 📞 0967-48-8117 🏨 숙박 15,750엔~ / 객실 총 8실 🌐 www.kurokawaonsen.or.jp/fujiya 맵코드 440 542 759*33

외래 입욕 안내
🕐 08:30~21:00 💰 500엔, 가족탕 40분 800엔

야마미즈키 山みず木

온천 거리에서 다소 떨어진 외곽에 있는 조용한 숙소이다. 산(山, 야마), 물(みず, 미즈), 나무(木, 키), 숙소의 이름 그대로 큰 나무가 우거지고 강이 잔잔히 흐르는 깊은 산속에 위치해있다. 온천 거리에서 도보로 약 20분 이상이 소요되지만, 매일 오전 11시부터 오후 5시까지 매시간 15분, 45분 가제노야에서 송영 버스가 운행되고 있어 당일치기 온천을 즐기기에 부담이 없다. 사전에 요청을 하면 결혼기념일 등의 특별한 숙박객에 한해 야마미즈키의 로고가 붙어 있는 고급 클래식카로 송영 서비스를 받을 수 있다.

📍 온천 거리에서 차로 5분 또는 도보 20분 / 송영 있음 📞 0967-44-0336 🏨 숙박 18,000엔~ / 객실 총 21실 🌐 www.yamamizuki.com 맵코드 440 544 873*00

외래 입욕 안내
🕐 08:30~21:00 💰 500엔

호잔테이 帆山亭

구로카와 강의 최상류에 위치한 호잔테이 료칸은 11개의 모든 객실에 전용 노천 온천이 있는 별채 객실로 이루어져 있다. 뉴토데카타로 이용할 수 있는 곳은 노천 온천 한 곳밖에 없기 때문에, 온천만을 위해 온천 거리에서 멀리 떨어져 있는 이곳까지 오는 게 망설여질 수 있다. 하지만 잔잔히 흐르는 강을 바라볼 수 있는 노천 온천의 풍경은 멀리까지 찾아온 것에 대한 충분한 보상을 해 준다. 뿐만 아니라 객실에서 식사를 한 후 객실의 전용 온천을 이용할 수 있는 점심 식사 플랜(お食事, 昼食プラン)은 부부와 연인들에게 좋은 반응을 얻고 있다.

📍 온천 거리에서 차로 5분 또는 도보 30분 / 송영 없음 📞 0967-44-0059 🛏 숙박 15,750엔~ / 객실 총 11실 🌐 www.hozantei.com 맵코드 440 544 596*30

외래입욕 안내
🕐 08:30~21:00 💴 500엔

점심 식사 플랜 안내
🕐 12:00~14:00 💴 4,200엔~7,350엔

아소
阿蘇

세계 최대급 칼데라 활화산

구마모토현의 동부에 있는 세계 최대급 칼데라 활화
산인 아소산은 '불의 나라(火の国)'라고 불리는 구마모
토의 상징적인 존재이다. 교통의 불편함에도 불구하
고 활화산의 분화구를 둘러볼 수 있다는 매력 때문에
수많은 관광객의 발길이 끊이지 않고 있으며, 분화구
외에도 '구사센리'라는 넓은 초원 등의 볼거리가 있다.
단, 화산 분화에 따라 관광이 불가능할 수도 있기 때문
에 화산 분화 상황을 미리 확인해야 한다. 2016년 구
마모토 지진으로 구마모토에서 아소까지의 JR 열차
(九州横断特急, 규슈 횡단 특급)는 운행이 중단되었고,
현재 아소-벳푸 구간만 운행하고 있다.

가는 방법

벳푸 ┄┄ 아소

벳푸에서 JR 열차로 약 2시간 정도 소요되며, 요금은 3,060엔이다. JR 규슈의 인기 관광 열차인 규슈 횡단 특급과 특급 아소보이는 구마모토 지진으로 열차 노선 보수 작업을 하게 되어 현재 운행을 하지 않고 있다. 열차를 이용해 아소로 가는 것은 벳푸와 오이타에서 출발하는 방법밖에 없다.

구마모토에서 2시간(1,250엔), 구마모토 공항에서 1시간(980엔), 구로카와 온천에서 1시간(1,200엔), 유후인 온천에서 2시간 30분(3,000엔)이 소요된다. 이용객이 없어 운행이 취소되는 경우도 있기 때문에 사전에 예약하는 것이 좋다. 구마모토-유후인 구간을 이용할 예정이라면, 산큐 패스를 이용하는 것이 좋다.

구마모토 · 유후인 · 벳푸 ┄┄ 아소

구마모토 - 구마모토 공항 - 아소 - 구로카와 온천 - 유후인 - 벳푸를 운행하는 '규슈 횡단 버스'를 이용해 아소까지 갈 수 있으며, JR 열차를 이용하는 것보다 편리하다. 하지만 하루 2~4편밖에 운행을 하지 않기 때문에 일정을 정할 때 주의해야 한다.

아소 역

아소 MAP

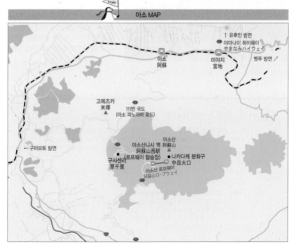

후쿠오카 국제공항 … 아소

아소 지역을 여행할 때는 렌터카를 이용하는 것이 가장 편하다. 후쿠오카 국제공항에서 아소까지 약 2시간 30분이면 이동할 수 있으며, 아소 지역은 야마나미 하이웨이(p.329) 등 풍경이 좋아 드라이브를 하기에도 좋다.

분화구로 가는 로프웨이가 출발하는 역

아소산니시 역 阿蘇山西駅

아소산 다섯 개의 봉우리 중 두 번째로 높은 나카다케(中岳)에는 세계 최초로 활화산에 설치된 로프웨이가 있다. 로프웨이를 타고 분화구를 직접 볼 수 있어 인기 있는 관광지로 자리하고 있다. 화산 활동 및 유독 가스 분출, 날씨 등에 의해 운행이 중단되는 경우도 많으니 아소산 방문 시 사전에 확인을 하는 것이 좋다. 아소산 분화의 역사, 화산과 관련된 다양한 체험을 할 수 있는 화산 박물관 '아소 슈퍼 링(ASO SUPER RING)'은 로프웨이를 타지 못하는 날에 방문하더라도 대체할 수 있는 일정이라서 여행객들에게 좋은 반응을 얻고 있다.

TIP 아소산 방문 시 주의 사항

아소산 분화 상황에 따라 분화구를 보는 것은 접근 자체가 안 되는 경우도 있다. 화산 활동이 한 번 시작하면 길게는 반년 이상 지속되는 경우도 있으니, 홈페이지를 통해 미리 확인하는 것이 좋다. 2016년 구마모토 지진 이후 아소산 남쪽과 서쪽에서 올라가는 도로는 통행이 금지되었으며, 북쪽의 아소 역 방향에서만 올라갈 수 있다.

화산 분화 경보 확인 www.aso.ne.jp/~volcano(한글 홈페이지 제공)

아소산 분화 위험 레벨

- 레벨1_평상시 - 화구 등 일부 지역 진입 금지
- 레벨2_화구에서 1km 이내 진입 금지, 아소산 로프웨이 이용 금지
- 레벨3_화구에서 4km 이내 진입 금지
- 레벨4_경계가 필요한 거주 지역에서 대피 준비
- 레벨5_위험한 거주 지역에서 대피

아소산 로프웨이

슈퍼 링

슈퍼 링

아소 슈퍼 링 ASO SUPER RING

📍 아소산니시 역 1층 ⏰ (3/20~10/31) 08:30~18:00, (11/1~11/30) 08:30~17:00, (12/1~3/19) 09:00~17:00 💰 성인 500엔(로프웨이 이용객은 100엔 할인)

아소산 로프웨이 阿蘇山ロープウェー

🚍 熊本県阿蘇市黒川808-5 📍 아소 역에서 노선 버스(약 30분 소요) 이용, 아소산니시 역 2층 ⏰ (3/20~10/31) 08:30~17:25, (11/1~11/30) 08:30~16:25, (12/1~3/19) 09:00~17:00 💰 성인 왕복 1,200엔, 편도 750엔 **맵코드** 256 459 157*66

활화산의 분화구를 보는 전망대

나카다케 분화구 中岳火口

📍 아소산니시 역에서 로프웨이 5분, 도보 30~40분

아소산을 이루고 있는 다카다케(高岳, 1,592m), 나카다케(中岳, 1,506m), 네코다케(根子岳, 1,408m), 에보시다케(烏帽子岳, 1,337m), 기지마다케(杵島岳, 1,270m) 중 활발하게 활동하고 있는 나카다케에는 화산 전망대가 설치되어 있다. 이곳은 로프웨이 또는 산책로를 통해 올라갈 수 있는데, 산

책로에는 큰 볼거리가 없으니 도보 왕복보다는 로프웨이를 이용하는 것을 추천한다.

339

구사센리 草千里

'천 리 길의 초원'이라는 뜻의 '구사센리'는 렌터카와 버스를 이용해 갈 수 있다. 렌터카를 이용한다면, 아소산으로 가는 길에 잠시 정차해 기념사진을 찍고 승마 체험을 할 수도 있다. 하지만 버스 이용 시 배차 간격이 길기 때문에 창밖 풍경을 감상하는 것만으로 만족해야 하는 경우가 대부분이다.

📍 아소 역에서 노선 버스로 약 25분 또는 아소산니시 역에서 노선 버스로 약 5분, 도보 30분 맵코드 256 456 710*60

고메즈카 米塚

아소 역에서 구사센리로 가기 전 고갯길을 오를 때 오른쪽 창밖으로 불쑥 솟아오른 산이 보인다. 이 산은 옛날 큰 기근이 들었을 때 신이 하늘에서 쌀을 내려 줘서 생겼다는 전설이 있어, '쌀의 언덕'이라는 뜻의 '고메즈카(米塚)'라고 이름 지어졌다.

📍 아소 역에서 구사센리 사이의 언덕길에서 로프웨이 창밖으로 보이는 풍경

다카모리 샘물 터널 공원 高森湧水トンネル公園

1973년 아소산 남쪽에 자리한 다카모리에서 다카치호 계곡까지 23km의 철도 연장 공사가 시작되었다. 그중에서도 가장 중요한 노선은 다카모리에서 시작하는 터널 구간이었는데, 약 2년간 공사가 진행되던 어느 날 터널 입구 2,055m 지점에서 분당 32t, 하루 4만 6천t의 엄청난 샘물이 솟아나면서 공사가 중단되었다. 철도 사업자는 매우 곤란한 상황이었지만, 평소 물이 부족했던 아소 지역 주민들에게는 큰 축복이었고 수년 후 터널은 실내 공원으로 조성되었다. 여름에도 시원한 터널 안에서 솟아나는 샘물을 마실 수 있고, 물의 진동을 이용한 독특한 조형물 등을 볼 수 있다.

◎ 阿蘇郡高森町高森1034-2 ♀ 다카모리 역에서 도보 10분 ① 09:00~18:00(월요일 휴관) ② 0967-62-3131 ③ 성인 300엔, 초등학생 100엔 맵코드 256 224 209*30

가고시마현
鹿児島県

규슈 최남단에 위치한 아름다운 현

가고시마현은 규슈의 최남단에 위치하며, 규슈 본섬 아래의 섬들까지 포함하고 있어 북쪽
경계부터 남쪽 경계까지 무려 600km에 이른다. 세계 문화유산으로 선정되었으며, 애니메
이션 원령 공주의 무대라고 알려진 '야쿠시마섬(屋久島)'도 가고시마현에 속해 있다. 모래
찜질 온천으로 유명한 '이브스키 온천(指宿温泉)', 북쪽으로는 신들의 산이라 불리는 '기리
시마(霧島)', 시내에서 바다를 건너 활화산인 사쿠라지마가 보이는 '가고시마시(鹿児島市)'
등이 가고시마현의 대표 관광지이다. 규슈 신칸센을 이용해 후쿠오카와 구마모토에서 빠
르게 이동할 수 있으며, 인천에서도 가고시마 공항까지 직항편이 운항하고 있다.

가고시마시
鹿児島市

가고시마 여행의 중심

규슈 신칸센을 이용해 후쿠오카에서 90분이면 찾아
갈 수 있는 남규슈의 중심 도시이다. 활화산 사쿠라
지마가 보이는 시내는 동양의 나폴리라 불리며 연간
1,000만 명이 넘는 관광객이 찾고 있다. 사이고 다카
모리를 비롯해 일본의 메이지 유신에 활동한 인사 중
가고시마 출신이 많아 일본인들은 역사 여행을 테마
로 가고시마에 방문하기도 한다. 신칸센 열차역인 가
고시마추오 역과 남규슈 최대의 번화가인 텐몬칸까지
는 100년이 넘는 역사를 자랑하는 노면 전차를 이용
해 이동할 수 있다. 텐몬칸 상점가에는 가고시마의 명
물인 흑돼지를 이용한 음식점들이 많다.

가는 방법

후쿠오카 ··· 가고시마

🚄 JR 열차

JR 규슈 신칸센을 이용해 후쿠오카에서 가고시마 추오 역까지 약 90분 정도 소요된다. 편도 요금이 10,250엔이기 때문에 외국인 여행객 대상으로 판매하는 규슈 레일 패스(3일 15,000엔, 5일 18,000엔)를 구입하는 것이 좋다. 후쿠오카의 하카타 역에서 가고시마의 가고시마추오 역으로 가는 신칸센은 오전 6시 10분부터 오후 11시 31분까지 15~30분 간격으로 하루 총 60~70편을 운행하고 있어, 후쿠오카 시내에서 숙박을 하면서 가고시마 당일치기 여행이 가능하다.

🚌 고속버스

규슈 신칸센 개통으로 해외 여행객들은 거의 이용하지 않지만, 하카타에서 가고시마까지는 매일 약 15편의 고속버스가 운행되고 있다. 정규 요금은 5,450엔이나 3일 전에 예약하면 3,900엔으로 이용할 수 있으며, 규슈 신칸센 하카타-가고시마 노선의 편도 영수증이 있으면, 3,860엔으로 할인해 준다.

가고시마 공항 ··· 가고시마 시내

🚌 버스

가고시마 공항에서 시내까지는 공항 연결 버스(空港連絡バス)로 약 40분 정도가 소요되며, 요금은 1,250엔이다.

🚕 택시

택시를 이용할 경우 약 40분 정도 소요되고, 약 10,000엔 정도의 비용이 든다.

| 후쿠오카 하카타 역 | 🚄 JR 규슈 신칸센 | 10,250엔, 90분 | 가고시마추오 역 |
| | 🚌 고속버스 | 5,450엔, 4시간 30분 | |

| 가고시마 공항 | 🚌 공항 연결 버스 | 1,250엔, 40분 | 가고시마 시내 |
| | 🚕 택시 | 10,000엔, 40분 | |

🚌 가고시마 시티 뷰 버스 シティビュー

가고시마 시내 주요 관광지를 순환하는 클래식한 느낌의 관광버스로, 역사 탐방 코스(시로야마-이소 코스)와 워터 프런트 코스가 있다. 또한 매주 토요일 저녁에는 야경 코스를 추가로 운행한다. 규슈 신칸센 정차역인 가고시마추오 역을 중심으로 운행되고 있으며, 가고시마에 도착해서 짧은 시간 동안 가고시마 시내를 관광하거나 사이고 동굴까지 방문할 경우라면 시티 뷰 버스를 이용하는 것이 편리하다.

💰 1회 탑승 190엔, 1일권 600엔(노면 전차, 시내버스 탑승 가능) 📍가고시마추오 역 동쪽 출구 버스터미널 등 4번 승차장 ⏰ **역사 탐방 코스** 09:00~17:20 (약 30분 간격, 총 17편 운행) / **워터 프런트 코스** 08:40~17:25 (약 1시간 간격으로, 총 8편 운행) / **야경 코스** 매주 토요일 19:00,

20:00 (총 2편 운행), 12월 매주 금~토요일 18:30~ (약 30분 간격, 총 4편 운행), 1월과 8월 매주 금~토요일 19:00, 20:00 (총 2편 운행)

🚃 노면 전차 市電

100년이 넘는 역사를 갖고 있는 노면 전차로, 가고시마추오 역에서 텐몬칸, 수족관, 사쿠라지마항 페리 터미널 등으로 이동하기 유용하다. 주말과 공휴일에는 운행 100주년을 기념해 당시의 모습으로 디자인한 클래식한 노면 전차도 운행한다.

💰 1회 탑승권 170엔, 1일권 600엔 (시내버스, 가고시마 시티 뷰 버스 탑승 가능)

TIP 가고시마에서 사쿠라지마까지 여행한다면?

대중교통을 이용하여 사쿠라지마까지 여행할 계획이라면, 가고시마 1일 승차권에 사쿠라지마 페리와 사쿠라지마의 시영 버스를 함께 이용할 수 있는 할인 티켓인 '큐트(큐一トト)'를 이용하는 것이 유용하다. (p.355)

346

가고시마시 鹿児島市

선난 등대
船舷灯台

사쿠라지마 페리 선착장
桜島フェリー乗船場

우믹스 월드 가고시마 수조관
いおワールド鹿児島水族館
いおワールド鹿児島水族館

워터 프런트 파크
Water Front Park

가고시마역
鹿児島駅

다테 포트
ドルフィンポート

204

가고시마시 역사·소 교류관
鹿児島市維新ふるさと館

사쿠라지마 역사·소 교류관
スオカラウンジ

가고시마역
水族館口駅

가고시마시 역사 자료 센터
鹿児島市歴史資料センター

미나토 대통리 공원
みなと大通り公園

214

216

가고시마시립 소학교
鹿児島市立鹿児園小学校

225

58

가고시마 시청
鹿児島市役所

아사히도리 역
朝日通駅

이자나이선(행선지 접점)
いづろ通り

이즈로도리 역
いづろ通駅

10

가고시마시 역사 자료관
鹿児島市立美術館

225

이자나이선(행선지 접점)
いづろごてん

사이토
さいと

덴몬칸도리 역
天文館通駅

가고시마 근대 문학관
鹿児島近代文学館

24

モスバーガー
Mos Burger

시야쿠쇼마에 역
市役所前駅

위성반 솔리지 호텔
ワシントンホテルプラザ

천문관 공원
天文館公園

신야쿠쇼마에 역
新屋敷駅

10

가고시마시 미술관
鹿児島市美術館

구로키 가고시마
じん商品

고토·주오공원 역
高見馬場駅

고토·주오공원 역
市電中央公園

덴몬칸
天文館

자비에르 교회
鹿児島サビエル大教会

시와구라
じん大館前

오쿠비 가고시마
甲突川

다다함미나 역
高見橋駅

위성반 솔리지 호텔
ワシントンホテルプラザ

3

가고시마 현현
鹿児島県庁

가소비 가고시마
ドーミーイン鹿児島

가소비 가고시마
加治屋町駅

유신 후루사토관
維新ふるさと館

21

20

사이코 다카모리 자살 동굴
西郷隆盛洞窟

시로야마 전망대
城山展望所

사이고 다카모리 상
西郷隆盛像

다이와 로이넷 호텔
Tokyu REI Hotel

다이와 로이넷 호텔
Daiwa Roynet Hotel

이온
AEON

210

3

유신 후루사토관
維新ふるさと館

구로이와 역
黒かつ亭

21

점심 쓰보야 호텔
若松屋旅館前

가고시마 다리
ソラリア西鹿児島

가고시마 다리
ソラリア西鹿児島ホテル

이온 나카쓰 호텔
AEON

이온 나카쓰 호텔
ソラリア西鹿児島ホテル

구로가쓰테이
黒かつ亭

西市立病院

가고시마추오역
鹿児島中央駅

가고시마추오역
鹿児島中央駅

200m

알라리 쿠치나
AUDI COCINA
いちにぎん

이자나이 나카쓰 역
JR九州ホテル

가고시마추오 역
鹿児島中央駅

JR 규슈 호텔
JR九州ホテル

西鹿児島

347

규슈에서 세 번째로 큰 가고시마 교통의 중심

가고시마추오 역 鹿児島中央駅

하카타에서 출발한 규슈 신칸센의 종착역으로 시내 중심인 텐몬칸까지는 차로 10분 거리에 있다. 규슈의 열차역 중에서 하카타와 고쿠라에 이어 이용객 수가 세 번째로 많은 열차역이며, 2층의 '미야게요코초(みやげ横丁)'는 기념품점, '구루메요코초(ぐるめ横丁)'는 식당가 등 다양한 시설이 입점해 있다. 열차역과 연결된 쇼핑몰 아뮤 플라자에는 도큐 핸즈, GAP, 편집 숍인 BEAMS 등이 있고 6층에는 최대 높이 91m까지 오르는 대관람차 아뮤란이 있다.

🏠 鹿児島市中央町1丁目地 1 ♀ 텐몬칸도리에서 노면 전차 이용, 약 10분 소요 ⊙ 미야게요코초(기념품) 08:00~21:00, 구루메요코초(식당가) 10:00~23:00, 아뮤란(대관람차) 10:00~22:45 ⊙ 아뮤란(대관람차) 성인 500엔, 3세 이상 300엔 맵코드 393 575 576*58 / 393 575 481*25(가고시마추오 역 서쪽 주차장)

개화기 일본의 원동력이 된 사람들의 기념비 📷

젊은 사쓰마의 군상 若き薩摩の群像

♀ 가고시마추오 역 앞의 광장

역 앞의 광장에 있는 기념비로, 1865년 사쓰마번(가고시마의 옛 지명)이 쇄국 정책을 어기고 영국으로 유학을 보낸 젊은 무사들의 동상이다. 이들이 유럽에서 배운 학문은 귀국 후 개화기 일본의 원동력이 되어 많은 분야에서 업적을 남겼다.

샐러드 뷔페가 있는 이탈리안 레스토랑 🍴

알리올리 쿠치나 ALIOLI CUCINA

📍 가고시마추오 역 아뮤 플라자 5층 ⏰ 11:00~23:00 ☎ 099-812-7062 💰 1,500엔~

가고시마의 대표적인 이탈리안 레스토랑으로 신선한 야채를 풍부하게 사용한 이탈리안 요리를 즐길 수 있다. 모든 메뉴에 샐러드 바가 포함되어 있으며, 이탈리아에서 직접 들여온 화덕에서 구운 피자도 일품이다.

가고시마의 명물 흑돼지 샤부샤브 🍴

이치니산 いちにいさん

가고시마추오 역점
📍 가고시마추오 역 아뮤 플라자 5층 ⏰ 11:00~22:00 ☎ 099-285-8123 💰 샤부샤브 코스 3,800엔~, 샤부샤브 단품 1,800엔~

텐몬칸점 天文館店
📍 鹿児島市東千石町11-6 📍 노면 전차 텐몬칸도리 역에서 도보 3분 ⏰ 11:00~22:30 ☎ 099-225-2123

흑돼지 성숙기에 가고시마의 특산인 고구마(サツマイモ, 사츠마이모)를 먹여 특유의 맛을 느낄 수 있는 곳이다. 메인 메뉴인 샤부샤브 외에도 돈가스, 야키니쿠, 고로케 등 다양한 메뉴를 갖추고 있다. 가고시마 시내에 있는 4개의 매장 외에 후쿠오카의 JR 하카타 시티와 도쿄 등에도 매장이 있다. 본점은 시내에서 조금 벗어나 있어 가고시마추오 역과 텐몬칸 매장을 추천한다.

가고시마와 메이지 유신의 역사 전시

유신 후루사토관 維新ふるさと館 📷

에도 막부 말기의 가고시마 지방을 비롯한 일본의 모습과 메이지 유신 위인의 모습을 전시하고 있는 곳이다. 1층에는 사이고 다카모리(西郷隆盛)와 오쿠보 도시미치(大久保利通) 등 주요 인물의 에피소드를 전시하고 있으며, 지하 1층의 유신 체감홀에서는 영상 자료를 볼 수 있다. 한국어 안내문이 있고, 유신 체감홀은 한국어 음성 가이드가 있다.

📍 鹿児島市加治屋町23番1号 📍 가고시마추오 역에서 도보 8분 ⏰ 09:00~17:00 ☎ 099-239-7700 💰 300엔 맵코드 393 576 661*80 / 393 575 598*36(관광 교류 센터 주차장)

구로카츠테이 黒かつ亭 🍴

비교적 저렴하게 가고시마의 명물인 흑돼지를 맛볼 수 있는 곳으로, 가고시마 시민들에게도 인기가 많은 곳이다. 로스카츠 정식 메뉴에는 샐러드와 가고시마 전통 미소 된장국이 나온다.

◎ 鹿児島市中央町16-9 ♀ 가고시마추오 역에서 도보 5분 ⏰ 점심 11:00~15:30, 저녁 17:00~22:00 ☎ 099-285-2300 ⓦ 로스카츠 정식(ロ―スかつ定食) 1,340엔 맵코드 393 575 350*85

텐몬칸 天文館 📷

노면 전차가 텐몬칸도리(天文館通) 역을 중심으로 남북으로 길게 이어져 있는 지역을 줄여서 텐마치(天街)라고 부른다. 남규슈 최대의 번화가까지 환락가로, 아케이드로 연결된 상점가에서 쇼핑과 식사는 물론, 저녁에 시간을 보내기 좋다. 시내의 주요 호텔들이 많이 모여 있는 곳이기 때문에 가고시마에서 숙박을 예정이라면 텐몬칸 쪽에서 숙박을 하는 것이 편리하다.

◎ 鹿児島市東千石町 ♀ 가고시마 역 또는 가고시마추오 역에서 노면 전차를 이용, 텐몬칸도리(天文館通) 역까지 약 10분 소요 / 가고시마 시티 뷰 버스 이용 시 텐몬칸 하차 맵코드 42 006 410*66 (유료 주차 1시간 100엔)

가고시마 시립 미술관 鹿児島市立美術館

텐몬칸에서 북쪽으로 5분 거리에 있는 가고시마 시립 미술관에는 지역 출신 작가의 작품을 비롯해 세잔, 피카소, 모네, 르누아르 등 인상파 이후의 작품을 중심으로 전시하고 있다. 미술관의 정원이 바라보이는 깔끔한 분위기의 하나 카페(Hana Cafe)에서는 미술관 오리지널 기념품도 판매하고 있다. 미술관 옆에는 시립 박물관과 중앙 공원이 있어 함께 둘러보는 것을 추천한다.

◎ 鹿児島市城山町4番36号 ♀ 노면 전차 아사히도리(朝日通) 또는 버스 킨세이초(金生町) 정류장에서 하차 후, 도보 5분 / 가고시마 시티 뷰 버스 사이고 도조마에(西郷銅像前) 정류장에서 하차 후 도보 1분 ⏰ 09:30~18:00 (월요일 휴관) ☎ 099-224-3400 ⓦ 성인 300엔, 고등학생 200엔, 초중생 150엔 맵코드 42 036 080*05

자비에르 교회 鹿児島ザビエル教会

일본에 천주교를 전파한 성인 자비에르

일본에 처음으로 천주교를 전파한 프란치스코 자비에르(Francisco de Xavier)가 처음 도착한 곳이 가고시마이다. 1549년 가고시마에 도착한 자비에르는 1550년 히라도(平戸)로 떠나기 전까지 약 10개월간 체류하면서 가고시마에 천주교를 전파한 것으로 전해진다. 현재의 성당은 자비에르의 일본 도착 450주년을 기념하여 그가 타고 온 범선을 이미지로 기존의 성당의 전통을 승계하면서 재건된 것이다. 성당 앞의 자비에르 공원에는 자비에르의 기념비와 흉상이 있다.

◎ 鹿児島市照国町13-42 ♀ 가고시마추오 역에서 차로 약 10분, 버스 정류장 다카미바바(高見馬場電停)에서 도보 5분 ⏱ 월~토요일 미사 06:30, 18:30(소성당) / 일요일 미사 07:00(소성당), 09:00(대성당), 15:00(소성당, 영어) ☎ 099-222-3408 맵코드 42 006 521*30

시로야마 전망대 城山展望所

사쿠라지마의 풍경을 감상할 수 있는 전망대

가고시마 시내의 북쪽에 자리한 표고 107m의 낮은 산이지만, 시내와 사쿠라지마의 풍경을 감상할 수 있는 곳이다. 전망대까지는 2km의 산책로를 따라 올라갈 수 있고, 가고시마 시티 뷰 버스를 이용해 이동할 수도 있다. 이 지역은 일본 최후의 내전인 세이난 전쟁의 격전지이기도 하고, 등산로 한쪽에는 사이고 다카모리가 전쟁에서 패하기 직전까지 저항하다 할복자살한 자살 동굴이 있다.

◎ 鹿児島市城山町 ♀ 가고시마 시티 뷰 버스를 이용해서 시로야마(城山) 정류장에서 하차 / 사이고 자살 동굴은 한 정거장 전, 사이고 동굴 앞(西郷洞窟前, 사이고 도구츠 마에) 정류장에서 하차 맵코드 42 036 129*24

사쿠라지마의 모습을 카메라에 담을 수 있는 곳

센간엔 仙巌園

아름다운 정원을 배경으로 사쿠라지마의 모습을 카메라에 담을 수 있는 곳이다. 1658년 이곳의 영주였던 시마 즈미쓰히사(島津光久)가 정원과 개인 별장으로 꾸미기 시작했는데, 현재도 그의 별장이었던 고텐(御殿)을 비 롯한 옛 건물과 연못 등이 남아 있다. 이소테이엔(磯庭園)이라고도 불리는 이 정원을 꼼꼼히 둘러본다면 약 1시 간 정도 소요된다.

가고시마 시내에서 이와사키 버스를 타고 와야 하는데, 이는 가고시마 시덴, 버스 1일권으로는 이용할 수 없다. 시티 뷰 버스가 이곳까지 운행하니 가고시마 시내와 함께 센간엔까지 구경을 할 계획이라면 시티 뷰 버스를 이 용하는 것이 좋다.

◎ 鹿児島市吉野町9700-1 ♀가고시마추오 역 히가시 7번 버스 정류장(東7バスのりば) 또는 가고시마 역 앞에서 이와사 키 버스(いわさきバス) 고쿠부(国分), 기리시마(霧島) 방면 버스로 약 8-15분 후 센간엔마에(仙巌園前) 정류장에서 하차 (180엔) ⓢ 08:30~17:30 ☏ 099-247-1551 ⓦ 성인 1,000엔, 초등·중학생 500엔 ⓦ www.sengenen.jp 맵코드 42 099 712*06

사쿠라지마 페리 터미널 근처의 복합 상업 시설

돌핀 포트 ドルフィンポート 📷

사쿠라지마로 가는 페리 터미널과 수족관 가까이에 있는 복합
상업 시설로, 기념품 상점과 잡화점, 카페와 음식점들이 모여
있다. 건물 1층의 야외에는 무료 족욕장이 설치되어 있어, 잠
시 머물려 여행의 피로를 풀기 좋다. 바다를 바라보는 풍경
도 좋기 때문에 사쿠라지마로 이동하면서 잠시 들러 쉬어 가
거나 식사하기 좋다.

🔗 鹿児島市本港新町 5 丁目 4 号 ♀ 텐몬칸 상점가에서 도보 10~15
분, 사쿠라지마 페리 터미널에서 도보 5분 / 노면 전차 이즈로도리
(いづろ通) 또는 아사히도리(朝日通) 정류장에서 도보 5분 / 가고시
마 시티 뷰 돌핀 포트(워터 프론트 코스) 또는 시내버스 25번 돌핀 포
트 앞(ドルフィンポート前)에서 하차 후 바로 ⏱ 10:00~20:00 📞
099-227-6710 맵코드 42 007 682*40

가격 대비 만족도 높은 수족관

이오 월드 가고시마 수족관 いおワールド鹿児島水族館 📷

아담한 규모의 수족관으로 고래상어에 먹이를 주거나 전기뱀장어가 방전하는 모습 등을 보여 주는 다양한 이벤
트가 있다. 그리고 특이하게 실내에서 돌고래 쇼도 진행하고 있다. 2003년 일왕 내외가 방문한 수족관을 자랑으로
삼고 있지만, 규모가 작아 국내의 대형 수족관에 비하면 아쉬움이 있다. 하지만 입장료가 저렴해 가격 대비 만족
스러운 편이므로 어린아이와 함께 여행한다면 방문해 볼 만하다.

🔗 鹿児島県鹿児島市本港新町3-1 ♀ 돌핀 포트에서 도보 3분 / 노면 전차 스이조쿠칸구치(水族館口) 역에서 하차 후 도보 8
분 / 시내 버스 스이조쿠칸마에(水族館前) 정류장에서 하차 후 바로 ⏱ 09:30~18:00 📞 099-226-2233 💰 성인 1,500
엔, 초등 · 중학생 750엔, 4세 이상 350엔 🌐 ioworld.jp 맵코드 42 038 091*52 / 42 037 082*43(제1 주차장 1시간
무료, 이후 1시간 200엔)

사쿠라지마
桜島

가고시마의 상징적 이미지

가고시마에서 페리로 15분 거리에 있는 화산섬이며, 매년 크고 작은 분화가 일어나는 활화산이다. 바다 한 가운데 솟아오른 화산섬에서 하얀 화산재를 뿜고 있는 모습은 가고시마의 상징이라고 할 수 있을 만큼 가고시마를 대표하는 훌륭한 관광 자원이다. 활화산임에도 불구하고 이곳에는 6,000여 명의 주민이 살고 있기 때문에 가고시마항에서 24시간 약 90편의 페리가 운항하고 있어 섬까지 들어가기는 아주 쉬운 편이다. 하지만 섬 안에서는 교통이 불편하기 때문에 구석구석 사쿠라지마를 구경하고자 한다면, 렌터카 또는 정기 관광버스를 이용하는 것이 좋다.

가는 방법

가고시마추오 역 ··· 사쿠라지마

가고시마추오 역에서는 노면 전차 또는 시영 버스를 이용하여 페리 터미널까지 이동할 수 있는데, 약 15분 정도 소요된다. 페리 터미널에서 사쿠라지마까지 페리를 이용하면 약 15분 정도 소요된다. 15분 간격으로 운항하고, 요금은 160엔이다.

가고시마 공항 ··· 사쿠라지마

렌터카를 이용하면 페리를 이용하지 않고도 공항에서 바로 사쿠라지마에 갈 수 있다. 시간은 약 80분 정도 소요된다.

TIP 큐트 티켓 キュート

시영 버스(가고시마 시티 뷰 버스와 사쿠라지마 아일랜드 뷰 버스 포함), 시영 노면 전철, 사쿠라지마 페리를 모두 이용할 수 있는 티켓으로 1일권과 2일권이 있다. 구입은 가고시마추오 역의 종합 안내 센터, 가고시마항 선착장 등 주요 지역에서 구입할 수 있다.

◎ 1일권 성인 1,200엔, 어린이 600엔 / 2일권 성인 1,800엔, 어린이 900엔

사쿠라지마 페리 桜島港フェリー

사쿠라지마는 본래 섬이었지만 1914년 분화로 가고시마시 반대편의 오오스미 반도(大隅半島)와 연결되어 페리를 이용하지 않고도 육로를 통해서 이동할 수 있게 되었다. 하지만 가고시마 시내에서는 페리를 이용해서 사쿠라지마로 이동하는 것이 훨씬 빠르며, 15분 간격(심야에는 30분~1시간 간격)으로 운항하고 있어 이용하기도 편리하다. 또한 페리에는 차량도 선적할 수 있다.

가고시마 선착장

◎ 鹿児島市本港新町4-1 ♀ 가고시마추오 역에서 노면 전차 또는 시영 버스 이용, 약 15분 소요 / 텐몬칸에서 도보 약 10분 소요 ◎ 24시간 운항 / 06:00~20:00(15분 간격 운항) ☎ 099-293-2525 ￥ 성인 160엔, 어린이 80엔 / 자동차 3m 미만 880엔, 3~4m 1,150엔, 4~5m 1,600엔 맵코드 42 037 143*84

사쿠라지마 선착장

◎ 鹿児島市桜島横山町61-4 맵코드 42 012 608*32

사쿠라지마 선착장

가고시마 선착장

시내 교통

🚌 사쿠라지마 아일랜드 뷰(주유 버스)
サクラジマアイランドビュー(周遊バス)

페리 터미널에서 출발해 섬의 서쪽, 여행객들에게 가장 인기 있는 유노히라 전망대까지 일주하는 버스이다. 짧은 시간 동안 사쿠라지마의 주요 스폿을 볼 수 있으며, 오전 9시부터 페리 터미널에서 약 1시간 간격으로 출발한다.

💴 1일 승차권 500엔 (큐트 티켓 이용 가능)

코스 사쿠라지마항 출발 - 카라스지마 전망대(烏島展望所, 5분간 정차) - 아카미즈 전망대(赤水展望広場, 8분간 정차) - 유노히라 전망대(湯之平展望台, 12분간 정차) - 사쿠라지마항 도착

🚌 산슈 자동차 노선 버스 三州自動車バス

남부 해안을 지나 현재 가장 활발하게 활동하는 아리무라 전망대로 다녀오는 버스이다. 가고시마의 버스 운영 회사인 산슈 자동차의 버스가 운행하는 구간으로, 큐트 티켓으로는 탑승할 수 없다. 사쿠라지마항에서 하루 약 17편 정도의 버스가 있어 배차 간격이 짧은 편이지만, 그래도 30분~1시간 간격이니 일정에는 주의해야 한다.

💴 편도 370엔

코스(분류) 사쿠라지마항↔아리무라 전망대(有村展望所)

🚌 가고시마 시영 버스 鹿児島市営バス

가고시마시에서 운영하는 노선 버스를 이용하면, 사쿠라지마의 북부를 따라 이동하여 동부의 인기 관광지인 매몰 도리이를 볼 수 있다. 단, 버스 운행 편수가 하루 7~8편이기 때문에 배차 간격이 길고, 매몰 도리이까지는 1회 환승을 해야 하는 번거로움이 있다. 하지만 느릿느릿 사쿠라지마의 주민들이 다니는 좁은 골목길을 버스로 둘러보며 여유로운 여행을 즐길 수 있다.

💴 항구~매몰 도리이까지 편도 500엔, 가고시마 시내 1일 승차권 600엔 (큐트 티켓 이용 가능) 🕐 편도 40분

코스(분류) 사쿠라지마항↔히가시 시라하마(東白浜, 환승)↔매몰 도리이(黒神埋没鳥居)

🚌 정기 관광 버스 定期観光バス

사쿠라지마를 가장 편안하게 둘러볼 수 있는 것은 정기 관광 버스를 이용하는 것이다. 가고시마추오 역에서 출발하는 노선도 있고, 가고시마 시내의 주요 관광지가 포함되는 노선도 있다. 열차 회사인 JR과 가고시마시에서 운영하는 두가지 정기 관광버스가 있다.

JR 정기 관광버스 定期観光バス

📞 099-247-5244(예약)
· 사쿠라지마 일주 코스 1 (가고시마추오 역 출발)
  1일 1편 운행, 6시간 30분 소요, 4,000엔
· 사쿠라지마 간단 코스 2 (가고시마추오 역 출발)
  1일 2편 운행, 3시간 50분 소요, 2,700엔

시영 정기 관광버스 市営定期観光バス

📞 099-257-2117 (출발 전일 오후 5시까지 예약 가능, 잔여석이 있는 경우는 당일 승차도 가능)
· 가고시마추오 역 출발 : 3시간 40분 소요, 2,300엔
· 사쿠라지마항 출발 : 2시간 10분 소요, 1,800엔

사쿠라지마

히가시 시라하마
東白浜

용암 공원
溶岩なぎさ公園
국민 숙사 레인보우 사쿠라지마
國民宿舎レインボー桜島
사쿠라지마 마그마 온천
桜島マグマ温泉

사쿠라지마 페리 터미널
桜島フェリーターミナル

유노히라 전망대
湯之平展望所

온다케산
(1,117m)
御岳

쇼와 용암 지대 전망대
昭和溶岩地帯展望所

나카다케
(1,060m)
中岳

메몰 도라이
黒神埋没鳥居

미나미다케
(1,040m)
南岳

가라스지마 전망대
烏島展望所

아카미즈 전망 광장
赤水展望広場

사쿠라지마 드라이브인
桜島ドライブイン

사쿠라지마 국제 화산 센터
桜島国際火山砂防センター

쇼와 분화구
昭和火口

사쿠라지마 비지터 센터
桜島ビジターセンター

아리무라 전망대
有村溶岩展望所

사쿠라지마 이일랜드 뷰
サクラジマアイランドビュー

가고시마 시영 버스
鹿児島市営バス

산슈 자동차 노선버스
三州自動車バス

1km

사쿠라지마 상세

사쿠라지마 공룡 공원
桜島自然恐竜公園

사쿠라지마 마그마 온천
桜島マグマ温泉

사쿠라지마 페리 터미널
桜島フェリーターミナル

레인보우 비치
レインボービーチ

용암 공원
溶岩なぎさ公園

국민 숙사 레인보우 사쿠라지마
國民宿舎レインボー桜島

라지마 비지터 센터
島ビジターセンター

A코프
Aコープ

100m

용암 공원 溶岩なぎさ公園

사쿠라지마항 옆에 조성된 공원으로 길이 100m, 지하 1,000m에서 솟아나는 천연 온천을 이용한 무료 족욕장이 있다. 공원 옆으로는 약 3km 코스로 가라스지마 전망대(烏島展望所)까지 이어지는 산책로가 조성되어 있다. 1914년 분화 때 유출된 용암으로 이루어진 이 산책로는 풍경이 아름다워 일본의 100대 산책로로 선정되기도 했다.

○ 鹿児島市桜島横山町1722-3 ♀ 사쿠라지마항 페리 터미널에서 도보 5분 ⏱ 09:00~일몰까지 ⊙ 무료 맵코드 42 011 495*71

사쿠라지마 비지터 센터
桜島ビジターセンター

사쿠라지마의 탄생 과정부터 현재까지의 크고 작은 화산 분화의 역사와 화산을 전시하고 있다. 전시실 한편에서는 사쿠라지마 여행의 매력을 알리는 영화를 상영하는데 한국어 자막도 나온다. 사쿠라지마의 여행 기념품 판매 코너에서는 사쿠라지마의 특산품과 비지터 센터의 오리지널 기념품 등을 판매하고 있다.

○ 鹿児島市桜島横山町1722-29 ♀ 사쿠라지마 페리 터미널에서 도보 10분 ⏱ 09:00~17:00 ☎ 099-293-2443 ⊙ 무료 맵코드 42 011 436*21

지하 1,000m에서 솟아나는 온천수

사쿠라지마 마그마 온천 桜島マグマ温泉 ♨

누구나 저렴하고 쾌적하게 이용할 수 있도록 국가에서 운영하는 숙소인 '국민 숙사 레인보우 사쿠라지마(国民宿舎 レインボー桜島)'에 있는 온천 시설로, 숙박객이 아니어도 온천을 이용할 수 있다. 노천 온천은 아니지만 창문 너머로 바다를 바라보며 온천을 할 수 있고, 가족 온천도 있다. 레인보우 사쿠라지마에는 온천과 숙박 시설 외에도 레스토랑과 카페, 기념품 상점 등이 있다.

◎ 鹿児島市 桜島横山町1722-16 ♀ 사쿠라지마 페리 터미널에서 도보 5분 ⏰ 10:00~22:00(수요일은 13:00~22:00)
📞 099-293-2323 ⊙ 성인 390엔, 어린이 150엔 / 가족 온천 1시간 1,100엔 맵코드 42 011 503*41

화산 폭발음이 들리기도 하는 전망대

아리무라 전망대 有村展望所

1946년 대폭발로 유출된 용암으로 이루어진 전망대이며, 가고시마 시내에서 보는 사쿠라지마와는 조금 다른 모습을 볼 수 있다. 특히 전망대에서 바라본 산의 오른쪽은 가장 활발히 활동하는 쇼와 분화구(昭和火口)로, 분화 상황에 따라 폭발음이 들리기도 한다.

◎ 鹿児島市有村町952 ♀ 사쿠라지마항에서 차로 18분, 산수 자동차 노선버스 이용 맵코드 393 501 050*55

매몰 도리이 黑神埋没鳥居

1914년 사쿠라지마의 분화로 인해 구로카미 신사(黑神神社)는 사라졌지만, 신사 앞에 있던 도리이는 엄청난 화산재를 이겨 내고 남아 있다. 매몰 도리이라는 이름에서 쉽게 알 수 있듯이, 높이 3m의 도리이 윗부분을 제외하고는 모두 화산재에 파묻혀 있다. 얼마만큼의 화산재가 분출되었는지 쉽게 알 수 있다.

◎ 鹿児島市黑神町(黑神中学校横) ♀ 사쿠라지마항에서 차로 약 30분, 산슈 자동차 노선버스 이용 맵코드 393 595 661*55

유노히라 전망대 湯之平展望所

사쿠라지마에 있는 여러 전망대 중 가장 높은 표고 373m에 있으며, 분화구에서도 가장 가깝다. 사쿠라지마의 전망대 중 여행객들의 방문이 가장 많은 곳이다. 특이하게 산책로의 석단에는 하트 모양의 바위가 총 7개 숨겨져 있는데, 찾는 재미가 쏠쏠하다. 해 질 녘 풍경이 가장 아름다운 전망대로 꼽힌다.

◎ 鹿児島市桜島小池町1025 ♀ 사쿠라지마항에서 차로 15분, 사쿠라지마 아일랜드 뷰 버스 이용 맵코드 42 015 505*51

용암 공원

 사쿠라지마의 풍경

❖ **헬멧을 쓰고 다니는 초등학생**

언제 화산재가 날아올지 모르는 사쿠라지마에서만 볼 수 있
는 독특한 풍경으로, 헬멧을 쓰고 등·하교하는 학생들의
모습을 쉽게 볼 수 있다. 화산이 폭발할 것을 대비해 헬멧을
쓰는 것은 물론이고, 섬 곳곳에 대피소가 있다. 또한 용암이
바다로 흘러갈 수 있게 설치해 둔 시설을 볼 수 있다.

❖ **사쿠라지마의 무와 귤**

사쿠라지마에는 세상에서 가장 큰 무와 가장 작은 귤이 있
다. 화산재 토양에서 자라는 사쿠라지마의 무는 큰 것은 무
게가 20~30kg, 둘레가 120cm가 넘는 것도 있어 기네스북
에도 등재되어 있다. 반대로 무게 50g 미만에 직경이 5cm
가 되지 않는 세상에서 가장 작은 귤도 있다.

이브스키
指宿

모래찜질이 유명한 규슈 최남단의 도시

규슈 최남단에 위치해 열대 지방에서 볼 수 있는 야자나무가 가득한 독특한 풍경의 온천 마을이다. 1960년대 일본에서는 동양의 하와이라 부르며 이브스키 온천을 찾았다고 할 정도로 인기 있는 여행지이다. 교통이 좋지 않아도 연간 400만 명의 관광객이 찾는 가장 큰 이유는 바로 명물 모래찜질 온천 때문이다. 검은 모래로 덮인 모래 해변에서 모래찜질 온천을 즐기는 것으로, 타마테바코 온천은 일본 전국의 당일치기 온천 중 4년 연속 인기 순위 1위를 차지하고 있다.

가는 방법

가고시마추오 역 ···> 이브스키

가고시마추오 역에서 이브스키까지는 특별 쾌속(特別快速) 열차인 나노하나DX(なのはなDX)와 일반 열차로 이동할 수 있다. 나노하나DX를 이용하면 약 50분 정도 소요되며, 요금은 1,470엔이다. 일반 열차를 이용하면 약 1시간 15분 정도 소요되며, 요금은 970엔이다. 배차 간격이 1시간에 1대로, 열차 시간에 주의해야 한다.

렌터카 여행자를 위한 추천 주차장

스나무시 카이칸 쓰야마 공원 주차장 砂蒸し会館駐車場
◐ 指宿市湯の浜 5-25-18 ◑ 0993-23-3900 ◒ 무료
맵코드 285 228 013*88

특급 이브스키노 타마테바코 特急 指宿のたまて箱

가고시마에서 이브스키까지 운행하는 관광형 특급 열차로, 옛날부터 전해져 오는 가고시마의 용궁 전설을 테마로 제작된 열차다. 흰색과 검은색로 반이 나뉜 열차의 디자인은 용궁의 선녀에게 받은 신비로운 보물 상자인 타마테바코(たまて箱)를 모티브로 하고 있다. 줄여서 '이부타마'라 불리기도 한다. 인기가 많기 때문에 열차에 타고 싶다면 일본에 도착하자마자 바로 예약을 하는 것이 좋다.

구간 가고시마추오~이브스키 (하루 3회 왕복, 전 좌석 예약제)
◐ 2,140엔 (승차권 1,000엔 + 특급권 1,140엔) / JR 패스 이용 가능 ◑ 약 51분(JR 규수의 주요 열차역 예약 센터에서 1개월 전부터 예약 가능)

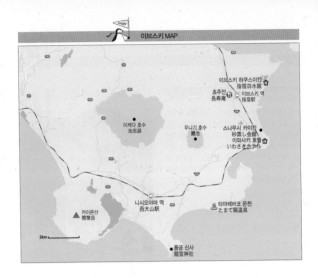

이브스키 하쿠스이칸
指宿白水館

쵸주안
長寿庵

이브스키 역
指宿駅

스나무시 카이칸
砂蒸し会館
이와사키 호텔
いわさきホテル

이케다 호수
池田湖

우나기 호수
鰻池

니시오오야마 역
西大山駅

카이몬산
開聞岳

타마테바코 온천
たまて箱温泉

용궁 신사
龍宮神社

2km

모래찜질 온천을 즐기기 좋은 곳

스나무시 카이칸 砂蒸し会館

가고시마의 명물, 모래찜질 온천을 즐기기에 가장 좋은 곳이다. 일반적으로 찜질은 해안에서 하지만 이곳에는 반노천 시설도 있기 때문에 비가 와도 모래찜질 온천을 즐길 수 있다. 1층에서 접수한 후 유카타로 갈아입고 해안으로 나가서 모래찜질을 하며, 1층에 돌아와서 일반 온천을 이용할 수 있다. 이용 요금에 유카타 대여비가 포함되어 있다. 2~3층에는 식당과 휴게실 등의 편의 시설이 있다.

○ 指宿市湯の浜 5-25-18 ♀ 이브스키 역에서 차로 5분, 도보 20분 ⓒ 08:30~20:30 ☎ 0993-23-3900 ◎ 1,080엔 맵코드 285 228 135*82 / 285 228 013*88(스나무시 카이칸 쓰야마 공원 주차장)

쵸주안 이브스키점 長寿庵 指宿店 🍴

이브스키 역 바로 앞에 있는 음식점으로, 모래찜질 온천에서 직접 익힌 온천 계란을 이용한 음식을 맛볼 수 있다. 비교적 최근에 인기를 끌고 있는 향토 요리라고 할 수 있는데, 모래찜질을 이용해 계란을 익히기 때문에 일본의 다른 지역에서는 경험하기 어려운 음식이다. 온센타마고를 메인으로 하는 덮밥 온타마라돈(温たまらん丼)과 소바인 온센타마고소바(温泉たまご蕎麦)가 인기 메뉴이다.

🚩 指宿市十二町大牆瀬2167-1　🚉 이브스키 역에서 도보 2분　🕐 점심 11:00~14:30, 저녁 17:00~22:00　📞 0993-22-5272　🍴 온타마라돈 1,020엔, 온센타마고소바 670엔 맵코드 285 257 036*71

타마테바코 온천 たまて箱温泉 ♨

트립어드바이저에서 선정한 '여행을 좋아하는 사람들의 선택 당일치기 온천 시설'에서 4년 연속 일본 전국 1위를 기록한 온천이다. 바다 건너편의 가이몬다케(開聞岳)를 바라보는 아름다운 풍경과 이브스키의 명물인 모래찜질 온천도 함께 즐길 수 있다. 넓은 노천 온천은 가이몬다케가 보이는 장소와 타케야마가 보이는 곳이 있다. 홀수 일은 여성이 가이몬다케 노천 온천을 이용하며, 짝수 일은 남성이 이용한다. 참고로 가이몬다케 노천 온천의 풍경이 타케야마보다 조금 더 아름답다.

🚩 指宿市山川福元3292　🚉 이브스키 역에서 차로 15분, 니시오야마(西大山) 역에서 차로 10분　🕐 09:30~19:30 (목요일 휴무)　📞 0993-27-6966　🍴 노천 온천만 이용 시 510엔, 노천 온천 + 모래찜질 온천 1,130엔 맵코드 285 044 489*44

니시오야마 역 西大山駅

하루 이용객 50명이 되지 않는 무인역이지만, 일본 JR 열차 노선 중 최남단(북위 31도 11분)에 있으며, 오키나와 모노레일이 개통되기 전인 2003년까지는 일본의 최남단 역이었다. 이후 오키나와 모노레일 개통 후 '본토 최남단 역'이라 표기했다가, 오키나와도 일본의 본토라는 항의를 받고 급히 JR 노선 최남단 역으로 수정했다. 무인역이기 때문에 기념엽서는 이브스키 역에서 판매하고 있다.

◎ 指宿市山川大山602 ♀ 이브스키 역에서 일반 열차 이용, 약 30분 (하루 6~8대 운행, 280엔) / 이브스키에서 차로 약 20분 소요 맵코드 285 069 373*63

용궁 신사 龍宮神社

사쓰마 반도 최남단 나가사키바나 곶에 위치한 용궁 신사는 일본 용궁 전설의 발상지로 알려져 있다. 전설 속 주인공인 우라시마타로(浦島太郎)가 용궁으로 떠난 곳이 이곳이라고 전해지며, 이후 용궁의 공주를 모시고 있다. 나무판에 소원을 적는 일반적인 신사와 달리 조개껍데기에 소원을 적는다. 신사의 규모는 매우 작은 편이다.

◎ 指宿市山川岡児ヶ水1581-34 ♀ JR 이브스키 역에서 차로 20분, 니시오야마(西大山) 역에서 차로 7분 ☎ 0993-35-0811 맵코드 648 565 626*63

이브스키의 료칸

일본의 하와이라 불리며 많은 관광객이 찾던 곳으로, 큰 규모의 료칸들이 있다. 리조트 느낌이 강하지만 전통적인 온천과 모래찜질을 즐길 수 있다.

이브스키 하쿠스이칸

指宿白水館

2004년 12월 일본의 고이즈미 총리와 故 노무현 대통령이 정상 회담을 가진 곳으로, 이후 우리나라에 많이 알려지기 시작했다. 5만 평의 넓은 부지를 가진 고급 료칸으로, 열대 지방의 야자수와 바다가 보이는 넓은 정원이 인상적이다. 일본 온천의 역사를 현대에 전하기 위해 테마로 꾸며진 '겐로쿠부로(元祿風呂)'와 함께 노천 온천, 모래찜질 온천 등의 온천 시설도 갖추고 있다.

🏠 指宿市東方12126-12 🚉 이브스키 역에서 차로 7분 📞 0993-22-3131 🛏 침대 객실(트윈) 1인당 16,000엔~, 다다미 객실 1인당 18,000엔~ 🌐 www.hakusuikan.co.jp 맵코드 285 318 058*55

이와사키 호텔

いわさきホテル

이브스키의 남쪽에 자리 잡은 호텔이다. 해수욕장까지 도보로 이동할 수 있고, 넓은 호텔 부지에는 정원과 수영장이 있어 아이들과 함께 휴양을 즐기기 좋다. 바다를 바라보며 노천 온천을 즐길 수도 있고, 별관 최상층에는 전망형 온천과 모래찜질 온천을 갖추고 있다. 겨울에는 우리나라에서 골프 여행을 온 여행객들로 붐빈다.

🏠 鹿児島県指宿市十二町 3755 🚉 이브스키 역에서 차로 5분 📞 0993-22-2131 🛏 침대 또는 다다미 객실 1인당 15,000엔~ 🌐 ibusuki.iwasakihotels.com 맵코드 285 198 327*52

기리시마
霧島

가고시마현의 중앙에 위치한 교통의 요지

가고시마현의 중앙에 위치한 기리시마시는 미야자키현과 맞닿아 있고, 구마모토현과도 가까운 교통의 요지이다. 뿐만 아니라 가고시마 공항에서 가고시마 시내보다 기리시마가 더 가까워 우리나라 여행객들이 자연스레 방문하게 되는 곳이다. 겨울에도 따뜻한 편이기 때문에 골프 여행객 수요가 많고, 남규슈의 고급 료칸이 모여 있는 묘켄 온천, 일본 100대 명산 중 하나인 기리시마산 등이 있다. 기리시마는 넓은 지역 곳곳에 관광지가 흩어져 있고, 대중교통의 운행 편수가 많지 않기 때문에 렌터카를 이용하는 것이 가장 편리하다.

가는 방법

가고시마추오 역 ···▶ 기리시마 신궁 역

일반 열차와 특급 열차 모두 이용이 가능하지만, 이 구간은 두 열차 간 소요 시간(약 50분 정도 소요)에 큰 차이가 없다. 일반 열차는 940엔이고, 특급 열차는 1,450엔이다.

가고시마추오 역 ···▶ 기리시마 온천 역

일반 열차로 약 90분 정도 소요되며, 1회 환승을 해야 한다. 요금은 1,100엔이다.

기리시마 신궁 역 ···▶ 기리시마 온천 역

일반 열차로 약 50분 정도 소요되며, 1회 환승을 해야 한다. 요금은 650엔이다.

가고시마 시내 ···▶ 기리시마 온천 / 신궁 역

약 1시간에서 1시간 30분 정도 소요된다.

TIP

♣ 기리시마 신궁 역
기리시마 신궁 역에서 미야자키(宮崎)를 연결하는 닛포우혼선(日豊本線)의 정차역으로 가고시마에서 환승 없이 이동할 수 있다.

♣ 기리시마 온천 역
야스시로(八代)에서 하야토(隼人)까지 연결하는 히사쓰선(肥薩線)의 정차역으로 가고시마에서 닛포우혼선(日豊本線)을 이용해 하야토까지 이동 후 환승해야 한다. (단, 직행 운전하는 관광 열차 있으니 참고)

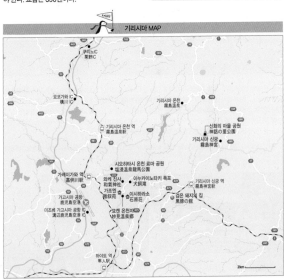

기리시마 MAP

369

묘켄 온천지 妙見溫泉郷

예부터 일본식 전통 료칸과 탕치(湯治, 온천 치료) 숙박지 등의
시설이 많았던 곳이다. 아모리강(天降川)에는 현수교와 나무
로 만든 다리가 있으며, 다리 건너에는 소박한 일본식 찻집이
있다. 묘켄 온천지 근처에는 유형 문화재로 지정된 석조 발전
소가 있어, 온천을 방문하기 전에 잠시 둘러보는 것도 좋다.

◎ 霧島市隼人町嘉例川 ♀ 가고시마 공항에서 차로 15분(택시 이용
시, 약 3,000엔), 묘켄 노선버스(妙見路線バス)를 이용(약 20분,
390엔) / 가고시마 시내에서 JR 열차를 이용하여 하야토 역 하차 후
(41분, 560엔), 하야토 역에서 묘켄 노선 버스(妙見路線バス) 이용
(약 20분, 340엔) 맵코드 216 781 816*01

출발지	시간
가고시마 공항	10:25, 12:17, 14:10, 16:00, 17:55
하야토 역	09:25, 11:25, 15:10, 17:00

※ 묘켄 노선 버스는 공항↔묘켄 온천지↔하야토 역 구간을
하루 4~5편 운행

와케 신사 和氣神社

일본 전국적으로도 매우 드문 멧돼지가 지키고 있는 신사이다. 6세기경 역모에 휘말려 기리시마로 유배를 온
귀족 와케노 기요마로가 암살의 위기에 처하자 갑자기 300마리의 멧돼지가 나타나 그를 지켜 주었다고 한다.
훗날 와케노 기요마로는 쿠데타를 막은 공적을 인정받아 높은 벼슬에 오르게 되었고, 백성들을 위한 삶을 살았
는데, 이곳은 바로 그를 신으로 모시고 있는 신사이다. 경내에는 폭 12.5m, 높이 8.3m의 멧돼지가 그려진 에마
(소원을 적어 매다는 나무판)가 있는데 이는 일본 제일로 꼽힌다.

◎ 霧島市牧園町宿窪田3986 ♀ 묘켄 온천에서 도보 45분(차로 10분) / 가고시마 공항에서 차로 25분 맵코드 216 841
232*30

규슈 올레 기리시마 – 묘켄 코스

묘켄 온천의 료칸에서 숙박한다면 부담 없이 걸어올 수 있는 올레 코스이다. '하늘에서 신이 내려왔다는 전설'과 함께 아름다운 풍경을 자랑하는 기리시마 일대를 걷고, 일본 최초로 신혼여행을 떠났던 사카모토 료마 부부가 입욕한 온천을 이용할 수 있다. 숲속에서 만날 수 있는 박력 있는 폭포와 계절에 따라 피는 예쁜 꽃을 보는 것도 기리시마 – 묘켄 올레 코스의 매력이다. 도착점인 시오히타시 온천 료마 공원에서 버스를 이용해 묘켄 온천 또는 가레이가와 역을 경유해 가고시마로 이동할 수 있다. 버스 배차 간격이 길기 때문에 콜택시(묘켄 콜택시 0955-77-2212)를 이용하는 것도 좋은 방법이다.

♀ 묘켄 온천지에서 출발

• 기리시마 – 묘켄 코스
총 거리 : 11km
소요 시간 : 4~5시간

start ▶
묘켄 온천가
妙見温泉街

1.0km

와케유
和気湯

2.0km

이누카이노타키 폭포
犬飼滝

7.0km
(산길, 강길)

11km
(후의의 산책길)

시오히타시 온천 료마 공원
塩浸温泉龍馬公園

와케 신사
和気神社

이누카이노타키 폭포 犬飼滝

높이 36m, 폭 22m의 폭포에서 호쾌하게 물이 흘러내리는 모습이 장관이다. 폭포 가까이에 료마 공원, 와케 신사와 같이 역사·문화적 테마가 가진 장소들이 있어 오래전부터 문인들이 많이 방문하던 곳이다. 봄과 가을의 오후에는 햇빛이 폭포에 비스듬히 들어와 폭포 무지개가 잘 보이는 곳으로도 유명하다.

◉ 鹿児島県霧島市牧園町上中津川 ♀ 와케 신사에서 도보 10분, 시오히타시 온천 료마 공원에서 도보 약 1시간 (주차장 없음) 맵코드 216 842 273*82

시오히타시 온천 료마 공원 塩浸温泉龍馬公園

일본 근대화의 주역 중 한 명인 사카모토 료마와 그의 아내 오료가 신혼여행으로 방문한 곳이 바로 기리시마이다. 특히 시오히타시 온천에서 18일간 머물렀는데, 부부가 이곳에서 탕치(湯治, 온천 치료)를 했다고 전해진다. 그가 이용한 것으로 전해지는 온천 시설 및 당시의 기록을 전하는 전시물과 자료관이 있으며, 두 사람의 신혼여행과 온천 치유를 기념하는 비석과 무료 족욕장 등이 있다.

◎ 霧島市牧園町宿窪田 3606 ♀ 묘켄 온천에서 도보 1시간 30분, 차로 10분 (이와사키 호텔 방면 버스 260엔, 배차 간격 1시간 이상으로 하루 6~7편만 운행) / 가고시마 공항에서 차로 20분 ⏱ 09:00~18:00 (월요일은 17:00까지) ◎ 자료관 성인 200엔, 어린이 100엔 / 온천 성인 360엔, 어린이 140엔 맵코드 42 899 647*21

가레이가와 역 嘉例川駅

1903년 영업을 개시한 JR 규슈의 열차역으로 가고시마현에서 가장 오래된 목조 역이다. 일본의 국가 등록 유형 문화재로 등록되어 있다. 현재는 무인역이지만, 대합실과 역무실 등을 옛 모습 그대로 재현해 두고 있다. 이 역을 지나가는 관광 열차 '하야토노 카제'를 이용하면 이곳에서 5분간 정차하기 때문에 역의 모습을 둘러볼 수 있다.

◎ 霧島市隼人町嘉例川2176 ♀ 가고시마 공항에서 차로 12분 / 묘켄 온천지에서 차로 10분 / 시오히타시 온천 료마 공원에서 도보 약 1시간 맵코드 42 867 631*20

다양한 즐길 거리가 있는 휴게소 공원

신화의 마을 공원 神話の里公園 📷

고속도로와 주요 국도에 있는 휴게소 겸 공원으로 아름다운 풍경을 감상할 수 있다. 흑돼지 샤브샤브, 돈가스, 우동 등의 식사를 판매하며, 공원에는 다양한 탈 거리가 있다. 리프트를 타고 공원 정상의 전망대로 올라가 기리시마의 풍경을 감상하고, 슈퍼 슬라이드 썰매를 타고 내려오는 것을 추천한다.

📍 島市霧島田口2583-22 🚏 기리시마 신궁에서 차로 5분, JR 기리시마 신궁 역에서 차로 15분, 버스 20분 🕐 09:00~17:00 ☎ 0995-57-1711 💴 리프트 왕복 또는 리프트 + 썰매 500엔, 로드 트레인 편도 200엔 / 우동 830엔, 돈가스 정식 1,440엔, 샤브샤브 1,650엔 맵코드 376 117 164*10

기리시마에 내려온 신을 모시는 신궁

기리시마 신궁 霧島神宮 📷

일본의 전설에 의하면, 기리시마는 하늘에서 신이 내려온 곳이라고 한다. 기리시마 신궁은 그 신들을 모시고 있는 곳으로, 6세기 긴메이덴노에 의해 지어졌다. 화산 활동이 활발해 수차례 화산재에 덮이고 화재가 발생한 탓에 현재의 신궁은 18세기에 재건된 것이다. 경내에는 수령 800년 이상의 삼나무가 있는데, 영험한 효과를 주는 파워 스폿으로 불리고 있다. 신궁으로 이어지는 참배길에 있는 바위는 '사사레이시(さざれ石)'라 불리며, 일본 국가(国歌) 기미 가요(君が代)에도 등장한다.

📍 霧島市霧島田口 2608-5 🚏 JR 기리시마 역에서 차로 약 10분, 버스 15분(250엔) ☎ 0995-57-0001 맵코드 376 089 292*41

기리시마 돼지 농장 직영의 맛집

검은 돼지의 집 黒豚の館 🍴

기리시마 고원의 검은 돼지 농장에서 운영하는 레스토랑이다. 가고시마 시민들이 맛있는 돈가스를 먹기 위해 이곳까지 찾아올 만큼 인기 있는 곳이다. 돈가스 정식을 주문하면 돼지고기가 듬뿍 들어간 돼지 국(豚汁, 톤지루)과 밥이 나온다. 단, 렌터카 여행이 아니라면 찾아가기 어렵다.

📍 霧島市霧島永水 4962 🚏 기리시마 신궁 역에서 차로 5분 / 가고시마 시내에서 차로 1시간 🕐 점심 11:00~15:00, 저녁 17:00~20:00(월~화요일, 목~금요일은 17시까지) ☎ 0995-57-0713 💴 흑돼지 로스카츠 정식 1,900엔, 흑돼지 히레카츠 정식 2,200엔, 샤브샤브 코스 3,000엔~ 맵코드 216 787 622*82

기리시마의 료칸과 호텔

기리시마 지역은 작은 온천 마을 여러 곳이 모여 있고, 규모는 저마다 다양하다. 대중교통이 편리하지 않아 렌터카를 이용해 관광하는 것을 추천한다.

이시하라소

妙見石原荘

남규슈 지역의 최고급 료칸으로 손꼽히는 이시하라소는 기리시마산에서 흘러내려 오는 아모리강의 계류에 위치하고 있다. 산과 계곡을 함께 바라보며 온천을 즐길 수 있고 독특한 석조 건물(이시쿠라)과 계절에 따라 변하는 정원의 풍경 그리고 최고급 료를 실감하게 해 주는 정성 어린 서비스(오모테나시)를 경험할 수 있다. 객실 타입 및 료칸의 객실 예약률에 따라 숙박 요금이 크게 변한다.

🏠 霧島市隼人町嘉例川4376 📍 묘켄 온천 또는 가고시마 공항에서 묘켄 노선 버스(妙見路線バス) 이용, 약 20분(390엔) 📞 0995-77-2111 💴 일반 객실 1인당 30,000엔~, 이시쿠라 객실 1인당 48,000엔~, 특별실 60,000엔~ 🌐 www.m-ishiharaso.com 맵코드 216 811 271*77

가조엔

雅叙苑

오래된 민가를 이축한 별채 형식의 객실 10개로 이루어진 소박한 분위기의 료칸이다. 10개의 객실 중 6개의 객실에 전용 온천이 있으며, 료칸에서 재배하는 유기농 식재료를 이용해 가이세키를 준비한다. 고도 성장기에 잃어버린 예스러운 일본 시골의 감성을 그대로 간직한 고급 료칸으로, 정원에는 닭이 뛰어다니기도 한다.

🏠 霧島市牧園町宿窪田4230 📍 묘켄 온천, 가고시마 공항에서 묘켄 노선 버스(妙見路線バス) 이용 약 20분(390엔) ☎ 0995-77-2114 💴 일반 객실 1인당 29,000엔~, 전용 온천 객실 1인당 37,000엔~, 특별실 1인당 60,000엔~ 🌐 www.gajoen.jp.com 맵코드 216 811 212*71

기리시마 고쿠사이 호텔

霧島国際ホテル

일본 호텔 및 료칸 예약 사이트 자랑넷에서 선정한 '온천이 만족스러운 규슈 호텔' 1위에 선정되었다. 온천 거리 중심에서 조금 벗어난 조용한 언덕에 있어 객실에서 바라보는 풍경도 훌륭하다. 유백색의 온천과 온천의 증기를 이용하는 무시유(蒸し湯) 등 다양한 온천을 즐길 수 있다.

🏠 霧島市牧園町高千穂3930-12 📍 가고시마 공항에서 차로 30분, 기리시마 신궁 역에서 차로 25분 ☎ 0995-78-2621 💴 일반 객실 1인 10,000엔~, 최상층 프리미엄 객실 23,000엔~ 🌐 kirikoku.co.jp 맵코드 376 204 830*36

가조엔

미야자키현
宮崎県

저렴한 물가, 독특한 향토 요리가 돋보이는 곳

규슈의 남동쪽에 위치한 미야자키현은 일조량과 강수량이 일본 최고 수준을 자랑하고, 야자나무가 자라는 해변 등의 이국적인 풍경이 펼쳐져 있다. 1960년대까지만 해도 일본의 하와이라 불리며 신혼여행지로 인기가 있었지만, 1972년 오키나와가 일본에 반환된 후 일본의 하와이는 오키나와가 되었다. 현재 우리나라 여행객이 미야자키현을 찾는 가장 큰 이유는 골프 때문이다. 겨울에도 골프를 칠 수 있는 따뜻한 기후 때문에 골프 여행객의 수요가 가장 많다. 규슈에서 가장 독특한 향토 요리를 맛볼 수 있고, 물가가 저렴해 미야자키현은 자유 여행을 하기에도 좋은 지역이다.

미야자키시
宮崎市

규슈에서 가장 물가가 낮은 시내 관광

우리나라 여행객들이 미야자키를 여행할 때 가장 많이 이용하는 호텔은 쉐라톤 호텔이다. 비교적 저렴한 가격으로 특급 호텔을 이용할 수 있다는 장점이 있지만, 쉐라톤 호텔은 시내에서 차로 20분 거리에 있어서 택시(약 2,000엔)나 버스(510엔)를 이용해야 한다. 미야자키는 일본에서 물가가 저렴한 지역 중 하나이기 때문에 시내의 호텔을 이용하면 보다 합리적인 여행을 할 수 있다. 미야자키 역에서 버스로 3~4정거장, 도보로는 약 15분 거리의 다치바나도리(橘通り)가 시내의 중심이며 미야자키의 인기 맛집들이 대부분 이 지역에 모여 있다.

가는 방법

후쿠오카 ┉ 미야자키

🚄 JR 열차

하카타에서 출발하는 경우 가고시마 또는 오이타를 경유해야 하는데, 신칸센을 타고 가고시마를 경유해 미야자키로 가는 것이 빠르다. JR 열차를 이용해 미야자키를 방문할 때에는 JR 규슈 레일 패스를 이용하는 것이 좋다.

🚌 고속버스

후쿠오카에서 미야자키까지는 열차보다 고속버스를 이용하는 것이 빠르고 저렴하다. 고속버스로 약 4시간 30분 정도 소요되며, 요금은 4,630엔이다.

벳푸 ┉ 미야자키

🚄 JR 열차

벳푸에서 약 3시간 정도 소요되며, 요금은 6,000엔이다.

🚌 고속버스

벳푸 기타하마에서 약 4시간 정도 소요되며, 요금은 2,800엔이다.

가고시마 ┉ 미야자키

🚄 JR 열차

가고시마에서 약 2시간 10분 정도 소요되며, 요금은 4,230엔이다.

🚌 고속버스

가고시마에서 약 2시간 10분 정도 소요되며, 요금은 2,480엔이다.

미야자키 공항 ┉ 미야자키 시내

시내에서 5km 거리에 있는 미야자키 공항은 일본 전국적으로도 교통이 편리한 공항으로 꼽힌다. JR 열차(350엔, 시간당 1~2대 운행)를 이용해 공항에서 시내까지 가는 방법도 있지만, 비지트 미야자키 패스(Visit Miyazaki Pass)를 사용해 리무진 버스(440엔, 시간당 2~4대)로 이동하는 경우가 많다.

시내 교통

🐧 시내 버스 路線バス

미야자키 시내의 교통은 버스와 택시뿐이다. 미야자키 시내의 상점가와 음식점이 모여 있는 곳은 미야자키 역에서 버스 3~5정거장 떨어진 다치바나도리(橘通り)이다. 본베르타 다치바나에(ボンベルタ橘前) 정류장에서 내리는 것이 가장 좋으며, 버스 요금은 170엔 정도이다. 3~4인이 함께 여행하는 경우, 미야자키 시내에서는 택시를 이용하는 것이 편리하다.

🚕 관광 택시 観光タクシー

버스 패스(Visit Miyazaki Pass)를 이용하더라도 시외로 나가는 버스는 운행 간격이 길기 때문에 대중교통을 이용해 아오시마와 우도 신궁 등으로 여행하는 것은 쉽지 않다. 때문에 여행 일정이 짧을 경우, 관광 택시를 이용하는 것이 편리하다. 예약은 관광 안내 센터 또는 호텔 등에서 가능하다.

아오시마 코스 青島コース

코스 아오시마, 아오시마 신궁, 도깨비 빨래판, 우도 신궁 (약 4시간 소요)

요금 1인 3,500엔~, 택시 1대 10,000엔~ (운영 회사에 따라 요금 다름)

TIP 대중교통을 이용한 미야자키 여행의 필수품

비지트 미야자키 패스 (Visit Miyazaki Pass)

외국인 여행객을 위한 버스 패스로, 미야자키 교통에서 운행하는 버스를 하루 동안 무제한으로 이용할 수 있다. 단, 미야자키현을 벗어나는 노베오카와, 다카치호로 가는 일부 고속버스 및 정기 관광버스는 이용할 수 없다. 공항에서 시내로 이동, 시내에서 아오시마와 우도 신궁 등으로 이동할 때 가장 유용한 패스이다. 일본인을 위한 1일 승차권(1日乗り放題乗車券, 요금 1,800엔)과 동일하게 사용할 수 있으면서 더 저렴한 외국인 전용 패스다. 구입 시에는 반드시 여권이 필요하다.

🕐 1일 1,000엔 ⓥ 미야자키 공항버스 안내소, 미야자키 교통 다치바나도리 지점, 미야자키 역 구내 미야자키 관광 안내소, 시가이아 액티비티 센터(쉐라톤 그랜드 오션 리조트 3층), ANA 홀리데이인 리조트 미야자키, 호텔 루트인 미야자키 등

미야자키시 MAP

무인양품
無印良品

마루쇼크
マルショク

다치바나도리
橘通り

앗빠레 식당
あっぱれ食堂

호텔 루트 인
ホテル ルートイン

본벨르타 다치바나
ボンベルタ橘

오구라
おぐら

APA 호텔
アパホテル

깃쵸 우동
きっちょううどん

와카쿠사도리
若草通

맥스밸류
マックスバリュ

드럭 스토어 모리
ドラッグストアモリ

JR 규슈 호텔
JR九州ホテル

미야자키 역
宮崎駅

도요코인 미야자키 에키마에
横INN 宮崎駅前

슈파 호텔 미야자키
スーパーホテル宮崎

스기노코
杉の子

미야자키 현청
宮崎県庁

토리마사
鳥雅

200m

미야자키시

미야자키시현

다치바나도리 橘通り

미야자키에서 가장 번화한 거리이다. 대로변 안쪽에 있는 이치반가이 상점가(一番街商店街)는 아케이드 상점 가로, 상가 사이에 지붕이 덮여 있어 비가 오는 날에도 부담 없이 방문할 수 있다. 할로윈이나 크리스마스 같은 시기에는 일루미네이션 장식을 하기도 한다. 매월 네 번째 토요일에는 미야자키현의 농수산업 종사자들이 직판을 하는 장터가 열린다. 미야자키의 비즈니스급 호텔들이 이곳에 많이 모여 있기 때문에 호텔 주변에서 저녁을 보내기에도 좋다.

◎ 宮崎県宮崎市橘通西3丁目 ♀ 미야자키 역에서 도보 15분, 택시 약 700엔 ⊙ 상점에 따라 다름 맵코드 66 290 499*81 (유료 주차장)

본베르타 다치바나 ボンベルタ橘

1950년대에 창업한 이후 1975년 폐업했던 백화점이 미야자키 지방 정부와 현민들의 강력한 응원에 힘입어 2011년에 다시 오 픈했다. 백화점 내에 입점한 브랜드도 현지 기업들의 매장이 많 아, 지방 경제 활성화를 위해 민관이 협동한 좋은 예로 꼽히고 있 다. 여행객들에게는 동관(東館) 6층의 다이소가 인기이며, 백화 점 건너편에는 규슈의 현지 슈퍼마켓 체인점인 마루쇼쿠(マルシ ョク)가 있다.

◎ 宮崎市橘通西3丁目10番32号 ♀ 미야자키 역에서 도보 15분, 택시 약 700엔 ⊙ 10:00~20:00(마루쇼쿠 10:00~24:00) ☎ 0985-24-4111 맵코드 66 290 478*40

오랫동안 치킨 난반을 만든 곳

오구라 본점 おぐら本店

1950년대 카레와 스테이크 하우스로 영업을 시작한 작은 음식점이다. 1965년에 신메뉴로 개발한 '치킨 난반'이 큰 인기를 얻었고, 미야자키를 대표하는 음식으로 불리게 되었다. 치킨 난반의 원조답게 지금도 변함없는 맛을 전하고 있으며, 치킨 난반 외에도 함바그와 짬뽕 등의 메뉴가 있다.

📍 宮崎県宮崎市橘通東3-4-24 🚉 미야자키 역에서 도보 15분 🕐 점심 11:00~15:00, 저녁 17:00~20:30 (단, 일요일은 15:00까지만 영업) 📞 0985-22-2296 맵코드 66 291 423*47

미야자키의 향토 요리를 맛볼 수 있는 전통 음식점

스기노코 杉の子

1970년에 오픈한 전통 일본 음식점으로, 미야자키의 향토 요리를 맛볼 수 있는 고급 음식점이다. 코스 요리는 계절에 따라 다른 제철 식재료를 사용하고 있어, 연간 7~8회 정도 메뉴가 바뀐다. 기본 메뉴가 4,000엔 이상이며, 최상급은 1인 10,000엔이다. 단품 메뉴도 판매하고 있다.

📍 宮崎県宮崎市橘通西2-1-4 🚉 미야자키 역에서 버스를 이용하여 겐초마에(県庁前) 정류장 하차 후, 도보 2분 🕐 점심 11:30~14:00, 저녁 17:00~22:30 📞 0985-22-5798 맵코드 66 260 746*35

TIP 치킨 난반

15세기 이후 유럽인들은 배를 타고 동남아시아를 지나 남쪽에서 왔다. 그래서 유럽인들을 남쪽 오랑캐를 뜻하는 남반(南蛮, 난반)이라 불렀고, 이들이 먹는 음식을 난반 음식 그리고 커피를 난반차라 불렀다. 미야자키의 명물 음식 중 하나인 치킨 난반은 유럽 사람들이 먹는 닭 요리 정도로 해석할 수 있겠지만, 실제는 일본인의 입맛에 맞게 변형된 서양식 요리이다.

치킨 난반의 원조는 미야자키시의 '오구라'라는 설과 미야자키현의 노베오카시에 있는 '나오쨩(直ちゃん)'이라는 설이 있다. 두 음식점의 사장은 젊은 시절 노베오카시의 '런던'이라는 음식점에서 함께 일했는데, 정식 메뉴가 아닌 직원용 음식으로 치킨 난반을 만들어 먹었다고 한다. 어느 곳이 원조이든 기원은 같고, 미야자키의 명물 음식임에는 변함이 없다.

토리마사 鳥雅　🍴

미야자키 현청 가까이에 있는 고급 닭꼬치(燒き鳥, 야키토리) 전문점으로, 도쿄의 유명한 음식점에서 수련한 점주가 미야자키의 신선한 식재료를 이용해 꼬치구이의 진수를 전하고 있다. 실내에서 숯불을 이용해 굽지만, 연기가 보이지 않을 만큼 정갈한 분위기의 음식점이다. 영어나 사진 메뉴가 없기 때문에 일본어를 모르면 주문하는 데 다소 어려울 수 있지만, 꼬치구이와 함께 미야자키의 향토 요리도 판매하고 있어 여행객들이 방문하기에 좋다.

📍 宮崎県宮崎市橘通東1-8-11 常盤25ビル 1F 🚉 미야자키 역에서 도보 15분 🕐 18:00~23:00(수요일 휴무) 📞 0985-89-4061 맵코드 66 260 719*78

킷쵸 우동 きっちょううどん 橘通店　🍴

사누키 우동 못지않게 일본 전국적으로 유명한 미야자키 우동이다. 가쓰오로 맛국물을 내지 않고 멸치와 다시마를 이용하며, 면을 끓이고는 찬물에 헹구지 않고 그대로 이용하는 것이 특징이다. 찬물에 헹구지 않는 것을 가마아게 우동(釜揚げうどん)이라고 하는데, 쫄깃한 식감은 다소 부족하지만 면 특유의 담백한 맛이 난다. 미야자키 각지에 여러 개의 점포를 운영하고 있는 킷쵸는 기본 우동의 가격이 280엔으로 매우 저렴하며, 다양한 토핑을 선택할 수 있다.

📍 宮崎市橘通西3-3-27宮崎アートセンタービル1階 🚉 미야자키 역에서 도보 15분 🕐 06:00~03:00 📞 0985-26-8889 💰 기본 우동 280엔, 냉우동(冷やしうどん) 390엔, 디럭스 우동(デラックスうどん) 780엔 맵코드 66 290 329*68

합리적인 가격의 미야자키 향토 요리

앗파레 식당 あっぱれ食堂 🍴

미야자키 소 철판 스테이크(1,580엔), 레터스마키(4조각 550엔), 가츠오 밥(580엔), 치킨 난반(680엔), 히야지루(冷 や汁, 차가운 된장국밥, 580엔) 등 미야자키의 명물 음식들을 한자리에서 맛볼 수 있는 곳이다. 전문점에 비해 저렴한 가격 과 다채로운 메뉴가 장점이며, 음료나 주류 무제한인 노미호 다이(飲み放題)가 있어 미야자키 소주도 부담 없이 곁들일 수 있다. 테이블마다 비치되어 있는 아이패드로 그림을 보며 주 문할 수 있기 때문에 음식 주문이 쉽고 편하다.

🏯 宮崎県宮崎市橘通西3-8-12 吉田ビル 1F ♀ 미야자키 역에 서 도보 15분 🕚 11:00~24:30 ☎ 0985-64-9995 💴 점심 1,000~1,500엔, 저녁 1,500~2,000엔 맵코드 66 290 357*14

일본의 첫 번째 왕을 모시고 있는 신궁

미야자키 신궁 宮崎神宮 📷

일본의 첫 번째 왕인 진무덴노를 제신으로 하고 있는 신궁으로, 미야자키 시민들은 진무님(神武さま)이라고 부 르기도 한다. 매년 4월 3일은 무사가 말 위에서 활을 쏘는 행사인 야브사메(流鏑馬) 행사가 열린다. 목표물에 정 확히 활이 맞으면 종이꽃이 흘러내리는데, 이 시기가 벚꽃 개화 기간과 겹치는 경우가 많아 종이꽃과 벚꽃이 함 께 휘날리는 장관을 연출한다.

🏯 宮崎市神宮2-4-1 ♀ 다치바나도리에서 버스로 약 15분(260엔), 미야자키 신궁 버스 정류장에서 도보로 약 5분 / 미야 자키 역에서 JR 열차 이용하여 미야자키 신궁 역까지 2분(160엔), 역에서 도보 약 10분 ☎ 0985-27-4004 맵코드 66 350 805*44

니치난 해안 국정 공원
日南海岸国定公園

약 140km의 일본 최초 도로 공원

미야자키시의 아오시마 부근에서부터 미야자키의 주요 관광지를 지나 가고시마현까지 이어지는, 약 140km의 해안도로를 일컫는다. 일본 최초 도로 공원으로 조성되었으며, 평온한 바다의 풍경과 도깨비 빨래판이라 불리는 독특한 지형으로 일본의 아름다운 도로 100선에 선정되기도 했다. 일본의 도로 운전 방향이 우리나라와 반대이기 때문에 북쪽에서 남쪽으로 내려갈 때 풍경이 더 좋고, 사진 촬영은 역광인 오전보다 점심 시간 이후에 하는 것이 좋다.

가는 방법

미야자키 IC에서 토이 곶(都井岬)까지 이어지는 해
안도로 약 140km의 길이다. 미야자키 역, 미야자
키 공항에서 JR 열차 또는 버스를 이용해 이동할
수 있다. 열차보다는 버스의 운행 편수가 많지만 대
중교통이 편한 지역은 아니기 때문에 렌터카를 이
용하는 것이 가장 좋다.

나치난 해안 국정 공원 MAP

쉐라톤 그랜드 오션 리조트
Sheraton Grande Ocean Resort

미야자키 공항
Miyazaki Airport

宮崎大学 医学部附属病院

宮崎県総合運動公園

아오시마
青島

双石山

谷之城山

산메쎄 니치난
サンメッセ日南

우도 신궁
鵜戸神宮

오비
飫肥

5km

아오시마 靑島

둘레 860m, 높이 6m의 작고 완만한 섬이지만, 일본 건국 신화의 무대가 되는 아오시마 신사가 있다. 오래전부터 신성한 장소로 여겨져 일반인의 접근이 금지됐었다. 그러나 18세기 이후 일반인이 들어갈 수 있게 되었으며, 섬을 둘러싼 독특한 지형인 도깨비 빨래판을 보기 위해 연간 100만 명 이상이 방문하는 미야자키의 대표적인 관광지가 되었다.

♀ 버스 미야자키 역에서 노선버스로 약 50분(720엔) 또는 공항에서 노선버스로 약 20분(320엔), 아오시마 버스 정류장에서 도보 10분 / **JR 열차** 미야자키 역에서 아오시마 역까지 열차 28분(370엔), 아오시마 역에서 도보 10분 / **렌터카** 미야자키 시내에서 약 30분(20km), 공항에서 약 20분(15km) 맵코드 843 192 035

바다 가까이에 위치한 화려한 색감의 신사

아오시마 신사 青島神社

◎ 宮崎県宮崎市青島 2-13-1 **♀** 아오시마섬 중앙, 아오시마 역에서 도보 15분

아오시마섬 중앙에 있는 신사로, 일본의 첫 번째 왕인 진무덴노와 관련된 야마사치 우미사치 신화의 무대이다. 오랫동안 신성한 장소로 여겨지고 있으며, 많은 사람들이 좋은 기운을 받기 위해 이곳을 방문한다. 바다에 가까운 신사답게 일반적인 신사에 비해 화려한 색감을 자랑하며, 소원을 적은 나무판(絵馬, 에마)들을 매달아 만든 터널 등의 볼거리가 있다.

TIP 도깨비의 빨래판 鬼の洗濯板

진흙이 굳어져 생긴 이암과 모래가 굳어져 생긴 사암이 교대로 겹친 지층이 바다에 잠겨 침식된 후 융기하여 형성된 지형이다. 일정하게 겹친 지층이 완만한 경사를 이루고 있어 멀리서 보면 마치 거대한 빨래판 같아 도깨비의 빨래판이라 불린다. 특히 아오시마 일대에서 잘 보이며, 일본의 천연기념물로 지정되어 있다.

우도 신궁 鵜戸神宮

바다와 맞닿아 있는 절벽 속 동굴에 만든 신궁으로, 일본 최초의 왕인 진무덴노의 부친 우가야후키아에즈노미코토(鵜葺草葺不合命)를 모시고 있다. 19세기 중반까지 남녀가 결혼하면 이곳에 와서 참배한 후, 방울로 장식된 말을 타고 집으로 가는 풍습이 있었다. 이 풍습 때문에 지금도 원만한 결혼 생활을 기원하며 이곳을 찾는 부부들이 많다.

신궁의 바다 쪽 위에 거북이 모양의 바위가 있는데, 이곳에는 동그란 홈이 하나 있다. 이곳에 운(運)이 적힌 흙구슬(運玉, 5개에 100엔)을 던져서 넣으면 소원이 이루어진다고 한다. 이때 남자는 왼손, 여자는 오른손으로 던져야 한다.

주의할 점은 대중교통으로 이곳을 찾는다면 버스나 열차를 이용한 후 최소 15~20분은 걸어야 한다.

📍 宮崎県日南市大字宮浦3232 📍 **버스** 미야자키 역에서 노선버스로 약 90분(1,480엔), 우도 신궁 버스 정류장에서 도보 15분 / **JR 열차** 미야자키 역에서 이비이(伊比井) 역까지 46분(560엔), 이비이 역에서 노선버스로 약 20분 후 도보 15분 / **렌터카** 미야자키 시내에서 약 30분(20km), 공항에서 약 20분(15km) 🕐 4~9월 06:00~19:00, 10~3월 07:00~18:00 ☎ 0987-29-1001 맵코드 274 536 307

이스터섬의 모아이 석상이 있는 공원

산메세 니치난 サンメッセ日南

니치난 해안의 언덕에 조성된 공원으로, 칠레 이스터섬의 모아이상이 있는 것으로 유명하다. 이스터섬 부족 간의 싸움과 1960년 칠레 대지진 등으로 손상된 모아이상을 일본의 민간단체에서 복원할 수 있도록 도와주었는데, 그에 대한 감사의 표시로 일본은 세계 최초로 모아이상의 복제를 허가받았고, 7개의 모아이상이 해안가에 세워져 있다. 이외에도 7개의 모아이상을 바라보는 컬러풀한 7명의 아저씨 조형물, 지구 감사의 종, 21세기 시작을 알리는 등불 등의 볼거리가 있다. 또한 음식점 등의 휴게 시설도 갖추고 있다.

◑ 宮崎県日南市大字宮浦2650 ◐ 버스 미야자키 역 버스 센터에서 니치난행 버스로 모아이 미사키(モアイ岬) 정류장까지 약 1시간 20분(1,350엔) | 렌터카 미야자키 시내에서 약 50분(36km) ◷ 09:30~17:00(매월 첫째, 셋째 수요일 휴무) ◷ 0987-29-1900 ◐ 성인 700엔, 중학생 500엔, 4세 이상 350엔 맵코드 274 595 284

미야자키의 작은 교토라 불리는 곳

1587년 도요토미 히데요시에 의해 다이묘가 된 이토(伊東) 가문이 성을 지으면서 본격적인 역사가 시작된 곳이다. 성 아래 무사 마을과 상인 마을의 모습을 잘 간직하고 있다. 1977년 국가 중요 전통적 건조물군 보존 지역으로 설정된 이후 많은 건물들이 복원되어 미야자키 남부의 대표적 관광지가 되었다. 오비 역에서 도보 15분 거리의 오비성이 관광의 중심이 되며, 주변의 상점과 음식점도 예스러운 분위기를 연출하고 있다. 마을 관광 활성화를 위해 여러 시설에서 사용할 수 있는 할인권 지도(引換券マップ, 히키카에켄 맙프)를 판매하고 있다.

오비 가는 방법

① 미야자키 공항에서 오비 역(飫肥駅)까지 버스로 1시간 40분(1,910엔)
② 미야자키 역에서 오비 역(飫肥駅)까지 버스로 약 2시간(2,080엔)
③ 미야자키 역에서 JR 열차로 약 1시간 10분(940엔)

렌터카 여행자를 위한 추천 주차장

오비 관광 주차장 飫肥観光駐車場

📍 日南市飫肥 9-1
📞 0987-25-4533
💰 무료
맵코드 274 432 672*82

🌸 오비성 飫肥城

📍 日南市飫肥大手
📍 오비역에서 도보 10분
🕐 09:00~17:00
📞 0987-25-5566
💰 610엔(7개 시설 공통 입장권)
맵코드 274 462 014*88

오비 마을의 대표적인 관광지

남규슈의 작은 교토, 오비 마을의 대표적인 관광지로, 삼나무 숲에 둘러싸여 있다. 성의 주요 부분은 소실되었지만, 돌담과 토담 등이 무사 마을 특유의 분위기를 갖고 있다. 1978년 성문이 복원되고, 성내에는 다이묘(영주)가 살던 저택을 재현한 역사 자료관이 있다. 2006년에는 일본의 100대 성으로 선정되었다.

TIP 할인권 지도 引換券マップ [히키카에켄 맙프]

오비성 마을 보존회에서 오비성을 찾는 관광객을 위해 판매하는 할인권으로 700엔에 구입하면 두 배 이상의 혜택을 누릴 수 있다. 5장의 쿠폰은 음식점과 카페 그리고 기념품 상점에서 사용할 수 있다. 시설에 따라 쿠폰 1매가 아니라 2매가 필요한 곳도 있으며, 시설 안내 지도에 '2枚'라고 표시되어 있다. 오비 자료관을 포함한 관광 시설 7곳을 입장할 수 있는 공통권(610엔)을 함께 구입하면 추가 할인되어 1,200엔이다.

📍 **구입 장소** 오비성 관광 주차장(오비 역 앞), 오비성 관광 시설 7곳 🍴 **식사 + 상점 할인권**(食べあるき + 町あるき引換券のみ) 700엔 / 관광 시설 + 식사 + 상점 할인권(セット料金) 1,200엔

다카치호

일본에서 손꼽히는 아름다운 계곡

다카치호는 일본 신화에서 천손이 강림한 성역으로 신화와 전설이 살아 있는 지역이다. 미야자키현 내륙 중심의 험준한 지역에 있다. 미야자키현에 속하지만 미야자키 시내에서는 120km나 떨어져 있으며, 직행으로 운행하는 대중교통은 없다. 반면, 구마모토현의 아소산에서는 50km, 구마모토시에서는 80km이다. 또한 구마모토에서 직행하는 고속버스가 있기 때문에, 다카치호 여행은 구마모토와 구로카와 온천 등과 함께 일정을 정하는 것이 편하다.

다카치호 가는 방법

① 후쿠오카(하카타, 텐진 버스 터미널)에서 3시간 50분(4,020엔, 하루 4~5편 운행)

② 구마모토 버스 센터에서 3시간 30분(3,600엔, 하루 2~3편 운행)

③ 미야자키에서 노베오카 2시간(1,500엔) 또는 JR 열차 1시간 30분(3,100엔), 노베오카에서 다카치호까지 버스로 약 1시간 20분(1,790엔)

렌터카 여행자를 위한 추천 주차장

오시오이 주차장 御塩井駐車場

◎ 西臼杵郡高千穂町大字向山字碑／上203-1

◎ 협곡 보트 대여소 근처

◎ 0982-72-226=9

◎ 500엔 맵코드 330 711 699*63

❀ 다카치호 협곡 高千穂峡

◎ 다카치호 버스 터미널에서 도보 30분(중간에 다카치호 신사 등 볼거리 많음)
◎ 0982-72-2269
맵코드 330 711 699*63(보트 대여소 옆 오시오이 주차장)

보트 대여소
◎ 08:30~17:00
◎ 1대 30분 2,000엔

아소산의 용암 침식으로 생성된 주상 절리의 계곡

아소산의 용암이 침식되면서 생긴 주상 절리의 계곡으로, 1934년 일본의 명승지, 천연기념물로 지정되었다. 가장 높은 곳은 100m이고, 평균 80m의 절벽 사이로 흐르는 계곡에는 여러 개의 크고 작은 폭포가 있다. 약 1km의 산책로가 조성되어 있으며, 여름철에는 저녁 8시 30분까지 조명을 켜서 운치를 더한다. 보트를 이용해 폭포에 더 가까이 가 보는 경험도 할 수 있는데, 보트는 1대에 3명까지(미취학 아동은 2명을 1명으로) 탈 수 있고, 성수기에는 보트 대여를 위해 3~4시간 기다리는 경우도 있다. 전화나 메일로는 예약할 수 없으며, 당일 접수만 가능하다.

테마 여행

THEME
KYUSHU

오모테나시!
규슈의 료칸 즐기기

일본에서 료칸 여행을 하기에 가장 좋은 지역은 두말할 필요 없이 규슈이다. 다른 지역에 비해 비행 시간이 짧고, 료칸의 숙박 비용이 저렴하기 때문이다. 뿐만 아니라 규슈의 온천 용출량 2위이면서 일본 여성들이 가장 좋아하는 온천 여행지 Best 3 중 한 곳으로 꼽히는 유후인과 깊은 숲속 계곡의 온천 마을인 구로카와에는 정말 매력적인 료칸이 많다.

료칸이란?

일본의 전통적인 숙박 시설로, 한자로는 '여관'이다. 하지만 우리나라 여관과는 달리 고급스럽고, 대부분 숙박 요금에 저녁 식사까지 포함되어 있다. 일반 음식점에서 먹으면 적어도 5만 원 이상인 코스 요리가 숙박 요금에 포함되어 있기 때문에 료칸의 숙박 요금은 대부분 5성급 호텔 이상이다.

오모테나시 おもてなし

2020년 도쿄 올림픽 유치를 위해 일본에서 외국인들에게 어필한 것은 바로 '오모테나시'였다. 최종 연설을 맡은 일본의 아나운서 다키가와 크리스텔이 유창한 프랑스어로 연설하면서 유일하게 사용한 일본어, 오·모·테·나·시! 오모테나시란 일본 특유의 섬세한 서비스와 정성을 다하는 환대를 뜻하는 말로, 이를 가장 느끼기 쉬운 곳이 바로 료칸이다. 말이 통하지 않더라도 정성을 다하는 것을 느낄 수 있으며, 비슷한 말로는 다시 만날 기회가 없을 것이라는 뜻의 '이치고 이치에(一期一会)'가 있다.

혼탕, 단둘이서 즐기는 온천

일본의 료칸에는 혼탕이 있다. 하지만 모르는 사람과 이용하는 혼탕이 아니라 가족 또는 연인만 이용하는 혼탕이다. 가족 온천(家族風呂, 카조쿠후로)과 대절 온천(貸切風呂, 카시키리후로)은 혼탕으로 연인 또는 가족끼리만 문을 잠그고 이용한다. 원칙적으로 수영복을 입는 것도 금지되어 있다. 료칸에 따라 숙박객이 무료로 이용할 수 있는 곳도 있고, 1,000엔 정도의 요금을 받는 곳도 있다.

가이세키 요리 会席料理

료칸의 숙박비가 특급 호텔 이상일 수밖에 없는 가장 큰 이유는 바로 '가이세키 요리' 때문이다. 시내의 일반 음식점에서 가이세키 요리를 먹는다면, 기본 1인당 5,000엔 이상이다. 지역의 특산물과 제철 식재료를 이용하는 일본식 코스 요리는 음식이 나오는 순서와 시간까지 세심하게 배려한다. 객실에서 식사를 하는 경우도 있지만, 최근에는 별도의 장소에서 식사를 하는 료칸이 많다.

와모단 和モダン

일본 전통 숙소인 료칸이라 하면, 일본 현지인에게도 오래되고 낡은 곳이라는 인식이 있다. 하지만 최근에는 전통을 유지하면서도 현대적으로 리뉴얼한 료칸들이 생겨나고, 인기가 좋다. 이런 트렌드를 일본의 전통을 뜻하는 '와(和)'와 현대적인 것을 뜻하는 '모단(モダン, Morden의 일본식 발음)'이 합쳐져 '와모단'이라고 한다. 와모단 료칸 중에는 리조트 호텔처럼 웰컴 스위츠를 제공하거나, 전통적인 다다미방에 침대가 놓인 와요우시츠(和洋室, 화양실)가 있는 곳도 있다.

버틀러, 컨시어지 서비스

특급 호텔의 버틀러(Butler, 집사), 컨시어지(Concierge)와 비슷한 개념이 료칸에도 있다. 바로 료칸의 상징적인 여주인인 '오카미(女将)'와 접객 담당 직원인 '나카이(仲居)'가 바로 그들이다. 객실의 청소부터 식사 서빙까지 료칸의 전반적인 서비스를 담당하고 있다. 뿐만 아니라 료칸에 따라서는 저녁 시간이 되면 이부자리까지 준비해 준다. 료칸의 전반적인 살림을 맡으며, 서비스의 책임자인 오카미는 항공사 승무원 출신이 많다.

여행사 직원이 알려 주는

좋은 료칸 선정 방법

🏮 찾아가기 쉬운 료칸

온천지에 있는 료칸은 대부분 시내와 공항에서 멀리 떨어져 있다. 그나마 규슈 지역의 료칸은 공항에서 버스나 렌터카를 이용해 1시간 전후로 갈 수 있는 곳이 많다. 규슈의 료칸 중 제일 찾아가기 쉬운 곳은 가장 인기 있는 온천 여행지인 유후인이다. 후쿠오카 공항에서 버스로 약 1시간 40분 정도 소요되며, 한 시간에 1~2편씩 출발하여 이용하기 편리하다.

🏮 가능하면 무료 송영 차량이 있는 료칸

료칸이 있는 온천 여행지에는 이정표가 많지 않고, 있더라도 일본어로만 되어 있는 곳이 많다. 예약 시 버스 터미널과 열차역에서 무료 송영 차량을 운행하는지 확인하자. 단, 송영 차량이 있다고 무조건 좋은 것은 아니다. 유후인의 경우, 열차역에서 1,000엔이면 어느 료칸이든 이동할 수 있다.

🏮 적절한 숙박비

료칸 숙박비는 대부분 특급 호텔과 비슷하다. 하지만 특급 호텔과는 달리 요금에 저녁 식사가 포함되어 있다. 가이세키 요리로 제공되는 식사가 일반 식당에서는 5,000엔 이상인 점을 감안하면 이해가 되는 요금이다. 료칸 숙박비가 올라갈수록 객실의 컨디션이 좋아지거나 식사가 푸짐해질 수 있다. 1인 15,000엔 이하의 료칸이라면, 가이세키 요리라기보다는 일반 식 정식이 나온다고 생각해야 한다. 객실에 전용 온천이 없는 일반 객실 이용 기준 1인 20,000엔 전후의 료칸일 경우 기대 이상의 서비스와 식사를 제공받을 수 있다.

🏮 전용 온천

유아 또는 어린 아이와 함께, 혹은 연인이나 부부끼리 여행을 한다면, 객실에 전용 온천이 있는 료칸을 추천한다. 단, 숙박비는 일반 객실에 비해 비싸기 때문에 1인 25,000엔 이상이 된다. 객실에 전용 온천이 있는 료칸의 숙박비가 부담스럽다면, 가족 온천이 있는 료칸을 선택하는 것도 좋은 방법이다.

🏮 식사 장소 확인하기

료칸이라고 하면 객실에서 식사를 하는 '헤야쇼쿠(部屋食)'를 떠올리는 경우가 많은데, 최근에는 헤야쇼쿠보다 '쇼쿠지도코로(食事處, 식사처)'에서 하는 경우가 많다. 조리하는 곳에서 가까워 음식의 맛이 더 좋고, 체크인 후 객실에서 식사를 준비하기 위해 직원이 찾아오는 것을 불편하게 생각하는 손님들도 많기 때문이다. 쇼쿠지도코로는 다른 객실과 마주치는 곳이 일반적이지만, 개별실(宿室, 코시츠)에서 하는 곳도 있다.

철도의 왕국,
규슈에서 즐기는 열차 여행

'철도의 왕국'이라 불리는 일본에서 열차 여행이 가장 즐거운 곳을 꼽으라고 한다면, 단연코 예쁜 열차가 가득한 규슈라고 할 것이다. 국내에도 많이 소개된 '미토오카 에이지 (水戸岡鋭治)'는 일본을 대표하는 산업 디자이너인데, 인기 있는 대부분의 JR 규슈 열차를 그가 디자인하였다. 일본의 다른 지역에서는 찾아볼 수 없는 JR 규슈의 열차 디자인은 자연과 규슈의 특산품 등을 소재로 하는 것이 많다.

🚆 미토오카 에이지가 말하는 열차 여행

2016년 한·일 문화 교류 행사로 우리나라에 방문한 미토오카 에이지는, 열차 디자인을 좋아하는 이유가 바로 열차 여행을 좋아하기 때문이라고 말하였다. 그러면서 열차로 여행하면 자동차와는 달리 여행하는 사람들과 계속 함께할 수 있는 점이 좋다고 덧붙였다. 만약 가족이라고 한다면, 아이와 함께 마주 보며 여행하기 때문에 보다 많은 교감을 나눌 수 있다는 것이다.

유후인노모리 ゆふいんの森

하카타에서 유후인을 거쳐 오이타까지 운행되고 있는 키하71계와 키하72계 열차 유후인노모리는 일본 전국에서도 손꼽히는 관광 열차이다. 전석이 지정석으로 운영되나, 주말이나 연휴 때는 좌석을 예약하는 것이 좋다. 야간 열차를 제외한 JR의 모든 열차 중 유일하게 식당칸이 있고, 이곳에서는 유후인의 인기 먹거리인 비스피크(B~speak)의 롤케이크를 비롯해 다양한 먹거리와 기념품을 판매한다. 또한 아이들을 위한 승무원의 어린이 복장 서비스가 있어 기념사진을 찍을 수 있다. 목조로 된 고급스러운 실내 인테리어가 돋보이며, 총 6량 편성 중 1호차와 6호차는 전면이 유리로 되어 있어 아름다운 경치가 한눈에 펼쳐진다. 2017년 폭우로 철로가 유실되어 현재는 고쿠라, 벳푸 경유로 변경되어 운행 중이다.

하카타~유후인~벳푸(일부) 매일, 주말 및 공휴일 추가 운행(100% 예약제) 4,480엔 임시 운행편으로 스케줄 계속 변동(홈페이지 확인)

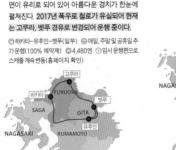

임시 운행 노선
(2017년 7월 이후)
기존 운행 노선
(현재는 운행 중단)

규슈 신칸센 쓰바메 九州新幹線 つばめ

제비를 뜻하는 '쓰바메'라는 이름에 걸맞게 날렵한 외관이 인상적인 열차이다. 내부 인테리어에 나무 소재를 많이 사용했는데, 블라인드까지 나무로 되어 있는 것이 특징이다. 이는 규슈 각 지역의 특산품을 이용했다. 후쿠오카에서 가고시마까지 288km 구간을 달리며, 소요 시간은 1시간 20분이다. 그러나 약 40분 정도가 터널 구간을 이용하기 때문에 열차 밖을 보는 풍경은 조금 아쉽다.

하카타~가고시마추오 매일 10,450엔 약 1시간 20분

403

SL히토요시 SL人吉

구마모토현의 야츠시로에서 가고시마현의 하야토까지 이어지는 JR 히사츠선 개통 100주년을 기념해 2009년부터 운행을 시작한 관광 열차이다. 1922년에 제작된 8620형 증기기관차로 운행된다. 구마모토에서 히토요시까지 편도 약 2시간 20분이 소요된다. 실제로 기적 소리를 내고 증기를 뿜어내는 기관차이며, 열차 내부에 전망 라운지와 함께 증기기관차 전시 코너 등의 볼거리가 많이 있다. 겨울에는 운행하지 않으며, 평소에도 주말 위주로 운행하기 때문에 열차를 타려면 JR 규슈 홈페이지의 운행 스케줄을 확인하자.

ⓢ 구마모토~히토요시
ⓜ 3~11월(주중은 운행하지 않는 기간 많으니, 홈페이지 확인)
ⓦ 2,640엔 또는 JR 패스 이용
ⓛ 약 2시간 20분

특급 이브스키노 타마테바코
特急 指宿のたまて箱

가고시마에서 이브스키까지 운행하는 관광형 특급 열차이다. 옛날부터 전해져 오는 가고시마의 용궁 전설을 테마로 제작된 열차다. 흰색과 검은색으로 반이 나뉜 열차의 디자인은 용궁의 선녀에게 받은 신비로운 보물상자 타마테바코(たまて箱)를 모티브로 하고 있다. 줄여서 '이부타마'라 부르기도 하며, 인기가 많으므로 열차를 타고 싶다면 일본에 도착하자마자 바로 예약을 하는 것이 좋다.

ⓢ 가고시마추오~이브스키(하루 3회 왕복)
ⓜ 매일(100% 예약제)
ⓦ 2,140엔 또는 JR 패스 이용
ⓛ 약 50분

특급 우미사치 야마사치 特急 海幸山幸

산과 바다가 펼쳐진 미야자키만의 매력이 가득 담긴 리조트 열차로, 기차는 미야자키의 남부 해안으로 향한다. 외관부터 나무 소재를 사용하고 있는 것이 특징이며, 이용객이 많지 않은 날은 1량 편성으로 운행되기도 한다. 여행 일정이 짧다면, 종점 난고까지 이동하기보다는 아오시마 또는 오비까지만 이용하는 것이 좋다.

🚃 미야자키~난고
⏱ 주중은 운행하지 않는 기간이 많으니, 홈페이지 확인
💴 2,320엔(미야자키~난고)
🕐 약 1시간 40분(미야자키~난고), 약 1시간 10분(미야자키~오비), 약 30분(미야자키~아오시마)

A열차로 가자 A列車で行こう

16세기 아마쿠사 제도에 전해진 유럽 문화를 테마로 디자인한 드라마틱한 특급 열차다. 아늑함을 주는 색조의 나무와 스테인드글라스로 장식한 인테리어는, 오래전 영화에서 봤을 법한 분위기를 전해 주며 창밖으로 보이는 바다의 풍경도 좋다. 규슈 올레 코스 중 하나인 아마쿠사 올레를 갈 때 이용하면 좋은 열차다. 2011년 10월 'A열차로 가자'의 운행 개시와 함께 종점 미스미 역을 서구적인 느낌이 나도록 리뉴얼하였다.

🚃 구마모토~미스미
⏱ 주중은 운행하지 않는 기간이 많으니, 홈페이지 확인
💴 1,880엔
🕐 약 40분

시로이 카모메 白いかもめ

후쿠오카에서 나가사키까지 운행되고 있는 885계 열차 시로이 카모메는, 2000년에 등장한 열차로 관광 열차가 아닌 일반 특급 열차다. 하지만 예쁜 디자인 덕분에 JR 규슈를 대표하는 열차가 되었다. 전체적인 외관은 독일의 고속 열차인 ICE3와 닮은 둥근 형태로, 상당히 귀엽다. 내부 인테리어는 일반석까지 가죽 시트를 사용해 고급스러움을 더했다. 예쁜 디자인과 더불어 곡선구간에서 차체가 안쪽으로 기울어져 속도의 손실을 최대한 줄인 틸팅 기능도 갖추고 있다.

🚃하카타~나가사키 📅매일 💴4,710엔 ⏱약 2시간

소닉 ソニック

하카타에서 벳푸를 거쳐 오이타까지 운행되고 있는 883계 열차 소닉은 원더랜드 익스프레스라는 별명을 갖고 있다. 우주선 느낌의 근미래적인 외관과 미키마우스의 귀를 연상케 하는 머리받이 등 재미있는 인테리어로 잘 알려진 열차다. 처음 도입되었을 당시에는 즐거움에 비중을 두어 다소 산만한 인테리어라는 의견도 있었지만, 이것이 소닉의 인기 이유가 되었다.

🚃하카타~벳푸~사이키 📅매일 💴4,710엔(하카타~벳푸) ⏱약 2시간(하카타~벳푸)

열차 마니아들의
필수 방문 역

예쁜 열차의 모습 때문에도 규슈의 열차 여행이 즐겁지만, 열차 마니아들을 설레게 하는 특별한 열차역과 열차 관련 시설들도 있다.

⚙ 구 분고모리 기관차고 旧豊後森機関

1930년대 완성된 증기기관차 창고로, 부채꼴 모양의 독특한 건물이 있다. 1970년대 이후 사용되지 않고 있어 독특한 분위기를 연출해 사진 촬영 장소로 인기이다.

위치 : 유후인 역에서 분고모리 역까지 31분(560엔), 분고모리에서 도보 약 10분

⚙ 미스미 역 三角駅

교회 건물을 연상케 하는 낭만적인 외관의 열차역으로, 아마쿠사 올레가 시작되는 곳이며 A열차로 가자의 종착역이기도 하다.

위치 : 구마모토 역에서 약 1시간 (740엔)

⚙ 유후인 역

승강장에 족욕장이 있고 대합실에는 미술 전시 공간이 있다. p.262

⚙ 모지코 역

1891년 개업한 규슈 열차의 시작이 되는 곳으로, 중요 문화재로 지정되었다. p.172

⚙ 가레이가와 역

1903년 개업한 목조역으로 등록유형 문화재로 지정되었다. p.372

⚙ 니시오야마 역

오키나와를 제외한 일본 최남단의 열차역이다. p.366

⚙ 우사 역

후쿠오카와 벳푸 사이의 정차역. USA라는 영문 표기가 인상적이다. p.306

우리나라에서 수출된 올레,
규슈에서 즐기기

제주 올레가 일본의 규슈에 만들어졌다. 제주의 곳곳을 걸어서 여행하며 제주의 속살을 발견하는 제주 올레처럼, 규슈 올레는 웅대한 자연과 수많은 온천을 가진 규슈의 문화와 역사를 오감으로 즐기며 걷는 트레일이다. 규슈 올레 조성을 위해 제주 올레를 만들고 운영하는 (사)제주 올레에서 코스 개발 자문과 브랜드 사용, 표식 디자인 등을 제공했다. 규슈 올레의 상징은 다홍색이다. 다홍은 일본에서 흔히 볼 수 있는 신사의 토리이(鳥居) 색깔로, 일본 문화를 표현하는 대표적인 색이다. 제주 올레와 같이 간세와 화살표, 리본을 따라서 길을 걸으면 된다.

후쿠오카에서 JR 열차 또는 차로 1시간 거리인 다케오는 사방을 에워싼 산들 속에 고요히 자리잡은 오래된 온천 마을이다. 수령 약 3000년의 신비한 녹나무들과 오래된 역사의 온천들, 400여 년 전부터 시작된 도자기 가마 90여 개가 있는 다케오는 전통과 풍광이 어우러지는 올레 중 한 곳이다. 다케오온천 역에서 시작하여 도심을 가로지르면 금방 울창한 대나무 숲이 아름다운 시라이와 운동 공원을 만난다. 공원이 끝나는 지점에는 키묘지(貴明寺) 절이 위치한다. 벚꽃이 근사한 저수지에는 일반 관광객에게도 잘 알려진 사가현 우주과학관의 현대적인 건물이 눈길을 끈다. 상급자 코스는 거대한 삼나무들이 그늘을 만드는 산길로 접어들어, 산을 오르면 나타나는 인상적인 풍광에 숨이 멎는다. 이어서 다케오 사람들이 정신적인 힘을 준다고 믿는 영험하고 거대한 두 그루의 녹나무를 차례로 지나면서 지친 발걸음에 다시 신비한 힘을 얻고, 작은 산 곳곳에 숨은 작은 불상들이 귀여운 사쿠라야마 공원을 지나 종점인 다케오 온천의 랜드마크인 오래된 누문을 향한다.

열차

약 1시간 6분 소요 / 편도 2500엔
다케오 코스 이외 주변 관광지인 우레시노·도스·아리타 등의 지역을 같이 둘러보는 경우에는 북규슈 레일 패스(3일권/5일권)를 추천한다. 교통비가 비싼 일본에서는 관광객들을 위해 정해진 구간, 정해진 기간 동안 무제한으로 탑승 가능한 레일 패스를 판매하고 있으니 경제적으로 이용할 수 있다.

후쿠오카 공항, 하카타항 福岡空港 博多港

➙ **JR 하카타역** JR博多

➙ **JR 다케오온천역** JR武雄温泉

특급 미도리 特急みど리 또는
특급 하우스텐보스 特急ハウステンボス 이용

택시

다케오 택시 武雄タクシー
📞 0954-23-1111
온천 택시 泉タクシー
📞 0954-23-6161

관광 안내소

다케오시 관광 협회
🕐 09:00~17:00 📞 0954-23-7766
다케오온천역 관광 안내소
🕐 09:00~17:45 📞 0954-22-25421
관광 안내소 가바이
🕐 09:00~17:00 📞 0954-23-1145

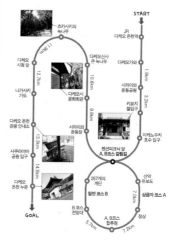

구마모토현 아마쿠사·이와지마 올레　12.3km | 약 4시간 소요 | 난이도 : 중·하

많은 섬들로 이루어진 아마쿠사 제도(天草諸島)의 이와지마(維和島)섬을 일주하는 올레를 통해 일본의 전형적인 어촌 마을과 자연을 만날 수 있다. 바다 위를 걷는 느낌의 히가시 오이바시(東大維橋) 다리를 건너 이와지마섬으로 들어가면 선사시대의 고분군 유적지인 센자키 고분군이 있는데, 이곳이 시작점이다. 산에 오르면 곳곳에 석관의 고분들이 보이고, 아마쿠사 제도의 작은 섬들을 이어주는 다리들이 한눈에 들어오는 전망을 만난다. 작은 어촌 마을을 지나 과수원을 옆에 끼고 다카야마 산 위로 천천히 오르면 사방으로 트인 시야에 수많은 섬들이 군무를 추듯 바다 위에 떠 있는 절경을 만난다. 산길을 내려오다 보면 어느새 발자국 소리에 더해지는 파도 소리. 긴 동굴 같은 대나무 숲길을 빠져 나오면 눈앞에 불쑥 등장하는 바다가 경이롭다. 섬들로 둘러싸인 바다 야츠시로카이(八代海)는 마치 호수처럼 맞은편 육지가 가까워 보이고, 단층 지대의 바다로 된 소또우라 해안가에 파도에 휩쓸려 온 폐목들이 자연적인 조형물처럼 눈길을 끈다.

열차

후쿠오카 공항, 하카타항공 福岡空港博多港

JR 하카타역 JR博多

↓ 신칸센 新幹線

JR 구마모토역 JR熊本駅

↓ 아마쿠사호 쾌속 버스 快速バスあまくさ号

산파루 버스 정류장 さんぱーるバス停下車

↓ 노선 버스 路線バス

센자키 버스 정류장 千崎バス停

↓

구마모토시 교통센터

↑ 이마쿠사호 쾌속 버스 快速バスあまくさ号

구마모토 공항 熊本空港

공항 리무진 버스 空港リムジンバス

버스

1일 1편 : 산파루 출발 08:02 ↔ 센자키 도착 08:20 (산파루 버스 정류장 さんぱーるバス停에서 센자키 버스 정류장 千崎バス停)

1일 1편 : 센조쿠 출발 13:50 ↔ 산파루 도착 14:05 (센조쿠 버스 정류장 千束バス停에서 산파루 버스 정류장 さんぱーるバス停)

택시

후지카와 택시 ☎0964-56-0107
야나기 택시 ☎0964-57-0007
마츠시마 택시 ☎0969-56-1160

START

센자키 버스정류장
0.1km
센자키 고분군
2.5km
조조어항
5.5km
사쿠라 꽃 공원
6.47km
타키야마
7.8km　산길

GOAL

센조쿠 천만궁
12.3km
센조쿠 버스정류장
12.2km
시모야마 지구
산길
9.7km
소또우라 자연해안
9.1km　산길

🔺 오이타현 오쿠분고 올레

11.8km | 약 4~5시간 소요 | 난이도 : 중

오이타현의 분고오노시(豊後大野市) 기차역 JR 아사지역(朝地駅)에서 다케타시(竹田市)의 성하 마을까지 걷는 코스. 시작점인 작고 소박한 무인역 JR 아사지역(朝地駅)에는 앙증맞은 노란색의 2칸짜리 기차가 다닌다. 일본의 전형적인 산촌과 농촌 마을을 지나고 역사적인 고성을 지나는 길이다. 코스는 벚꽃과 단풍이 모든 소리를 잠재우는 고요하고 아름다운 유자쿠 공원(用作公園)과 규슈 최대의 마애석불이 있는 후코지(普光寺) 절을 지나 주상절리가 아름다운 청류를 건너고 오카산 성터(岡城跡)에 닿는다. 오카산 성터는 난공불락의 요새였지만 지금은 돌담만 남은 성벽에 돌이끼가 가득해 그간의 세월을 이야기해 준다. 먼 풍경으로 보이는 구쥬연산(久住連山)과 소보산(祖母山), 아소산(阿蘇山)은 거대한 산맥의 장대함을 보여주는 절경. 산성을 내려오면 작은 교토라 불리는 성 아래의 오래된 작은 마을이 기다리고 있다. 종점인 분고다케타역(豊後竹田駅)에는 가까이 온천 시설이 있어 트레킹 후의 피로를 풀 수 있다.

열차

후쿠오카 공항, 하카타항 福岡空港, 博多港

↓

JR 하카타역 JR博多

↓ 특급 소닉 特急ソニック

JR 오이타역 JR大分駅

↓ 호히혼센 보통열차 豊肥本線普通列車乘車

JR 아사지역 JR朝地駅

↓ 노선 버스 路線バス

JR 오이타역 JR大分駅

↓ 호히혼센 보통열차 豊肥本線普通列車乘車

오이타 공항 大分空港

↓ 공항 리무진 버스 空港リムジンバス

후쿠오카 공항, 하카타항 福岡空港,博多港

↓

JR 하카타역 JR博多

↓ 신칸센 新幹線

JR 구마모토역 JR熊本駅

↓ 규슈횡단특급 九州横断特急

JR 분고다케타역 JR豊後竹田駅

택시

국제 관광 교통 ☎0974-63-3131
중앙 택시 ☎0974-63-3939
다케타 합동 택시 ☎0974-63-4141
히사카 택시 아사지 영업소
☎0974-72-1213

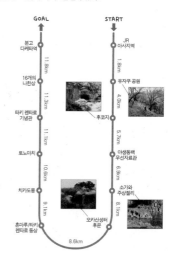

GOAL   START

↑   ↓

분고
다케타역   JR
아사지역

11.8km   1.8km

16개의
나한상   유자쿠 공원

11.3km   4.0km

타키 렌타로
기념관   후코지

11.1km   5.7km

토노마치   야생동백
무선자료관

10.6km   6.9km

치카도몽   소가의
주상절리

9.1km   8.1km

혼마루/타키
렌타로 동상   오카산성터
후코

8.6km

411

🏔 가고시마현 이브스키 올레

20km | 약 5~6시간 소요 | 난이도 : 하

일본에서 가장 남쪽에 있는 JR 최남단역 니시오야마(西大山駅)에서 출발한다. 겨울과 이른 봄에 피어나는 노란 유채꽃이 역 주변에 풍성하다. 최남단역은 일반 관광객들의 방문도 아주 많은 곳이다. 밭길을 사이사이 지나 나가사키바나(長崎鼻)에 도착하면 하얀 등대가 사람들을 맞는다. 등대에 이르기 직전에는 유명한 옛날 이야기 '우라시마타로(浦島太郎, 용궁 전설)'의 발상지라는 전설로 유명한 귀여운 신사가 있다. 나가사키바나의 검은색 모래 해변을 따라 걸으면 눈앞에는 사츠마 후지산(薩摩富士)이라고도 이야기되는 원추형 봉우리 모양의 카이몬다케(開聞岳) 산이 점점 가까워진다. 파도 소리를 들으며 바닷가의 소나무 숲길을 한동안 걷고 나면 카와지리 작은 포구에 이르고, 곧 수만 평의 허브 농장에 도착한다. 코스의 마지막은 카가미이케(鏡池) 연못을 거쳐 종점인 카이몬역(開聞駅)에 이른다. 카이몬역은 또다시 어디론가 떠나고 싶은 충동을 일으키는 아름답고 고즈넉한 역이다. 평평하고 아름다운 바닷가 풍광을 가볍고 쉽게 즐길 수 있는 바닷가 올레 코스이다.

열차

가고시마 공항 鹿児島空港
↓ 공항 리무진 버스 空港リムジンバス
JR 이브스키역 JR指宿駅
↓ 이브스키마루자키센 보통열차 指宿枕崎線普通列車
JR 니시오야마역 JR西大山駅
↓ 이브스키마루자키센 보통열차 指宿枕崎線普通列車
JR 가고시마추오역 JR鹿児島中央駅
↓ 신칸센 新幹線
JR 하카타역 JR博多
↓
후쿠오카 공항, 하카타항 福岡空港博多港

택시

아로하 교통 ☎ 0993-22-3271
다이이치 교통 ☎ 0993-22-3191
아즈마 교통 ☎ 0993-25-4101
사이브스키 관광 택시
☎ 0993-22-2251

412

규슈 올레
에티켓

❶ 마을을 지날 때는 집안에 함부로 들어가거나 기웃거리지 않기

❷ 현지인의 얼굴이나 사유 재산을 촬영할 때는 반드시 사전 동의 구하기

❸ 내가 먹고 쓰다 남긴 쓰레기는 꼭 챙겨가기

❹ 과일 껍질도 길가에 버리지 않기

❺ 과수원이나 밭의 농작물에 손대지 말기

❻ 길가에 핀 꽃, 나뭇가지를 꺾지 말기

❼ 길에서 마주친 가축이나 야생 동물들을 괴롭히지 말기

❽ 산 정상에 올라 소리치지 않기

❾ 뒤에 오는 올레꾼을 위해 리본을 떼 가지 말기

❿ 길 안내 간세를 때리거나 위에 올라타지 말기

⓫ 흙길에서는 정해진 길로만 다니고 샛길을 만들지 않기

⓬ 자동차가 다니는 도로변을 지날 때에는 길가로 다니기

⓭ 코스를 벗어난 가파른 계곡이나 절벽 등으로의 모험은 피하기

⓮ 주변 풍광을 놀멍 쉬멍 여유롭게 즐기며 걷기

⓯ 오며 가며 만나는 올레꾼과 주민에게 정다운 미소, 눈인사 건네기

🐾 규슈 올레 긴급 연락처

· 경찰 110
· 구급차 119
· 주 후쿠오카 대한민국 총영사관 090-1367-3638
· 규슈관광추진기구 092-751-2943
· www.welcomekyushu.or.kr
· qtp@welcomekyushu.jp

* 규슈 올레는 자유 여행이기 때문에 길에서도, 길을 벗어난 곳에서도 개인 안전에 각별히 주의해야 한다. 만약의 사고에 대비하여 여행자 보험에 꼭 가입하자.

이건 몰랐지?
규슈의 성지 순례

일본에는 국교라고 말할 수 있는 종교가 없고, 불교, 천주교, 기독교와 일본의 전통 신앙인 신도 등이 공존하고 있다. 우리나라보다 200여 년 앞서 크리스트교가 전래된 규슈 지방에는 비교적 천주교 신자가 많은 편에 속하며 천주교의 공식 순례지로 지정된 26성인 순교지 등의 성지가 있어 성지 순례를 테마로 하는 여행의 수요도 상당히 많은 편이다.

오우라 천주당

오우라 천주당

26 성인 순교지

천주교를 전파하고 있는 성 프란치스코 자비에르 신부

규슈에서 크리스트교의 전래와 박해 등의 역사를 가진 곳으로 가장 많은 볼거리가 있다. 나가사키 역에서 도보 5분 거리에는 1597년 유럽인 선교사 및 일본인 26명이 사형을 당한 후 1950년 로마 교황·피오 12세가 가톨릭 교도의 공식 순례지로 공표한 26 성인 순교지가 있다.

1945년 원자 폭탄이 터진 곳은 우라카미 천주당의 상공이었다. 현재 원폭 중심지에는 원자 폭탄 투하 때 소실되지 않은 첨탑의 일부가 남아 있으며 지금의 우라카미 천주당은 원자 폭탄으로 소실되었다가 재건된 것이다. 내부에는 피폭 후 잔해에서 찾은 마리아상이 보존되고 있다.

글로버 정원 앞에 있는 오우라 천주당은 일본에서 가장 오래된 목조 성당이며, 일본의 국보로 지정된 건물 중 유일한 서양식 건물이기도 하다.

나가사키 우라카미 천주당의 마리아상

마리아상

교황 요한 바오로 2세의 흉상

운젠 雲仙　　크리스트교도들이 박해 받았던 곳

온천 휴양지 운젠의 상징인 온천수와 증기가 솟아나는 지옥 계곡은 1600년대 크리스트교도를 고문, 사형시킨 장소였다. 뜨거운 수증기 앞에 서 있는 고문, 온천수를 온몸에 뿌리는 고문 등의 잔혹한 방법으로 크리스트교를 포기하는 배교 증서 작성을 강요했다고 한다.

히라도섬 平戸島　　석양이 아름다운 순교의 땅

히라도섬은 동양과 서양의 문화를 한 번에 볼 수 있는 '사원과 성당이 보이는 풍경'으로 유명한 곳이다. 이 성당은 1550년 가고시마를 거쳐 히라도에 도착한 성 프란치스코 자비에르 신부를 기념하기 위해 지은 성당으로 저녁 무렵 석양에 비친 모습이 특히 아름다운 곳이다.

성 프란치스코 자비에르 신부가 1549년 가고시마에 도착한 후 1550년 히라도(平戶)로 떠나기 전까지 약 10개월간 체류하면서 가고시마에 천주교를 전파한 것으로 전해진다. 가고시마 시내의 중심인 텐몬칸도리에 있는 성당은 자비에르 신부의 일본 도착 450주년을 기념하여 그가 타고 온 범선을 이미지화하고 있다. 성당 앞의 자비에르 공원에는 성 프란치스코 자비에르 신부의 기념비와 흉상이 있다. 다른 성지와는 거리가 있기 때문에 일반적인 성지 순례 코스에는 포함되지 않는다.

**단체로 나가사키의
성지 순례를 하는 경우**

대부분 북부 규슈에 있는 나가사키, 운젠, 히라도를 둘러보는 일정이 되며, 최소 기간은 3일이다. 성지 순례와 더불어 하루 정도 시내 일정 또는 꽃과 유럽을 테마로 하는 하우스 텐보스나 벳푸, 유후인의 온천 일정을 포함해 4일의 일정도 상당히 인기가 높다.

아이와 함께하는
규슈 여행

아이와 어딘가 가려고 하면, 유모차를 비롯해 아이의 짐만 한가득이 된다. 그래서 많은 사람들이 아이와 함께 해외여행 가기를 두려워한다. 사실 아이를 데리고 떠나는 해외여행이 더 피곤할 수도 있지만, 여행 중 아이와 함께하는 시간은 아이뿐만 아니라 부모에게도 좋은 시간과 추억이 된다. 규슈는 1시간 내외의 짧은 비행과 더불어 일본의 훌륭한 치안으로 아이와 함께 해외여행을 가기 좋은 곳이다.

1. 3세 미만의 유아와 함께 여행하기

가장 힘들 수도 있지만 가장 편한 시기일 수도 있다. 대부분의 항공사에서 영·유아 동반 여행객을 위해 전용 체크인 카운터와 항공기 우선 탑승, 출국 심사 시 패스트트랙 제공 등의 서비스를 제공하고 있다.

비행기 기내 요람(Baby Bassine)은 대한항공과 아시아나 항공에서만 이용할 수 있는데, 아시아나는 신장 76cm 이하, 몸무게 14kg 이하(대한항공의 경우 75cm, 11kg 이하)로 제한이 있어 보통 생후 10~12개월 전후에서만 이용할 수 있다. 비행기당 2~4개의 기내 요람만 설치할 수 있다.

2. 유아 요금과 소아 요금

항공권 : 유아 vs 소아

유아 요금(24개월 미만)은 성인 요금의 10%, 소아 요금(3~13세 미만)은 성인 요금의 75% 정도이다. 유아 요금은 항공사 및 노선에 따라 5~7만 원 정도이고, 소아 요금은 성인과 마찬가지로 구입 시점에 따라 달라진다. 유아 요금은 좌석을 이용할 수 없으며, 좌석 이용을 희망하면 소아 요금으로 구입해야 한다.

호텔 : 미취학 아동의 호텔 숙박은 무료

대부분의 호텔에서 미취학 아동은 별도의 숙박 요금을 받지 않는다. 하지만 숙소 예약 시 객실 타입을 반드시 확인하자. 2명이서 사용할 수 있는 세미더블룸은 침대의 폭이 100~110cm 전후이기 때문에 성인 2명과 어린아이가 함께 잘 수 없다.

료칸 : 료칸마다 다른 정책 적용

호텔과 달리 저녁 식사가 포함되는 료칸은 어린이 요금을 반드시 확인해야 한다. 호텔의 경우 성인만 예약하고 어린이를 동반해도 크게 상관이 없지만, 료칸은 큰 문제가 될 수 있다. 료칸의 어린이 요금은 침구류 이용 여부, 식사 포함 여부에 따라 달라진다. 미취학 아동의 경우, 식사나 이불을 포함하지 않은 소이네(添い寝) 요금을 이용하는 것이 일반적이다. 어린이 식사를 주문하면, 성인들의 가이세키와는 다른 식사가 나온다.

대중교통

영·유아(幼兒児, 6세 미만)는 무료이며, 어린이(こども, 6~12세 미만)는 성인 요금의 50%이다. 단, 영·유아가 고속버스와 열차 지정석 등의 좌석을 이용한다면 어린이 요금을 지불해야 한다.

3. 아이와 함께 여행할 때 좋은 팁

이유식 등 간단한 식사는 현지 구입

대부분의 항공사가 유아의 항공권에도 무료 수하물(10kg 이하의 수하물 1개 및 유모차) 이용을 적용하고 있다. 하지만 아이가 먹을 음식까지 우리나라에서 준비해 가면 짐이 많아지고, 위생상의 문제가 발생할 수도 있다. 때문에 우유와 이유식 등은 일본 현지에서 구입하는 것이 좋다. 그리고 호텔과 료칸에서 아이의 식사 또는 분유를 데워 달라고 하면 된다. 공항과 열차역, 쇼핑몰은 수유실을 반드시 갖추고 있다. 뿐만 아니라 전자레인지와 냉·온수 정수기 등을 갖춘 곳도 많다.

6세까지는 유모차 이용

6세 전후로는 가벼운 휴대용 유모차를 무조건 챙기는 것이 좋다. 평소에 잘 걷더라도 여행을 가면 그 이상으로 걷게 되기 때문에 유모차가 필요하다. 그 밖에 아이가 잠드는 등 여러 가지 상황에서도 매우 유용하다.

🎠 수영장이 있는 후쿠오카의 추천 호텔

호텔명	위치	수영장 이용 요금
ANA 크라운 플라자 호텔	하카타역 근처	1인 1,000엔 (만 3세 이상)
호텔 오쿠라 후쿠오카	하카타 리버레인 근처	1인 2,700엔 (만 4세 이상)
힐튼 후쿠오카 시호크	모모치 해변 근처	1인 2,700엔 (만 3세 이상)
그랜드 하얏트 후쿠오카	캐널시티 하카타 근처	1인 2,160엔 (만 18세 이상)

수영장이 있는 후쿠오카의 호텔

아이와 함께 여행할 때에는 호텔 수영장 이용을 원하는 경우가 많은데, 후쿠오카 지역의 호텔에는 수영장이 많지 않은 데다가 수영장 이용 요금을 별도로 지불해야 한다. 수영장이 있더라도 유아는 입장할 수 없는 곳이 대부분이니 참고하도록 하자.

유아용품 쇼핑

환율에 따라 다소 차이가 있지만, 일본의 유아용품은 우리나라에 비해 저렴한 편이다. 뿐만 아니라 세심한 부분까지 고려한 다양한 유아용품이 있다. 일본의 유아용품 체인점 아카짱 혼포(赤ちゃん本舗)는 후쿠오카에만 있다. 또한 텐진에 버스로 약 20분 거리에 있는 마리나 타운에는 아카짱 혼포 외에도 다양한 영·유아 전문 매장과 100엔숍이 있다. 이곳은 마리노아 시티 아웃렛과도 가깝다.

> **아카짱 혼포 가는 방법**
>
> • 지하철 메이노하마 역 북쪽 출구 버스 정류장에서 98번 버스 이용, 약 7분(160엔)
>
> • 니시테쓰 버스 텐진 버스 센터 앞 정류장(1A) 또는 텐진 키타에서 301번, 302번, 303번 버스 이용, 약 20~30분(300엔)
>
> • 하카타 역 앞 A 버스 정류장에서 301번, 302번, 303번 버스 이용, 약 40분(380엔)

쇼핑?
이제는 규슈다

일본 여행에서 빼놓을 수 없는 것이 바로 쇼핑이다. 가장 인기 있는 쇼핑 아이템은 소소한 먹거리와 인테리어 소품 그리고 의약품이다. 여행객들이 쇼핑을 위해 주로 방문하는 곳으로는 무인양품(MUJI), 로프트(Loft), 다이소(100엔숍), 돈키호테(할인마트), 맥스밸류(슈퍼마켓), 마츠모토 키요시(드럭 스토어) 등이 있다.

돈키호테 ドン・キホーテ

과자, 음료수, 주류, 뷰티, 의약품, 생활잡화 등 대부분의 쇼핑을 한곳에서 즐길 수 있다. 루이비통과 프라다 같은 명품 브랜드도 병행 수입해서 저렴하게 판매하며, 성인용품도 있다. 자체 브랜드인 '정열 가격(情熱価格)'이 붙은 제품은 좀 더 저렴하다. 외국인 관광객용 할인 쿠폰을 이용하면 구매 금액에 따라 최대 2,000엔 할인받을 수 있다. 2018년 1월부터 디지털 할인 쿠폰도 배포하고 있다.

비쿠 카메라 BIC CAMERA

전자제품 판매뿐 아니라 최근에는 드럭스토어도 겸하고 있으며, 과자와 음료 등의 간식거리도 판매한다. 할인 쿠폰을 이용하면 구매 금액에 상관없이 최대 7%까지 할인받을 수 있다. 비쿠 카메라의 드럭스토어에서 인기 있는 아이템은 콘텍트 렌즈이다.

무지 MUJI

'합리적인 공정을 통해 생산된 제품은 간결하다'는 설립 목적에 맞게 디자인이 단순하고, 라벨조차 없는 제품이 대부분이다. 최근에는 의류보다 식품과 문구, 그리고 생활용품이 여행객들에게 인기가 많다. 후쿠오카의 텐진 다이묘 매장은 플래그십 스토어로 규슈에서 가장 큰 규모를 자랑한다.

로프트 Loft

생활잡화 전문점으로 젊은 여성들이 좋아하는 예쁜 디자인의 제품들이 많다. 인테리어 소품, 여성용 화장품, 욕실용품 등도 충실히 갖추고 있다. 여행 기념품으로 좋은 엽서와 캐릭터 스티커 등도 인기가 많으며, 아기자기한 문구류도 구입할 수 있다. 로프트와 비슷한 콘셉트인 도큐 핸즈(TOKYU HANDS)도 함께 방문해 보길 추천한다.

다이소 Daiso

100엔숍 전문 매장으로 가격 대비 만족도가 높은 쇼핑을 즐길 수 있다. 식품과 생활용품이 주를 이루며, 일부 제품은 200엔과 300엔 라벨이 붙어 있기도 하다. 후쿠오카의 텐진 지하상가에 있는 내추럴 키친(Natural Kitchen)도 100엔숍인데, 주방용품과 인테리어 소품을 전문으로 한다. 다이소보다 품질이 좋아 여성들에게 인기가 많다.

Tip

쇼핑할 때
알면 좋은 꿀팁

1 한 곳의 매장에서 5,000엔 이상 구입 시 면세 혜택(8%)을 받을 수 있다. 그러므로 쇼핑은 조금씩 여러 번 하기보다는 한 번에 몰아서 하는 게 좋다. 면세 혜택을 받기 위해서는 여권을 반드시 가지고 있어야 한다. 여행객들이 많이 구입하는 식품과 의약품은 돈키호테에서 함께 구입하면서 면세 혜택을 받는 것이 좋다.

2 다이소는 대부분 면세가 안 된다. 슈퍼마켓 체인 중 이온은 면세가 되지만, 이온 계열 슈퍼마켓인 맥스밸류는 면세가 되지 않는다. 혹 되더라도 순수 식품만으로 5,000엔을 넘기는 것은 쉽지 않다.

3 돈키호테의 경우, 계산대 옆에 1엔짜리가 쌓여 있다. 계산 건당 4엔까지 사용할 수 있어 불필요한 동전이 생기는 것을 피할 수 있다.

4 저가 항공 이용 시 무료 수하물은 15kg이고, 수하물 초과 시 항공사에 따라 1kg당 7,000원~10,000원이 부과된다. 쇼핑을 많이 해서 수하물 비용을 내면 대한항공이나 아시아나 항공을 이용하는 것보다 비싸지는 경우도 있다. 대한항공과 아시아나 항공의 무료 수하물은 23kg이니 참고하자.

5 여행 마지막 날에 동전이 더 이상 필요하지 않다면, 계산을 할 때 동전을 모두 내고 모자란 금액은 카드로 결제하자.

돈키호테
지하철 니카스 역에서 도보 1분
빅 카메라
지하철 텐진 역에서 도보 3분
무지
텐진 다이묘, 캐널시티 하카타,
JR 하카타 역
로프트
니시테쓰 후쿠오카 역에서 도보
1분
다이소
하카타 역에서 도보 1분 (하카
타 버스 센터)

돈키호테
JR 고쿠라 역에서 도보 20분
무지
JR 고쿠라 역에서 도보 2분
로프트
JR 고쿠라 역에서 도보 5분
다이소
JR 고쿠라 역에서 도보 2분

돈키호테
JR 오이타 역에서 차로 10
분, 벳푸 역에서 차로 20분
무지
JR 벳푸 역에서 도보 10분
로프트
미나미오이타 역에서 차로
10분
다이소
JR 벳푸 역에서 도보 8분

돈키호테
무지
로프트
다이소
사가 역에서
버스 10분
(사가 유메 타운)

돈키호테
시모도리 상점가
(노면 전차 하나바타초 역
에서 도보 2분)
무지
노면 전차 도리초스지 역
에서 도보 3분
다이소
JR 구마모토 역

돈키호테
노면 전차 간코도리 역에서 도
보 2분
무지
JR 나가사키 역
다이소
노면 전차 간코도리 역에서 도
보 2분

후쿠오카 고쿠라

사가

벳푸

나가사키 구마모토

미야자키

가고시마

돈키호테
노면 전차 텐몬칸도리 역에서 도보 1분
빅 카메라
JR 가고시마추오 역
무지
JR 가고시마 역
로프트
노면 전차 텐몬칸도리 역에서 도보 1분
다이소
노면 전차 텐몬칸도리 역에서 도보 1분

돈키호테
JR 미야자키 역에서 버스 10분
무지
JR 미야자키 역에서 버스 10분
다이소
JR 미야자키 역에서 도보 13분

패션 브랜드에 관심이 많은 사람이라면 일본에서 쇼핑만 잘해도 여행 경비를 뽑을 수 있다. 지인들의 부탁이나 중고 사이트의 판매 목적으로도 일본에서 구입해 오는 경우가 많다고 하니, 면세 한도 내에서 쇼핑을 하는 것도 좋다. 패션 브랜드 쇼핑 역시 5,000엔 이상 구입하면 면세를 받을 수 있으니, 여러 브랜드가 모여 있는 백화점에서 쇼핑하는 것이 좋다.

꼼데가르송 Comme des Garcons

하트 마크에 눈이 달린 '플레이' 라인으로 대표되는 브랜드이다. 젊은 층에 가장 인기 있는 브랜드로, 국내에서 구입하는 것과 가격 차이가 크다. 셔츠와 가디건은 현지에서도 인기가 많아 입고 후 바로 매진되기도 한다.

후쿠오카 이와타야 백화점(福岡岩田屋)	지하철 텐진 역에서 도보 3분
후쿠오카 후쿠오카점(コムデギャルソン福岡店)	지하철 기온 역 4번 출구에서 도보 3분
고쿠라 이즈츠야 백화점(小倉井筒屋)	JR 고쿠라 역에서 도보 5분
구마모토 편집숍 멤피스 투(MEMPHIS TWO)	노면 전차 도리초스지 역에서 도보 2분
미야자키 편집숍 베를린(BERLIN)	JR 미야자키 역에서 도보 약 15분

바오바오 이세이 미야케 BAO BAO ISSEY MIYAKE

일본의 디자이너 이세이 미야케가 런칭한 가방 브랜드로, 20~30대부터 중년 여성들에게까지 인기 있는 쇼핑 아이템이다. 백화점에서 면세로 구입하면, 우리나라에서 구입하는 것보다 30% 가량 저렴하고 10% 포인트 적립도 받을 수 있다.

후쿠오카 이와타야 백화점(福岡岩田屋)	지하철 텐진 역에서 도보 3분
후쿠오카 한큐 백화점(博多阪急)	JR 하카타 역에서 연결
후쿠오카 공항 면세점(福岡空港国際線ターミナル)	후쿠오카 공항 내

폴 스미스 Paul Smith

일본인들에게 큰 인기를 얻고 있는 영국 브랜드로, 영국에서보다 저렴하게 판매되고 있다. 최근 국내 면세점에서 철수했기 때문에 폴 스미스를 저렴하게 구입하려는 여행객들은 일본 매장을 방문하는 것이 최선이다.

비비안 웨스트우드 Vivienne Westwood

여성들에게 인기 있는 영국 브랜드 비비안 웨스트우드는 옷보다는 지갑, 손수건, 시계 등의 소품이 더 인기 있는 쇼핑 아이템이다. 매장이 아닌 백화점의 잡화 코너에서 구입할 수 있다.

오니츠카 타이거 Onitsuka Tiger

1949년 오니츠카 타이거란 브랜드로 런칭한 후, 아식스로 사명을 변경한 일본의 스포츠 브랜드이다. 현재 오니츠카 타이거는 아식스의 프리미엄 브랜드로 마니아들에게 인기가 많다.

유니클로, 갭 UNIQLO, GAP

유니클로와 갭은 일본의 대표적인 SPA 브랜드로, 우리나라에서 매장보다 저렴하다. 유니클로는 판매 제품에 큰 차이가 없지만, 갭은 일본이 더 다양한 제품을 판매하고 있다.

지유 GU

지유는 자유의 일본식 발음이다. '보다 자유롭게 입자'라는 슬로건으로 런칭한 유니클로의 세컨드 브랜드로, 유니클로보다 좀 더 저렴한 제품들을 판매한다.

백화점 쇼핑은 하카타 한큐 백화점 (면세 + 5% 추가 할인)

백화점 쇼핑을 할 계획이라면, 텐진의 백화점보다 하카타 역의 한큐 백화점을 추천한다. 1층의 인포메이션에서 여권을 제시하면 외국인 관광객용 5% 할인 쿠폰을 받을 수 있다. 단, 에르메스, 루이비통, 티파니, 버버리(블루, 블랙 라벨 포함), 미키모토는 쿠폰 제외이다.

여성들에게 인기 있는 비오박오는 공항 면세점에서도 구입할 수 있지만, 한큐 백화점 5% 쿠폰 후 면세를 받으면 보다 저렴하고, 판매 제품도 다양해서 좋다.

규슈 여행 정보

TRAVEL
INFORMATION

여행 준비

여권 발급

여권은 우리나라 국민이 국외로 나가기 위해서 있어야 하는 출입국 증빙 서류이며, 외국에서 신분증으로 이용할 수 있다. 여권이 없으면 어떠한 경우에도 출국할 수 없으며, 여권을 분실하거나 소실하였을 경우에는 명의인이 신고하여 재발급을 받아야 한다. 여권은 예외적인 경우(의전상 필요한 경우, 질병·장애의 경우, 18세 미만의 미성년자인 경우)를 제외하고는 본인이 직접 방문해서 신청해야 한다.

여권 발급 서류는 신분증과 여권용 사진이며, 25~37세의 병역 미필 남성은 병무청에서 발급하는 국외 여행 허가서가 필요하다. 미성년자의 경우, 친권자와 후견인 등 법적 대리인의 동의서가 필요하다. 여권 발급은 구청과 시청, 도청에서 가능하며 자세한 사항은 외교부 사이트에서 확인할 수 있다.

여권의 영문 이름이 항공권과 다를 경우 비행기 탑승이 안 되기 때문에 여권의 영문 철자는 반드시 기억해야 한다. 또한 단수 여권(여권 번호 S로 시작)은 유효 기간 중 1회만 사용할 수 있으며, 복수 여권(여권 번호 M으로 시작)은 유효 기간 중 횟수에 상관없이 이용할 수 있다. 여권 발급에 소요되는 시간은 신청하는 곳에 따라 다르지만, 대부분 업무일 기준 4일 정도이다.

외교부 여권과	시간 09:00~12:00, 13:00~18:00 (토~일, 공휴일 휴무)
	전화 02-733-2114 홈페이지 www.passport.go.kr

항공권 준비

서울과 부산, 대구, 제주 등 각지에서 규슈 지역으로 많은 항공사가 취항하고 있다. 규슈의 관문인 후쿠오카는 가장 많은 항공편이 취항하는 만큼 항공사와 스케줄을 다양하게 선택할 수 있다. 지방 도시는 하루 1~2회 운항하는 곳이 대부분이다. 〈후쿠오카 in – 가고시마 out〉 또는 〈나가사키 in – 오이타 out〉과 같이 출입국 공항이 달라도 항공 요금은 크게 달라지지 않으니, 일정에 맞춰 항공권을 구입하는 것이 좋다.

저비용 항공사의 경우, 무료 수하물이 5~8kg 정도로 적다. 때문에 짐이 많거나 여행 선물을 많이 구입해야 할 때는 항공 비용과 수화물 비용을 포함, 또는 무료 수화물이 많은 항공사와 비교하여 요금 차이가 적은 항공사를 선택하는 것이 좋다. 저비용 항공사의 경우는 홈페이지에서 직접 구입하는 것이 저렴한 편이며, 6개월 이상 전부터 특가 판매 이벤트를 진행하기도 한다.

할인 항공권 취급 여행사	온라인투어 www.onlinetour.co.kr 스카이스캐너 www.skyscanner.co.kr	

STEP3 숙소 예약

항공권의 예약이 확정되면, 여행 일정에 맞춰 숙소를 예약한다. 하지만 주말과 일본의 연휴, 각종 행사가 있는 경우 호텔을 구하지 못할 수도 있다. 이런 경우에는 호텔을 먼저 알아보고 항공권을 결제하는 것이 좋다.

호텔스닷컴(kr.hotels.com), 부킹닷컴(www.booking.com)과 같은 호텔 예약 전문 사이트, 또는 현지인의 집을 이용하는 에어비앤비(www.airbnb.co.kr)를 통해서 예약할 수 있다. 하지만 여행 경험이 많지 않다면, 여행사의 에어텔 상품을 추천한다. 특히 료칸 숙박의 경우, 단순히 예약만 하기보다는 다양한 서비스를 요청할 수 있는 에어텔 전문 여행사를 이용하는 것이 좋다.

에어텔 전문 여행사	온라인투어 www.onlinetour.co.kr 내일투어 naeiltour.co.kr	

STEP4 환전 및 신용 카드 이용

현지의 레스토랑이나 카페, 대형 마트, 기념품 상점 등 대부분 신용 카드 이용이 가능하다. 하지만 일부 신용카드 결제가 불가능한 음식점과 상점도 있으므로, 현지에서 사용할 예산의 50% 이상을 현금으로 준비하는 것이 좋다.

공항의 환전 수수료가 가장 비싸기 때문에 환전하는 금액이 많을 경우에는 시내의 은행에서 환전하는 것이 좋다. 여행사나 면세점 등에서 제공하는 환전 우대 쿠폰을 사용할 수 있고, 특히 서울역에 있는 기업은행과 우리은행 환전 센터는 우대 쿠폰 없이도 환전 수수료를 90% 할인하고 있어 저렴하게 환전할 수 있다. 기업은행은 최대 100만 원, 우리은행은 500만 원까지 환전이 가능하다. 단, 대기 시간이 1시간 이상인 경우도 있으니 공항에 가기 전에 환전할 계획이라면 보다 여유 있게 이동하는 것이 좋다.

국민은행 서울역 환전 센터	위치 서울역 지하 2층, 공항 철도 에스컬레이터 바로 옆 시간 06:00~22:00(연중무휴) 전화 02-393-9184
우리은행 서울역 환전 센터	위치 서울역 매표소 발매 창구 옆 시간 06:00~22:00(연중무휴) 전화 02-362-8399

여행자 보험은 여행 시 발생한 사고에 대해 보상을 받기 위한 최소한의 조치이다. 여행
사의 여행 상품에는 대부분 포함되어 있지만, 항공권과 숙소를 개별적으로 예약하는 경
우에는 별도로 가입해야 한다. 일주일 이내의 여행이라면 1만 원 미만의 보험료로 최대
5천만 원에서 1억 원까지 보상받을 수 있다. 단, 보험료는 연령마다 조금씩 차이가 있으
며, 보험사에 따라 고령자는 여행자 보험 가입이 되지 않거나 비용이 2~3배 이상 차이
날 수 있다.

현지에서 병원을 이용하거나 소지품을 도난당하는 사고가 발생할 경우, 보험사에 연락
해서 필요한 서류를 확인한 후에 발급받아서 돌아와야 한다. 도난이 아닌 단순 분실의
경우는 여행자 보험의 보상 대상이 아니다. 소지품 도난의 경우도 소지품 1건당 최대 보
상액이 정해져 있으며, 현금은 보험의 대상이 아니다. 여행자 보험은 인천 공항에서도
가입할 수 있지만, 미리 가입하는 것에 비해 20~30% 정도 비싸다.

여행 중 여권을 분실하거나 긴급한 상황이 발생했을 경우에는 영사 콜센터(+82-2-
3210-0404)로 연락하자. 일본 도착 시 자동 로밍으로 위의 번호가 안내되니 저장해
두는 것이 좋다. 또한 현지의 테러나 자연재해 등에 대한 안내 문자도 발송한다. 영사 콜
센터 외에 후쿠오카에는 대한민국 총영사관이 있기 때문에 직접 방문할 수도 있다.

주 후쿠오카 대한민국 총영사관	**주소** 福岡市 中央區 地行浜 1-1-3
	위치 후쿠오카 공항에서 택시로 약 20분 소요(요금 약 3,000엔), 하카타 역에서 약 15분 소요(요금 약 2,500엔)
	시간 09:00~17:30 (정오 휴식 12:00~13:30)
	전화 ・영사 민원 업무 092-771-0461~2 (근무 시간 외에는 담당자별 연락처가 안내됨) ・긴급 연락처(사건 사고 관련) 090-1367-3638, 080-1776-3653 (근무 시간 외 휴일 및 야간) ・기업 지원 담당관 092-762-1123
	홈페이지 jpn-fukuoka.mofa.go.kr

한국에서 출국하기

우리나라에서 규슈로 가는 항공편은 부산과 대구에서도 있지만, 후쿠오카 공항뿐만 아니라 각 지방 도시로 출발하는 항공편은 대부분 인천에서 출발하기 때문에 여기서는 여행자들이 가장 많이 이용하는 인천 공항을 중심으로 안내한다.

STEP 1 공항으로 이동하기

서울에서 인천 공항으로 이동할 때는 공항 버스나 자가용을 이용할 수 있다. 김포 공항이나 서울역에서 공항 고속 전철로 이동이 가능하고, 김포 공항에서 인천 공항까지는 약 30분 정도 소요된다. 서울역을 기준으로 인천 공항까지는 공항 버스로 약 1시간이 소요되지만, 서울 시내의 교통 사정을 감안하여 미리 서둘러야 한다. 공항 버스 노선 및 운행 시간은 공항 리무진 홈페이지(www.airportlimousine.co.kr)에서 미리 확인할 수 있으며, 버스 노선별로 적용되는 할인 쿠폰도 다운받을 수 있다.

STEP 2 탑승권 발급

출발 2시간 전, 공항에 도착해 해당 항공 카운터에 가서 탑승권을 발급받는다. 인천 공항의 경우는 공항 청사 3층에 항공사 카운터가 위치해 있다. 인천 공항 제2여객 터미널

433

이 개장됨에 따라 제1청사는 아시아나항공을 비롯한 저비용 항공사, 외항사(델타항공, KLM, 에어프랑스 제외)가 이용하고, 제2청사는 대한항공, 델타항공, KLM, 에어프랑스 등의 항공사가 이용한다. 각 청사를 도는 무료 셔틀버스를 운영하고 있지만 버스 대기 시간과 이동 시간을 고려하면 최대 30분까지 지체되므로 공항으로 출발 전 사전에 잘 확인하도록 하자.

STEP3   보안 심사, 출국 심사

인천 공항은 3층에 4개의 출국장이 있으며, 어느 곳으로 들어가도 무방하다. 출국장으로는 출국할 여행객만 입장이 가능하며, 입장할 때 항공권과 여권 그리고 기내 반입 수하물(10kg)을 확인한다. 또한 출국장에 들어가자마자 양옆으로 세관 신고를 하는 곳이 있는데, 사용하고 있는 고가의 물건을 외국에 들고 나가는 경우에는 이곳에서 미리 세관 신고를 해야 입국 시 고가 물건에 대한 불이익을 받지 않는다. 출국 심사는 항공권과 여권을 검사한다.

자동 출입국 심사 서비스

출입국할 때 항상 긴 줄을 서서 수속을 밟아야 하는 번거로움을 없애기 위해 시행하고 있는 제도이다. 심사관의 대면 심사를 대신하여 자동 출입국 심사대에서 여권과 지문을 스캔하고, 안면 인식을 한 후 출입국 심사를 마치는 편리한 제도이다. 단, 여권에 스탬프가 찍히지 않아 허전함은 있다. 주민등록이 된 7세 이상의 대한민국 국민(7세 이상 14세 미만 아동은 법정대리인의 동의 필요), 17세 이상 등록외국인 등이 이용 가능하고, 18세 이상 국민은 사전 등록 절차 없이 이용할 수 있다. 18세 이하, 이름이나 생년월일 등 인적사항이 변경된 국민, 주민등록증 발급 후 30년이 지난 국민 등은 사전 등록이 필요하다. 때에 따라 자동 출입국 심사대가 붐비는 경우도 있으니, 상황에 맞게 이용하면 된다.

홈페이지 www.hikorea.go.kr

STEP4   면세점 쇼핑

출국 심사를 통과하면 공항 면세점이 있는데, 입국할 때에는 공항 면세점을 이용할 수 없으므로 출국 전에 이용해야 한다. 시내 면세점이나 인터넷 면세점에서 물건을 구입한 경우에는 면세품 인도장에서 물건을 찾을 수 있다. 면세 범위는 $600이며, 초과 시에는 세금이 부과된다.

STEP5   비행기 탑승

출국편 항공 해당 게이트에서 출국 30분 전부터 탑승이 가능하므로 이 시간을 꼭 지킨다. 항공 탑승권을 보면 'Boarding Time' 밑에 시간이 적혀 있다. 이 시간이 탑승 시간이므로 늦지 않도록 주의하자.

일본으로 입국하기

입국 카드 작성

기내 또는 비행기에서 내려 입국 심사를 받기 전에 일본 입국 신고서와 세관 신고서 2매를 작성해야 한다. 입국 신고서는 어린이를 포함해 1인당 1매씩 작성해야 하며, 세관 신고서는 가족 단위로 1매만 작성하면 된다.

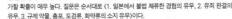

입국 신고서 작성 시 주의 사항

❶ 현지 연락처에 호텔 또는 료칸이 아니라 에어비앤비의 주소를 적으면 문제가 될 수 있다. 에어비앤비가 조건부 합법화되었고, 신고를 하지 않고 불법으로 영업하는 곳도 있기 때문이다.

❷ 관광, 상용(출장), 친지 방문 목적 외에 다른 목적을 적으면 경우에 따라 관광 비자로 입국이 불가할 수 있다.

❸ 하단의 세 가지 질문 사항 중 하나라도 'YES'를 체크하면 입국 심사 사무실에서 조사를 받게 되며, 입국이 불가할 확률이 매우 높다. 질문은 순서대로 <1. 일본에서 불법 체류한 경험의 유무, 2. 유죄 판결의 유무, 3. 규제 약물, 총포, 도검류, 화약류의 소지 유무>이다.

❹ 서명은 반드시 직접 해야 하며, 가급적 여권의 서명과 동일하게 하는 것이 좋다.

세관 신고서 작성 시 주의 사항

❶ 내용이 한글로 되어 있고, 이름, 직업 등의 작성은 영어로 한다.

❷ 소지 품목에 대해 정확히 기입해야 한다.

435

STEP2 비행기 도착

비행기가 착륙하면, 휴대한 짐을 가지고 비행기에서 내린다. '入國(Immigration, 입국)'
이라고 적힌 파란색 표지판을 따라 입국 심사대로 이동한다.

STEP3 입국 심사

입국 심사대에서 여권과 입국 신고서를 제출하면, 별다른 질문 없이 여권에 입국 도장
을 찍어 준다.

STEP4 수화물 수취

입국 심사대를 통과하면 전광판에서 본인이 타고 온 항공편명을 확인한다. 항공편명 옆
에 해당 컨베이어 벨트 번호가 적혀 있다. 해당 컨베이어 벨트로 이동해서 수화물을 찾
으면 된다.

STEP5 세관 검사

짐을 찾은 후에는 세관 검사대를 통과한다. 특별히 신고할 물품이 없으면 녹색 라인을
통과한다. 이때, 컨베이어 벨트에서 찾은 수화물과 한국에서 수화물을 붙였다는 영수증
인 클레임 태그(Claim Tag)가 일치하는지 확인하는 공항도 있다.

STEP6 입국장

세관을 지나면 입국장으로 나가면 된다.